池内了

増補新版　宇宙論のすべて

新書館

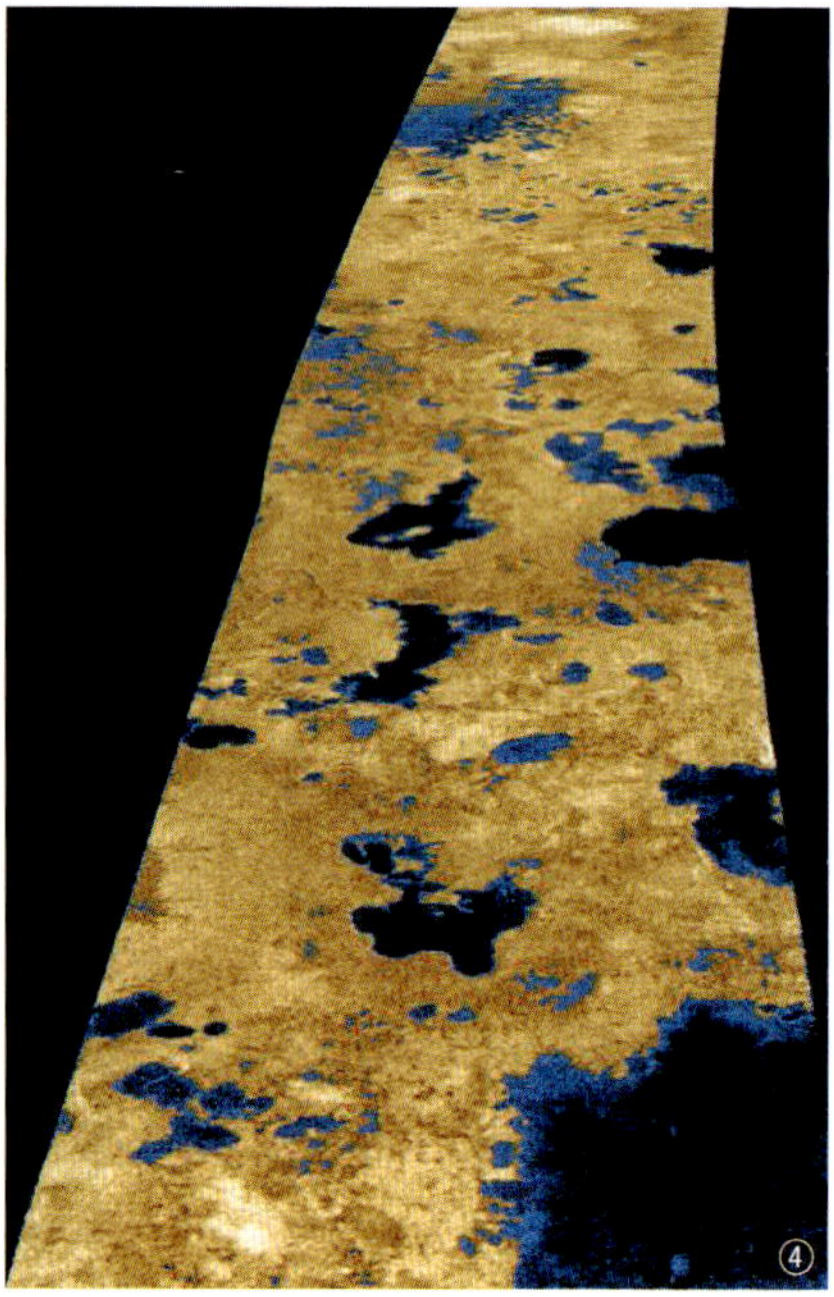

①水星より大きい、土星最大の衛星タイタンの写真。この衛星のメタンの湖の存在は20年以上前に予想されていた。太陽系内の衛星で大気を持つものには木星の衛星イオや海王星の衛星トリトンなどが存在するが、タイタンほどに厚い大気を持つものはない。
②アメリカ航空宇宙局（NASA）のケープ・カナベラル基地から1997年10月に打上げられた土星探査機カッシーニ。同機に搭載された小型探査機ホイヘンスはヨーロッパ宇宙機関（ESA）が開発したもの。総額で約34億ドルが費やされ、科学者約260人が参加。惑星探査史上最大規模である。
③土星に近づくカッシーニのイメージ画。カッシーニは金星→地球→木星の順にスイングバイ（惑星の重力を利用して進行方向を変化させる）、2004年7月におよそ7年かけて土星軌道に到着した。なお8～10月には土星の衛星を新たに6個も発見している。
④厚い大気のために存在が明らかではなかった、土星の衛星タイタンのメタンの湖が、2006年7月22日に土星探査機カッシーニによって確認された。写真はその擬似カラー画像である。湖（直径3キロから70キロ程度の大きさ）は青色で表現されている。タイタンの地表にはほとんどクレーターがなく、表面気圧は地球の1.6倍、大気の主成分は窒素（97%）とメタン（2%）。惑星環境は35億年前の地球に酷似する。地球生命誕生の謎に迫る手がかりがつかめるかもしれない。

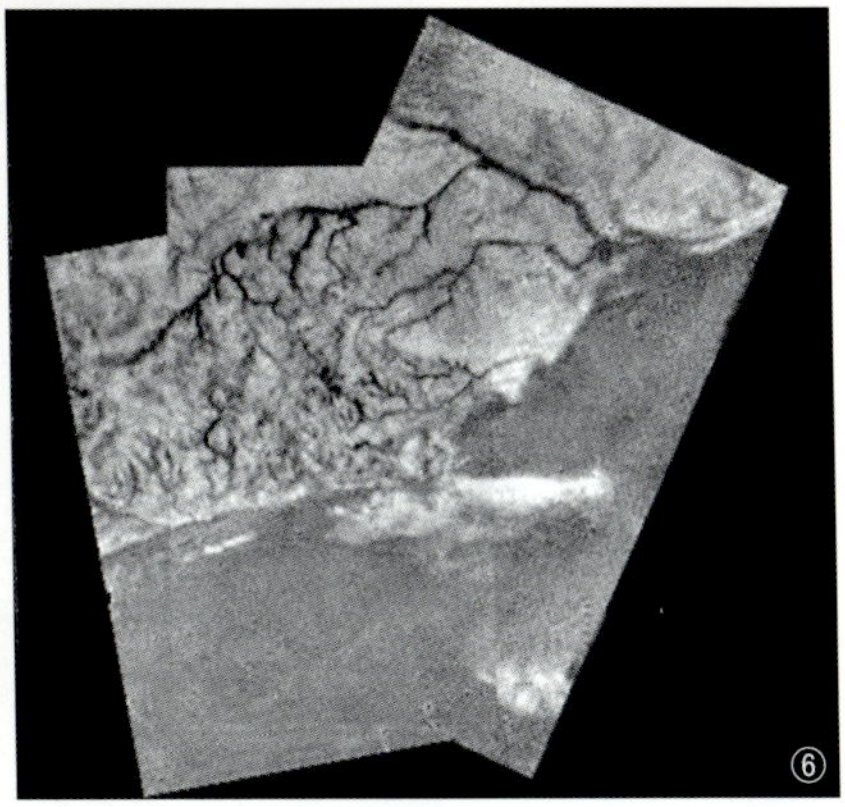

⑤カッシーニに搭載した探査機ホイヘンス（2.7 メートル、320 キログラム）を切り離し、降下させるイメージ画。2004 年 12 月にホイヘンスはタイタンに着陸。
⑥タイタンの地表上に刻まれた流域溝の複雑な網状組織を示した上空写真。この写真から、降水、浸食、剥離などタイタンを形づくっている自然のプロセスが地球とほぼ同じことがわかる。ただこの流体は水ではなく、タイタンの地表温度 マイナス 179 度の中で液体として存在するメタンである。
⑦2005 年 1 月 14 日、約 3 分の探査時間中にホイヘンスは地表に散らばる氷塊を撮影した。タイタンの火山活動で噴出するものは溶岩ではなく氷塊であるという。
© ESA/NASA/University of Arizona

①国際宇宙ステーション(International Space Station、略称ISS)の、CGによる完成予想図。アメリカ、ロシア、日本、カナダ、ヨーロッパ宇宙機関(ESA)の協力により2010年に完成する。重量419トン、最大滞在人数6名となる。日本の実験モジュール「きぼう」も2007年に打ち上げの予定。

②-③ISSは約90分で地球を周回する史上最大の人工天体となるが、その建造には70回近いスペースシャトルと補給船による組み立てミッションが必要である。写真は2000年2月、毛利衛も参加したスペースシャトル・エンデバー号の組み立てミッションの様子で、作業する宇宙飛行士はいずれもジョン・ヘリントンである。②の写真の左側にはISSのロボットアームが見える。

International Space Station

④ISS 計画は 1998 年に開始されたが、2003 年２月スペースシャトル・コロンビア号の空中分解で２年以上も中断、05 年７月ディスカバリー号の打ち上げで再開された（再開ミッションには野口聡一も参加)。写真は 2006 年 12 月、アメリカのカービームとスウェーデンのフォーイェルソングによる電力格子の組み立て作業。
⑤組み立てミッションを終えて離脱したスペースシャトルからみた ISS。
（写真は②と③をのぞきすべて NASA 提供）

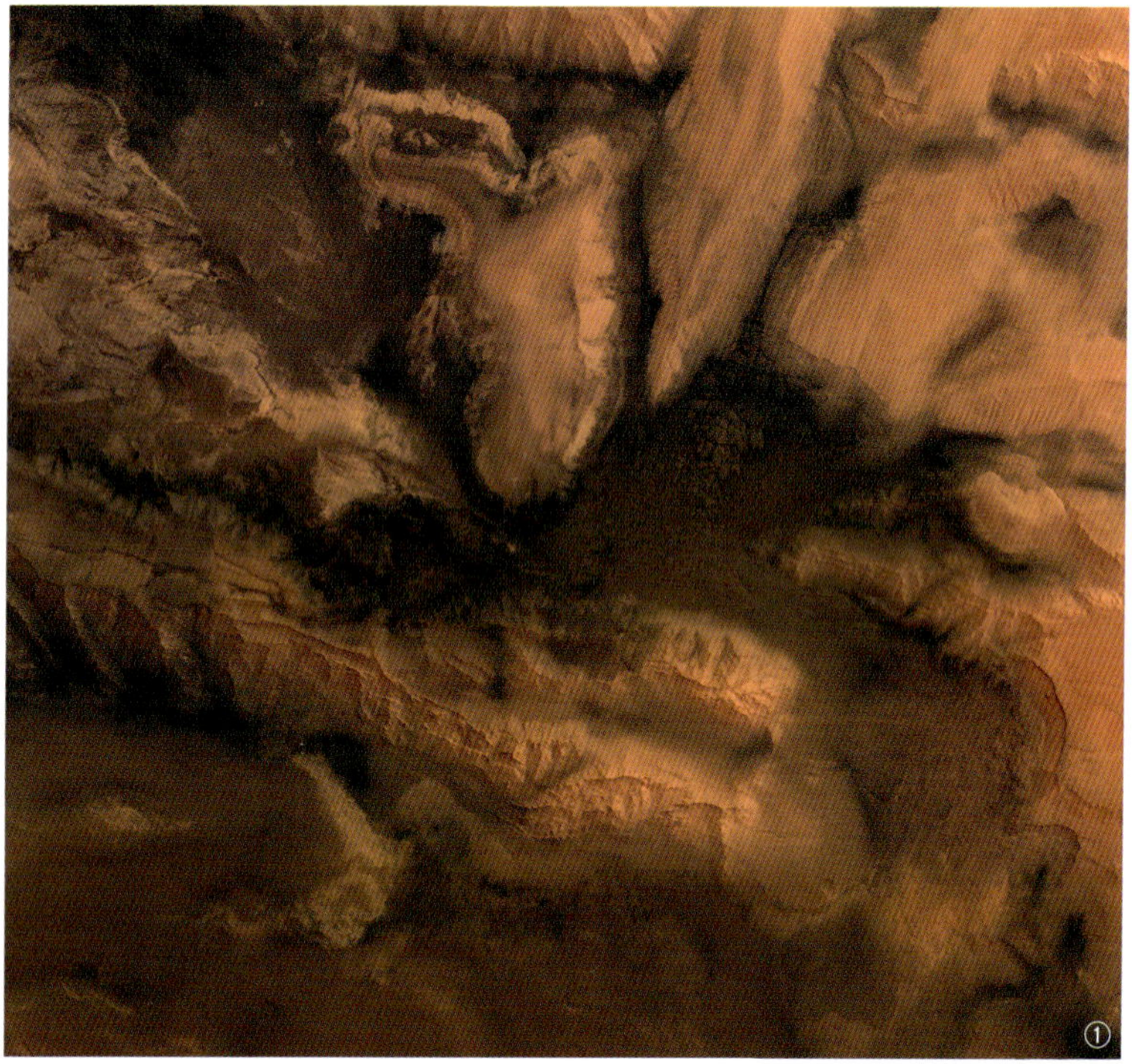

①火星大渓谷の画像。200 キロメートルの長さに渡って5000 ～ 7000 メートルの深さをもち、地球のグランド・キャニオンも足元に及ばないほどの規模。この峡谷がなぜできたのかは謎に包まれているが、現在は数十億年前の氷河期と火山活動によるものという説が有力視されている。

②マーズ・エクスプロレーション・ローバー（Mars Exploration Rover）のイメージ図。NASA が打ち上げた、ローバー（ロボット）を用いて火星を調査する２機の無人火星探査車である。「スピリット」は 2003 年６月打ち上げ、04 年１月３日に火星のグセフ・クレーターに着陸。「オポチュニティ」は 03 年７月打ち上げ、04 年１月 24 日に火星表面の反対側、メリディアニ平原に着陸。火星に水の活動があった手がかりを持つ岩石および土を探査するのが目的で、火星着陸以後３年以上も機能している。メリディアニ平原のクレーター内部ではすでに流水の痕跡を示す層化パターンが発見されている。

③火星に着陸してから 48 日目の 04 年２月 21 日に「スピリット」が危険回避カメラで撮影した画像。ロボットアームで地表の溝を調査している。

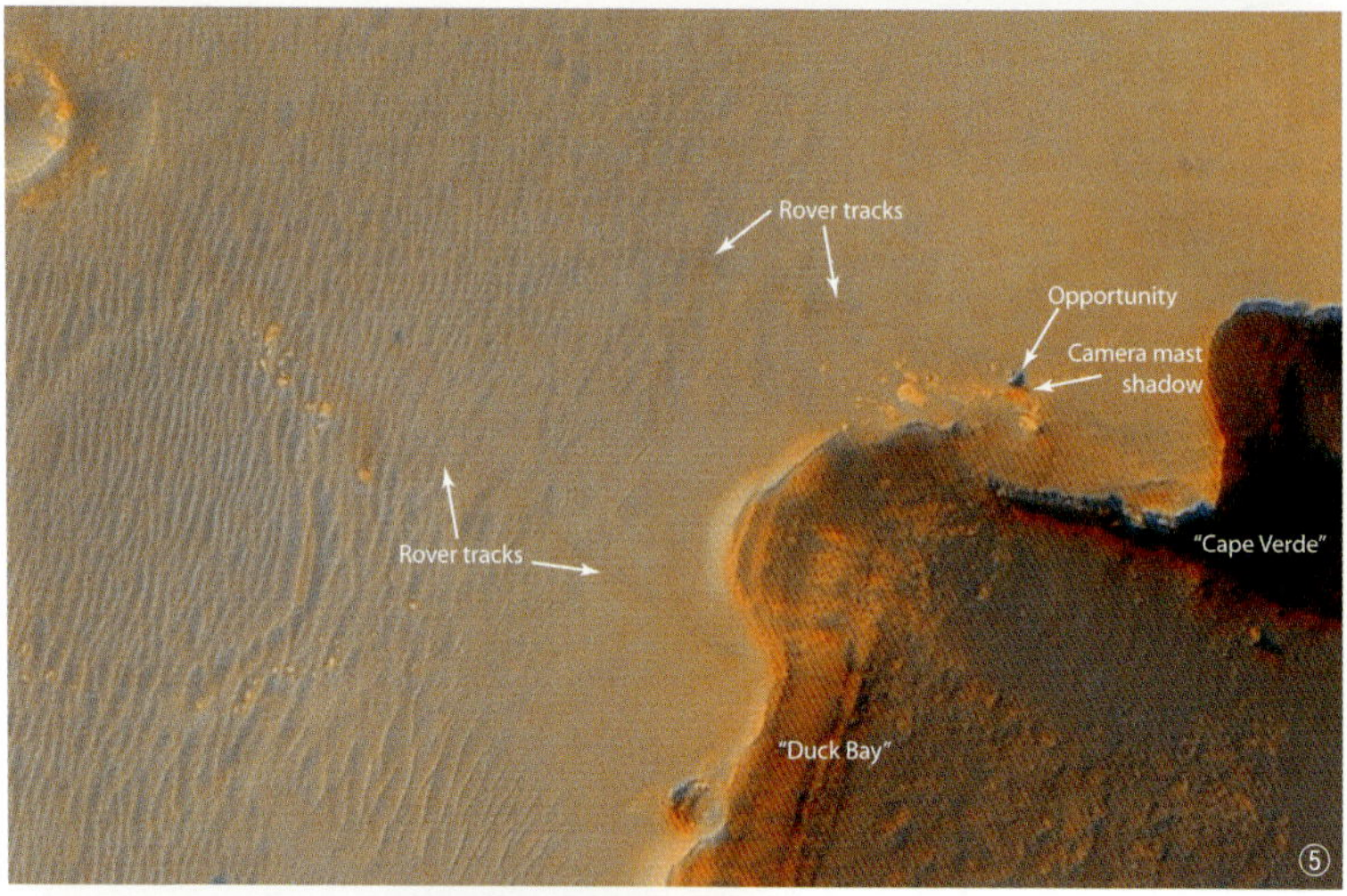

④2006年10月、「オポチュニティ」が撮影した火星のヴィクトリア・クレーターの写真。半径約800メートルあるクレーターの縁の部分で、ヴェルデ岬と呼ばれる。崖の高さは約6メートル。
⑤-⑥／2006年10月、マーズ・リコネッサンス・オービター（Mars Reconnaissance Orbiter、06年3月に火星に到達）から探査車の様子を上空から撮影した写真⑥と、⑤はその拡大写真。Rover tracks=探査車の走行した跡、Opportunity=探査車、Camera mast shadow=カメラのマストの影、Cape Verde=ヴェルデ岬、Duck Bay=ダック湾。（写真はすべてNASA提供）

Subaru Telescope　すばる望遠鏡

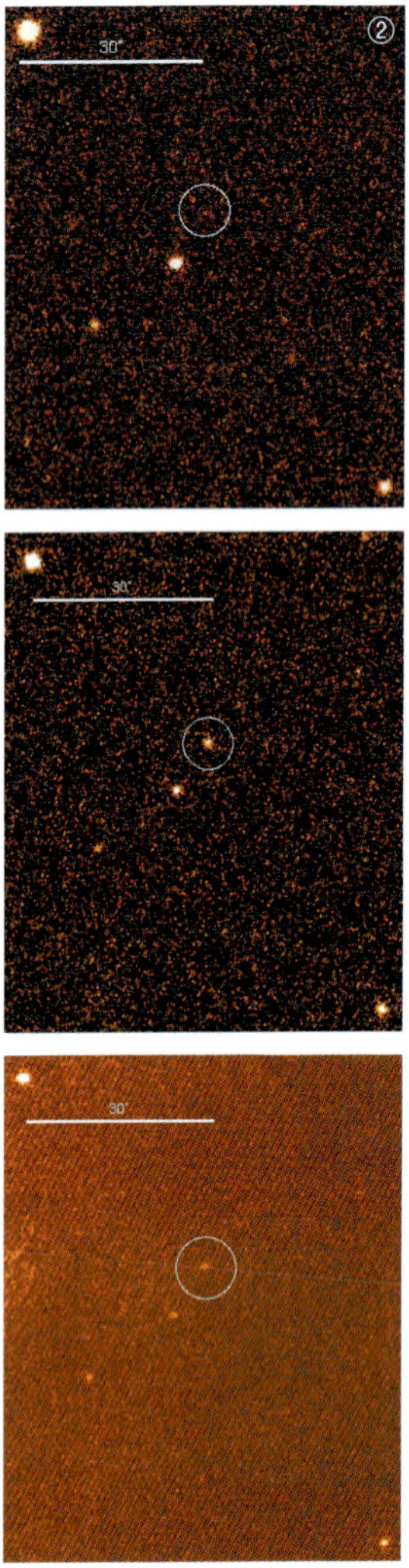

②

①

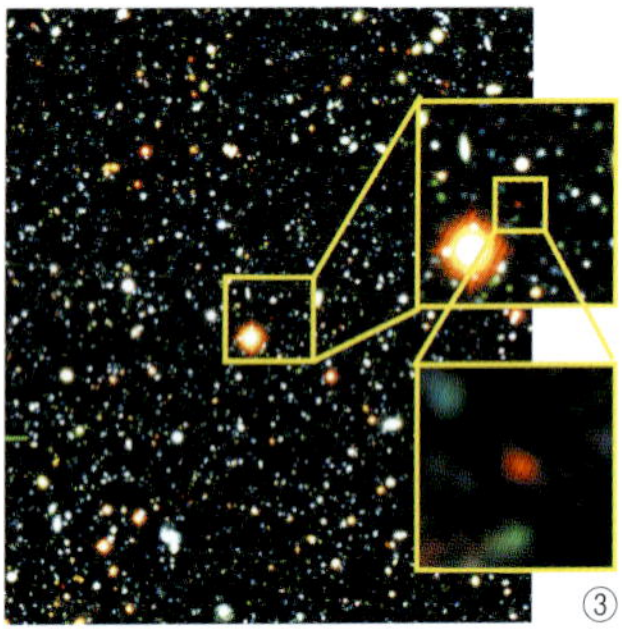

③

①すばる望遠鏡（Subaru Telescope）の主焦点カメラと主鏡。すばる望遠鏡は1999年1月に観測を開始した、ハワイ島のマウナ・ケア山山頂（標高4,205メートル）にある国立天文台の大型光学赤外線望遠鏡である。その主鏡は世界最大の一枚鏡（直径8.3メートル）であり、近年数々の観測成果を挙げている。

②2006年8月にすばる望遠鏡が発見した、127億年前の宇宙のクエーサー（超巨大ブラックホール）の画像。上から波長が短い順に並べられており、波長の長い画像ではクエーサー（白い丸で囲った部分）がはっきり写っていることから、この天体が遠方(高赤方偏移)のクエーサーだとわかる。クエーサー自体はブラックホールなので光を発しないが、太陽の約20億倍の質量を持ち、その重力により飲み込まれた物質同士が激しく衝突、可視光線が放射されている。

③2006年9月にすばる望遠鏡が発見した、これまでの記録を更新する、宇宙で最も遠い銀河（約128億8千万光年、つまりビッグバンから約8億8千万年後の時代の銀河）の画像。最終拡大画面の中央にある赤い銀河である。

（上記の写真はすべて国立天文台提供）

増補新版 宇宙論のすべて

宇宙論のすべて●目次

宇宙論のすべて●詳細目次

まえがき

宇宙を身近に引き寄せるために

池内　了

空飛ぶハッブル宇宙望遠鏡や口径一〇メートルのケック望遠鏡の大活躍で、宇宙に関するニュースが新聞紙上を飾ることが多い。これまで見えなかった宇宙の詳細な姿が炙《あぶ》り出され、思いがけない自然の絶妙な仕組みが具体的に目撃できるようになったためである。ハッブル宇宙望遠鏡は、地上には届かない紫外線や赤外線による観測によって、天体の多様な顔つきを私たちに運んできている。（ただし、ハッブル宇宙望遠鏡が送ってくるカラー写真は、多色フィルターを利用してコンピューターで合成したものだから、本物と信じ込まないように。）ケック望遠鏡は、その口径の大きさを活かして、これまで見えなかった暗い銀河の姿まで写し出している。（因みに、「ケック」という名がついているのは、一〇〇億円の資金援助をした財団理事長の唯一の希望であったという。その上、ケック望遠鏡二号機が財団理事長の跡を継いだ息子の援助で建設された。なんとも壮大な寄付である。）

さらに、人工衛星を用いたX線や赤外線での宇宙観測や、世界中の電波望遠鏡を結んだ超長基線電波干渉計による高分解能観測が進められ、銀河中心に潜むブラックホールが暴き出されようとしている。また、専用望遠鏡によって二五億光年におよぶ銀河宇宙の地図作りも始まっている。（このプロジェクトは、スローン・デジタル・スカイ・サーベイ（ＳＤＳＳ）と呼ばれており、私も参加している。「スローン」は、やはり、このプロジェクトに資金援助をしてくれた財団の名前である。アメリカは天文学のような地味な分野への寄付を積極的にする国であると実感する。）二一世紀に入ると、日本の「すばている」望遠鏡をはじめ世界中で一〇台以上もの口径八〜一〇メートル級の大望遠鏡が稼働し、いっそう宇宙の深奥へ人類の眼が及ぶようになるだろう。まさに、知のフロントとしての宇宙研究が花咲こうとしているのである。

むろん、単にきれいな天体写真を撮っているだけではない。観測によって得られた多量のデータを下に、「私たちは、何処から来て、何処へ行くのか」という古来からの疑問に答えようとしているのである。この宇宙は、いつ、どのようにして創成されたのか。銀河宇宙は、いかなる進化を遂げてきたのか。母なる太陽と惑星は、どのようにして誕生したのか。地球の生命は、この宇宙で孤独な存在なのか、それともありふれた存在なのか。地球や太陽は、いつ、その死を迎えるのか。銀河系は、いつまで輝き続けるのか。そして、宇宙は永遠に膨張を続けるのか、それとも、やがてブラックホールへと潰れてしまうのか。宇宙にとって、人間はどのような意味を持っているのだろうか。

人間の一生に比べれば、宇宙や銀河や星の時間スケールは桁違いに長い。従って、右のような疑問への解答を直接に証明することはできない。空想し、観察し、データを集積し、論理を組み立て、物語を描くのみでしかないのかもしれない。にも拘わらず、人間は考え続け、何らかの納得する答えを得たいと望み続けてきた。それは、素朴な宇宙創世の神話であっても、難解な数式を駆使する現代の最先端の宇宙論も同じである。ただ、現代の私たちは、宇宙を観測するさまざまな手段を開発し、宇宙を腑分けする科学を獲得してきた分だけ、より真相に近づけそうな予感を持っている。最終の解答には至らぬまでも、未知の暗闇の領域に少しずつ光が当たっていく手応えも感じている。このように、宇宙は、現在なお人々が実感できる科学の領域と言うことができるだろう。(科学の最先端が日常感覚から遙かに遠くなってしまったけれど、天文学と生物学は今なお身近な科学として人々の興味を惹きつけている。やはり、科学の原点は博物学にあるのだろうか。)

とはいえ、宇宙の営みや歴史を具体的に読み解くには膨大な知識を必要とする。そもそも天文学は人類最古の科学であり、蓄積された知識は大量である。さらに、素粒子・原子核・原子・分子・生命体・惑星・恒星・星団・銀河・銀河団と続く物質階層すべての運動や反応についての法則を知っていなければならないし、それらの法則はプラズマ・気体・液体・固体などの物質の状態ごとに異なっている。宇宙を理解するためには、これら諸々の科学の知見を身につけている必要がある。むろん、そんなことは専門の宇宙物理学者ですら不可能だから、それぞれ自分が得意とする狭い分野の研究に勤《いそ》しんでいるのみである。（逆に言えば、宇宙は何でも有りの世界だから、自分で気に入ったところだけを切り取って楽しむことができる世界でもある。）

実を言うと、私は宇宙物理学者の中では、割合研究分野の対象が広い人間である（と思っている）。新しい物好きであることが一つの理由だが、一つの分野に留まっていると、すぐに有能な後進に追い抜かれてしまうので、止むを得ず分野を変えてきたというのが真相なのである。その結果として、宇宙のあらゆる階層に取り組むことになった。宇宙物理学の分野に入ったのは大学院に入学した一九六七年だが、それ以来の三〇年少しの間に取り上げたテーマを列挙してみると以下のようになる。星内部で起っている核反応、星の進化の最終段階、星の大爆発後の超新星残骸の進化、星の誕生と死が繰り返されている銀河内での物質循環、星間物質の煙突構造と進化、宇宙の泡構造、クェーサーの吸収線の起源、X線銀河団の進化などである。よく見ると、星・星間物質・銀河・宇宙へと、より大きい天体の階層に研究対象を移してきたことがわかる。天文観測の最先端が、このように、より大きな階層の観測へと拡大してきたことを反映しているようだ。（大きい階層ほど遠くにあり、明るさがより暗く、サイズがより小さくなるので、観測がより困難になるから、観測装置の開発に時間がかかったのである。）また、一時流行したソリトン（非線形波動）やプリゴジンの散逸構造を、銀河の渦巻き構造に応用するというような寄り道もした。重力が支配する宇宙に、異なったメカニズムで構造が発現することを示したかったためだ。さらに、トシを取るにつれ歴史に興味を持つようになり、神話や科学史の著作にも親しむようになった。おかげで、さまざまな科学の分野を勉強することができたのは自分にとってプラスだったと思っている。日本では「この道一筋」が評価される傾向が強いので、私のような「広く浅い」学問は邪道なのだが、生き抜くための苦肉の方策であったし、必ずしも悪いことではない（むしろ、良いこと）と思っている。（日本は「四畳半物理」、アメリカは「セールスマン（あるいはボストンバック）物理」と評されることがある。）

本書は、宇宙論をもう少し詳しく知りたい、なぜ宇宙の専門家はそのように考えるのかを知りたい、宇宙を全体として見渡してみたい、新聞に載っている宇宙の言葉の意味を知りたい、宇宙論の歴史を振り返ってみたいなど、さまざまな動機を持つ読者のために書いた宇宙論入門書である。執筆にあたって自らに課した制約は、式を使わない、各項目をコンパクトにまとめる、エピソードを交えて楽しめるものとする、どこからでも読める、全体を過不足なく網羅する、であった。むろん、わかり易く、を第一番の制約としたつもりだが、力不足で難しくなった部分や中途半端になった部分があるかもしれないが、その部分は飛ばしても理解できるはずである。

このような事典に似た本を書く上で、楽しみと苦しみがある。楽しみは、私がまだ知らないことが勉強できることだ。内容の骨格を作る段階ではなるべく広いテーマを取り上げたいと思うから、よく知らないことまで項目に含めてしまう。それらの項目については、参考になる本を勉強しながら執筆する羽目になるが、それが楽しいのである。暦や占星術の歴史、神話の世界や古代の宇宙論、アラビアや中国や江戸の天文学者たちなどがこれにあたる（勉強足らずで重要人物を落としているかもしれないが）。一方、苦しみは、量子力学や一般相対性理論など日常からかけ離れた物理学の概念をわかり易く表現することで、自分が良く理解していないのではと自らを疑うことすらあった。どのような難しい事柄でも、わかり易い日本語で表現できるはずと信じ広言しているが、実際にそれが実行できるとは限らないからだ。つい楽しい項目を先に書いてしまうから、最後に苦しい項目ばかりが残ってしまった。(難しいことを難しく書くのは楽だけど、難しいことを易しく書くのは難しい。)

じつは、本書を執筆しようという気になったのは、新書館編集部の熱心な薦めがあったこともあるが、一九九八年の秋から文学部の大学院で「コスモロジーの系譜」という講義をするための準備の意味もあったことを言っておかねばならないだろう。(私は、いつも先行きのことを考えず、面白そうであれば何でも引き受けてしまう悪い癖がある。)引き受けてから、さて、物理には縁遠い文学部の学生に対して、どのような講義ができるのだろうかと頭を抱えてしまった。そこで、とりあえず宇宙論に必要な基礎的な物理学の概念をまとめておき、その上で講義の中で哲学的・歴史的な意味づけをしようという方針を採ることにした。本書はその前半部分に対応し、文系の学生でも理解できるように書いたつもりである。(さて、講義の中で、時代の色合いや哲学的背景と宇宙論との絡みがちゃんと話せるか自信はない。まあ、ぶっつけ本番でもなんとかなるだろうと考えるのも私の悪い癖だが、心配していても仕方がない。)

最後に、本書の編集と楽しい図版を用意下さった新書館編集部に深く感謝したい。

I　コスモロジー

●宇宙論の歴史年表

紀元前三五〇年頃　アリストテレス：天動説宇宙体系
紀元前二七〇年頃　アリスタルコス：太陽中心説
一二〇年頃　プトレマイオス『アルマゲスト』天動説の数学的整備
一五四三年　コペルニクス『天体の回転について』地動説の提唱
一六〇九年、一六一九年　ケプラー：『新天文学』『世界の調和』惑星運動の三法則の発見
一六一〇年　ガリレイ：『星界からの報告』太陽系宇宙から無数の星の宇宙へ
一六八七年　ニュートン：『プリンキピア』運動の法則と万有引力の発見
一七八六年頃　ハーシェル：星雲宇宙仮説
一八三八年　ベッセル、ヘンダーソン：恒星の視差の検出（地動説の直接証拠）
一九二四年　ハッブル：銀河宇宙像の確立
一九二九年　ハッブル：宇宙膨張の発見
一九四七年　ガモフ：ビッグバン宇宙の提唱
一九六五年　ペンジアス、ウィルソン：宇宙背景放射の発見（ビッグバンの直接証拠）
一九八六年　ゲラー、ハクラ他：宇宙の大規模構造の発見
二〇〇三年　WMAP：宇宙の骨格が確定

1 コスモロジーの系譜

コスモロジー（宇宙論）は、私たちを取り巻く全体世界がどこまで続き、いかなる形となっており、どのようにして始まったかを考える分野である。それはとりもなおさず、「私たちは、何処から来て、何処へ行くのか」という、古代から抱き続けてきた人類の問い掛けへの終わりない模索と言えるだろう。あるいは、空間（宇）と時間（宙）と物質の起源や在りようへの飽くなき挑戦である。

その原初的な現れは、天地創造神話であったり、生と死を循環する宇宙伝承物語であった。大海に浮かんだ円盤状の大陸、灼熱の溶岩から生まれた島々、先祖神の胸や足や頭から成長してきた山野など、古代社会における宇宙論は、環境や風土・君臨する神・民族の歴史などが色濃く反映されており、人類学的にも極めて興味深い。

やがて、天球上の星の動きを観察し、記録を取り、地上の変化と対照することにより、規則的な運動に気づき始める。そのもっとも古い記録はバビロニアに残っており、そこで使われていた一〇進法・一二進法・二四進法・三六進法・六〇進法は、現在においても、角度を測り、時間を刻む単位として使われている。空間と時間を切り取る方法の発見が、科学としての宇宙論の第一歩であった。そして、この宇宙を構成する天体が、季節によって変わりつつも不変の星座を描く星々と、その星の間を縫って動いていく惑星（プラネット、さまよう人）の二種類あることがわかってくる。時空を旅する星の動きを通じて、宇宙を把握する糸口を摑んだのだ。

バビロニアからエジプトへ、エジプトからギリシャへ受け継がれた星の運行の記録から、紀元前三世紀までに、神の気まぐれとは無縁な「法則に則《のっと》った」二つの宇宙論が提案された。一つは天動説（地球中心説）であり、もう一つは地動説（太陽中心説）であった。つまり、この宇宙の中心に、地球を据えるか、太陽を据えるか、の問題であったのだ。むろん、太陽が東から昇り西に降るように見え、月が従者のように地球の回りを経巡っていることから、直感的に受け入れやすい天動説が勝利した。地動説には、太陽や惑星の見かけの動きをいったん疑い、天の配置を考え直すという反芻の時間が必要であったのだ。アリストテレスの権威が背後にあったからかもしれない。その後二〇〇〇年の間、天動説は人々の宇宙観を支配した。

右のような、天体の規則的な運動に着目した西洋の宇宙論に対し、東洋では極めて形而上的な宇宙論のままに推移した。天球の観察は、不規則な現象や突発的な現象の記録に重点がおかれ、規則的な運動への興味がなかったからである。「天行不斉」、天は不規則な現象を通じて地の異変を予言すると考えたのだ。したがって、彗星・流星・日食や月食・客星（あるいは新星）の膨大な記録は機密扱いであった。太陰暦が近年まで使われたように、天の運行には、生活に密接した範囲からの興味しか抱かなかったとも言える。

ルネサンス・大航海・宗教改革と一五世紀から一七世紀にかけての世界史を揺るがせた運動は、宇宙論にも大きな影響を与えた。矛盾を内包した旧来の慣習への疑い、新たな眼で現実を見直す時代的雰囲気、東の文明と西の文明の邂逅、そして桎梏《しっこく》に囚われない文化の創造。それらが、コペルニクスの地動説の復活を生み、ガリレイの実験科学の源泉となり、ケプラーの経験則の発見へとつながり、最終的にニュートンの古典物理学の完成をもたらした。地球が動いているという直接証拠はなくても、地動説は人々の常識となったのだ。

併せて、ガリレイが最初に天を観察するのに使った望遠鏡は、人々の宇宙を拡大するのに大きな寄与をした。天の川が太陽と同じ星の集まりであることを眼にするや、宇宙は太陽系から無数の星の世界へ広がり、さらにハーシェルは、星の集団たる星雲が宇宙に点々と散らばっている多世界宇宙へ人々を誘った。いみじくも、カントは「島宇宙」という概念を自らの哲学の根拠に据えた。一八世紀の宇宙論は、実証科学の道を歩みつつ、人々の世界観を構成する上での重要な水先案内役を果たすようにもなったのだ。

しかし、宇宙論の歩みは一直線ではない。時空を探る手段の能力によって、認識しうる宇宙に限界があるからだ。眼視観測から写真撮影へ、金属鏡からガラス鏡へ、そして撮像から分光へと、一九世紀は宇宙観測の飛躍を準備した世紀であった。その準備があればこそ、二〇世紀前半の宇宙論の革命が成就した。口径二・五メートルのウィルソン山天文台の望遠鏡によって、銀河宇宙像が確立し（一九二四年）、さらに宇宙膨張が発見（一九二九年）されたのだ。この宇宙は、銀河が物質分布の単位となっており、かつ銀河は空間の膨張によって互いに遠ざかっている。この現代宇宙論の基礎を成す二大発見は、ウィルソン山望遠鏡を駆使して宇宙を追い詰めたハッブルによって成し遂げられた。その背景には、アインシュタインの天才が不可欠でもあった。宇宙全体の運動を記述する物理学を独力で拓いたのだから。

といっても、膨張宇宙がすんなり受け入れられたわけ

コスモロジーの系譜
ウィルソン山天文台の望遠鏡とエドウィン・ハッブル。1924年、かれはこの望遠鏡を使ってアンドロメダ銀河までの距離を計算し、それが銀河系外にあることを明らかにした。

ではない。ニュートンがそうであり、アインシュタインですらそうであったように、人々の常識では、宇宙は永遠で不変であり、決して動いてはならないものであったからだ。動く（膨張する）宇宙には始まりがあり、必然的に進化する（刻々と姿を変える）。ダーウィンの進化論が当時の人々の反発をかってしばらくは沈滞の時代を余儀なくされたように、膨張宇宙論にも雌伏の時期があった。宇宙の距離の測定法に問題があって、宇宙の年齢が地球より若いという矛盾を抱えていたこともある。

しかし、そのような状況下でも、ガモフは一九四〇年代に、その想像力をいっぱいに広げて、膨張宇宙論からビッグバン宇宙論へと展開させた。進化する宇宙像を具体的に描き出したのだ。皮肉にも、ビッグバン宇宙の名付け親は、定常宇宙論の旗頭フレッド・ホイル卿であった。ホイルはガモフ説を揶揄するつもりで、ビッグバン（大ボラめ、ズドンだな）と呼んだのだ。しかし、大爆発（ビッグバン）で宇宙が始まったとするガモフの夢想を、心ならずも実に的確に表現してやったことになる。ビッグバン宇宙は、一九六五年に、その直接証拠である宇宙背景放射が発見されて、揺るぎなく確立した。さまざまな未解明の難問はあるものの、ビッグバン理論は現代の標準的宇宙論の地位を占めている。

一九八〇年代に入って、宇宙論は二つの方向から新たな展開を見せた。一つは、ホーキングに代表される宇宙創成理論や、グースと佐藤勝彦が提唱した宇宙誕生直後のインフレーション的膨張など、宇宙のごく初期の躍動的な宇宙モデルである。その背後にはミクロ世界を扱う素粒子物理学の理論の整備があった。いわば顕微鏡で見る微視的宇宙の理解が進んだのである。もう一つは、ハイテク機器の宇宙観測への応用によって、泡宇宙やグレートウォールなど思いがけない宇宙の大規模構造の発見である。これによって、私たちが描いてきた宇宙像がまだまだ小さいことを思い知らされた。宇宙は人類が想像する以上の過去を隠し持っているのである。

今や、口径八〜一〇メートル級の大望遠鏡が世界で一〇台近くも稼働し始めている。これによって、観測的宇宙論という新分野が育ちつつある。天文学の正統法である望遠鏡で見る大宇宙の姿が炙り出されようとしているのだ。二一世紀は、さらに宇宙の神髄に近づいていく重要な時代となるだろう。

2 天動説

宇宙の中心に地球が位置し、その周りに月・水星・金星・太陽・火星・木星・土星の順で七つの星が円運動しているとする説。土星の外側には恒星が張り付いた天球が回っており、ここが宇宙の果てである。

歴史的には、アリストテレスより一世代先輩のエウドクソスが、まず地球を中心とする同心天球説を提案していた。かれは、恒星・太陽・月・水星以下五つの惑星が、地球を中心とした同心球面上を運動していると考えたのだ。紀元前三三五年頃、アリストテレスはこの体系を受け継ぎ、いっそう精密な宇宙体系としてまとめた。アリストテレスによれば、宇宙はひとつの球であり、永久不変の回転運動をしている。その場合、回転体の中心は不動だから、地球は宇宙の中心に静止していなければならない。また、惑星もそれぞれ完全な円周上を運行している。

その源流には、紀元前六世紀のピタゴラス派の人々の、高貴な天の世界は永遠不滅の運動に従っているとして、一様な円運動をしているとする考え方があった。円運動のみが始めと終わりがなく永久が保証されるからであった。しかし、単純な円運動では惑星が示す不規則な運動は説明できないから、エウドクソスは惑星の軌道を三〇個以上の円運動の組み合わせで近似しようとし、アリストテレスは五五もの回転球を導入した。それでもなお、逆行現象と呼ばれる惑星の後退運動が説明できなかった。

そこで紀元前一五〇年頃、著名な天文学者であったヒッパルコスは、回転する円周(搬送円)の各点を中心として回転するもう一つの小さな円上を惑星は運動するとの周転円理論を提案した。さらに、ヒッパルコスは、春分点から秋分点までの時間が秋分点から春分点までの時間より六日間ほど長いことの説明として、搬送円の中心が地球中心から少しずれている離心円まで持ち込んだ。こうなると、もはや地球は宇宙の中心からはずれてしまうことになる。

しかし、ヒッパルコスの工夫によって、惑星運動を精度よく説明し、惑星の位置の予報をすることも可能となった。紀元二世紀のプトレマイオス（通称トレミー）は、惑星が円周上を回転運動する速さが、円の中心に関してではなく、対応点と呼ばれる点に関して一定であるという工夫を付け加え、天動説を完成させた。かれの著書『アルマゲスト』はその集大成で、プトレマイオス体系は、その後一三〇〇年にわたって基本的な変更が加えられないまま生き続けた。

宇宙の成り立ちについて、アリストテレスは、地球は土・水・火・空気の四元素でできている特別な存在であり、惑星および恒星は完全であるから第五の元素であるエーテルが凝縮したものと考えた。エーテルはくまなく空間に満ちており、真空の存在は否定された。このエーテル仮説は、マイケルソン-モーレーの実験によって一九世紀末に否定されるまで生き長らえた。

アリストテレス宇宙論をキリスト教の教義と調和させることに努力したのがトマス・アクィナスであった。かれは『神学大全』において、神学的推論とアリストテレス自然学を大胆に（強引に）結びつけ、人間と宇宙そしてそれらの神に対する関係について、聖書に率直かつ正確な説明がなされていることを証明しようとしたのだ。さらにダンテは、『神曲』のなかで、地球中心宇宙説を天国と地獄という形に移し変え、神聖な宇宙を一般の人々が想像しやすいように解釈した。こうして、天動説はキリスト教世界の中に深く根を張ったのである。

静止した地球を中心とする太陽系を、そのまま宇宙に重ね合わせる考え方に疑問を投げかけた人々もいた。一四世紀のオレムのニコラウスは、恒星の日周運動は地球の自転によると考えたし、一五世紀のクサのクザーヌスは、地球も太陽と同じく動いている星であり、無限の宇宙を回遊しているとする宇宙論を提示した。

いずれも、空想の域をでるものではなかったが、地球が動くことを人々が考え始めていたことも事実だろう。コペルニクスの地動説は、それほど突飛な考えではなかったのである。

3 地動説

宇宙の中心には太陽が静止しており、地球は太陽を回る一つの惑星であり、恒星の見かけ上の日周運動は地球の自転運動であるとする説。

アリストテレスとほぼ同時代のヘラクレイデスは、地球の自転と、水星と金星は太陽の周りを回っているとする説を唱えていた。おそらく、自転する地球を考えた最初の人だろう。ただ、かれは地球中心説からは逃れられず、地動説の元祖とは言いがたい。

はっきりと、地球も含めたすべての惑星が太陽の周りを回っているとする地動説を言い出したのはアリスタルコスで、紀元前二七〇年頃の人である。ただし、かれの著作は何も残されておらず、同時代のアルキメデスの手紙から窺うことができるだけで、その根拠やどのような論法を用いていたかはわかっていない。バビロニアのセレウコスも地動説を唱えていたらしい。

しかし、その後コペルニクスが地動説を復活させるまで、長く人々の記憶から去ってしまった。

その一つの重要な理由が、紀元前二世紀の偉大な天文学者ヒッパルコスにあったようである。かれは、一度は太陽中心説で惑星の運動が再現できるかを検討し、これでは惑星の不規則な運動は説明できないと断を下してしまったのだ。事実、惑星の軌道を円とする限り地動説では惑星運動は説明できないのだが、天動説でも同じことで、かれ自身が周転円や離心円を考え出さねばならなかったことを考えれば、いささか判断が早すぎたようだ。

コペルニクスが地動説を復活させようとした第一の動機は、惑星運動の速さが地球からずれた対応点に対して一定とするプトレマイオスの工夫に疑問を持ったことにある。これでは、天動説が真の地球中心説にはならないからである。さらに、プトレマイオス以来の一三〇〇年の歴史のなかで惑星運動の観測が続けられ、惑星の位置予報が正確でないことも気づかれるようになっていた。天動説の綻びが見え始めてきたのである。

そこでコペルニクスは、太陽を中心に据えて惑星がその周りを円運動すると仮定すれば、より単純で、より正確に惑星運動が説明できないか試そうとしたのだ。しかし、円運動を仮定する限り周転円や離心円を持ち込まざるを得ず、数学的な体系としては天動説と同様な困難に陥ったのである。結局、かれは太陽や月・諸惑星の観測を通じて地動説を証明しようとしたが果たせず、死の年の一五四三年に『天体の回転について』を出版したに留まった。

地動説は初めからバチカンの弾圧を受けたわけではない。むしろ、当時のローマ教会は進歩的な思想を奨励しており、コペルニクスは教皇クレメンス七世に新理論を解説したほどである。逆に、コペルニクス説を強く非難したのは、「聖書に戻れ」と主張していたプロテスタント諸派であった。

当時の第一級の天文観測家であったティコ・ブラーエが採った立場は興味深い。かれは、天動説が惑星の位置予報に大きな誤差を含んでいること、突然新星が現れることから恒星世界は永久不変ではないこと、彗星は神が月下圏に送り込んだものではなく月より彼方の現象であることなどからアリストテレス体系に不満を持っていた。しかし、地球が動いているなら、土星を利用した恒星の位置の季節変化（つまり視差）が生じるはずなのに、それが検出できないから地動説も誤りと考えた。恒星までの距離が土星までの距離に比べて圧倒的に大きい、そんな広大な宇宙を想像できなかったのだ。そこで提案したのは、惑星は太陽の周りを回り、太陽は地球の周りを回る、という天動説と地動説の折衷案であった。

同時代に活躍したのはシェイクスピアで、かれの作品に多くの天文現象が効果的に使われているが、現在では、それが何年何月何日の現象であったかを推定することができるのは興味深い。

地動説が確立する第一歩は、ティコの膨大な観測データを受け継いだケプラーによる惑星運動の規則性の発見であった。数学的才能に恵まれたケプラーは、地動説の立場で、神は宇宙を神聖な調和にしたがって創造したという信念の下にデータを解析した。かれが発見した三つの経験則――惑星は楕円軌道をとり、その運動は面積速度が一定であり、すべての惑星について軌道半径と公転周期の間に共通する関係が成立していること――は、数の間の神秘的関係や幾何学的な図形美に魅せられた数秘主義者であればこそ発見できたのかもしれない。

経験則とは、その物理的理由は明らかではないが、観察・観測によって得られたデータが示す規則性のことである。ケプラーの法則は、ニュートンが発見した万有引力と運動の法則によって過不足なく証明された。

こうして、地動説は一七世紀後半に確立した。地球が動いている直接証拠（恒星の視差の検出）が得られたのは、一〇〇年以上も後の一八三八年で、すでに地動説は人々の常識になっていた。

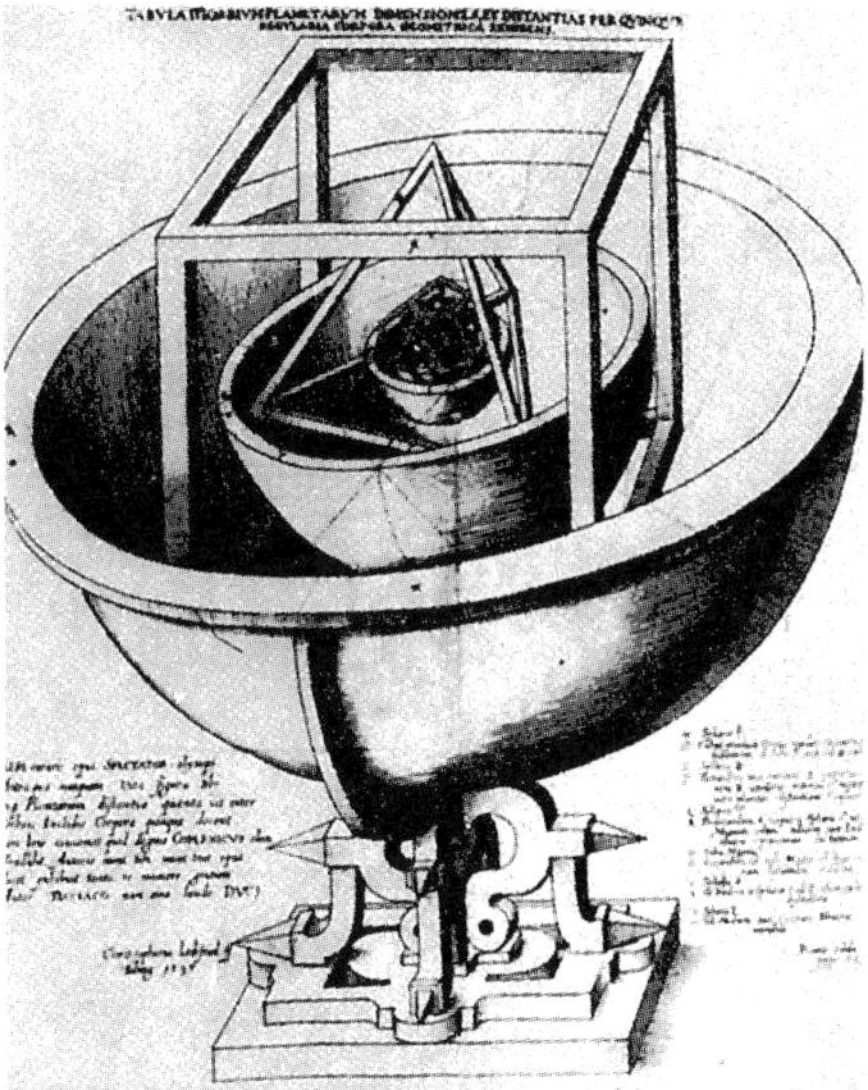

地動説

上／コペルニクスの著書『天体の回転について』（1543年）の自筆原稿に見られる、地動説を示す図。

下／ケプラーの最初の著書『宇宙の神秘』（1596年）に表された惑星の体系。かれ本来の数秘思想に基づく宇宙の解釈で，正多面体が５種類しかないことと惑星の数が地球を含めて６個であることを関連づけ、天球と天球の間隙を特定の正多面体がふさぐという幾何学的構図によって、太陽系の配置を創りだした。

4 無限宇宙へ

天動説から地動説への〝コペルニクス革命《レボリューション》〟は、宇宙を見る人々の視点に大きな転回《レボリューション》をせまることになった。絶対基準系である恒星天球の中心に不動の地球が位置していたのが、中心から外れ、公転しかつ自転する地球となって、恒星天球が宇宙の果てである必然性がなくなったのだ。むしろ、恒星天球をこえて無限に広がる宇宙のイメージの方が自然となった。

そのような宇宙像を公然と唱えたのがジョルダーノ・ブルーノで、一五八四年、太陽も地球も無限の宇宙の中心である必要はなく、またそれらが唯一無二である必要もないと主張した。一五世紀のクザーヌスが唱えた、無限に大きな宇宙という考え方を受け継いだのだ。神が宇宙を創造したのなら、このちっぽけな太陽系に留まらないだろう。むしろ、神の全能性を称えるのがブルーノの目的であったのだ。

コペルニクス説には寛大であったバチカンも、この無限宇宙には激しい弾圧を加えた。地球こそ神の宿る唯一の場とする教会にとっては、断じて許容できるものではなかったのだ。(ブルーノが自然を生命あるものとみなすヘルメス主義者であること、つまり地球もいずれ死を迎え、神すらも永遠ではないとする主張もあって)ローマ教会は、一六〇〇年にブルーノを火炙りの刑に処し、地動説にも過酷な態度で臨むようになった。

無限宇宙の観測的な証拠はガリレイによってもたらされた。ガリレイは、当時発明されたばかりの望遠鏡を手にして、太陽・月・諸惑星、そして天の川をも詳しく観測した。その結果、太陽には黒点のようなシミがあって動いていること、月には大きな凸凹があり、木星には四つもの衛星が付随しているなど、地動説を補強する事実を多く手にしていた。とりわけ、ぼうっと光の海が広がっているかに見える天の川が、実は太陽に似た星の集まりであることを発見するにおよんで、宇宙は無数の星の集まりであると具体的に人々に示して見せたのだ。太陽系も天の川の一員に過ぎないのだ、と。

宇宙は無限でなければならないことを示したのはニュートンであった。すると、宇宙が有限であるとするなら中心と端が存在する。すると、万有引力のために宇宙は中心に向かって潰れてしまうだろう。宇宙が永遠であるなら、中心も端もない無限の宇宙でなければならない、という論法であった。無限の宇宙において、物質は無数の塊となって宇宙空間に散らばり、それらが太陽や恒星として輝いていると考えたのだ。

現在の時点で考えれば、ニュートンの仮定は必ずしも正しいわけではない。中心や端のない有限の宇宙は考えられるし、宇宙が永遠であることも自明ではないからだ。十分長く保つならば、潰れてしまう宇宙でも構わないはずである。もっとも、これはニュートン以来三〇〇年の科学の歴史のなかで発見されたことで、何らニュートンの名誉を傷つけるものではない。

無限の空間に星が散らばっているのなら、なぜ天の川

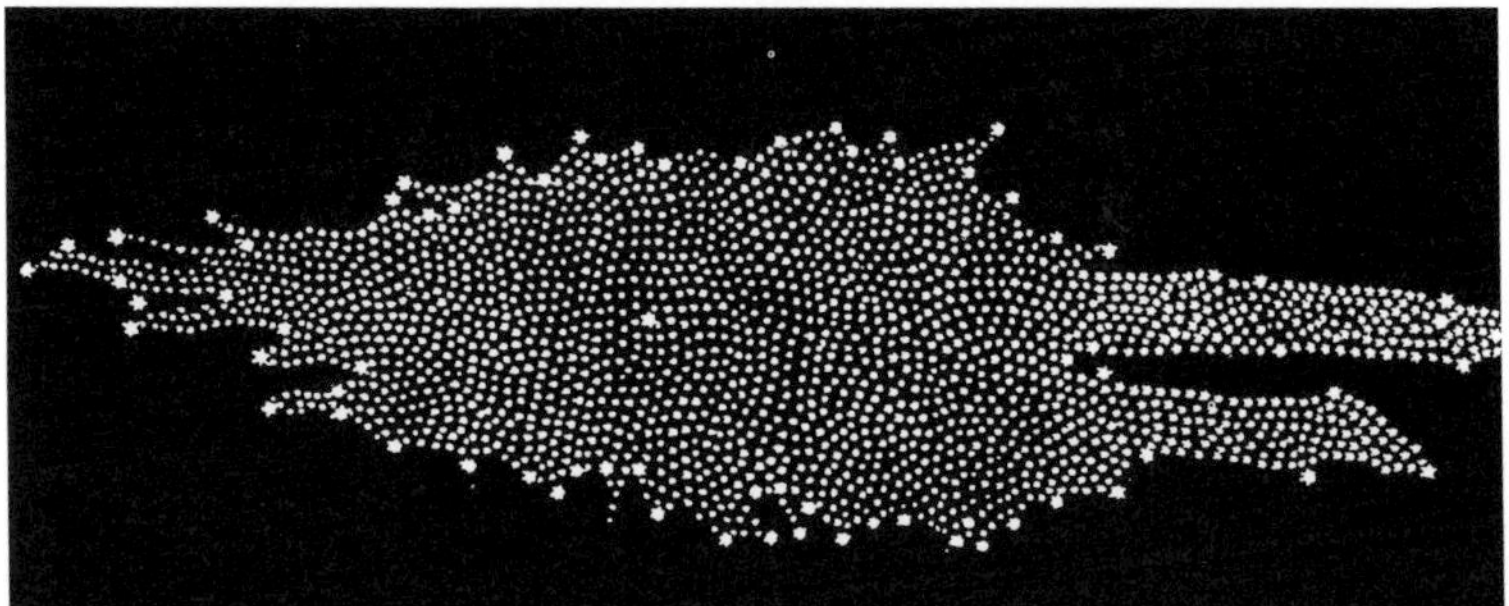

無限宇宙へ

ハーシェル兄妹は星分布の観測の結果、半径と高さの比が五対一の円盤状に星が分布しているという結論を得た。上図はその立体的な星分布の断面図。

のような帯状の領域に星が集まって見えるのだろう。なぜ、天球全体にまんべんなく星が見えないのだろう。

これについては、トーマス・ライトの興味ある試論が、一七五〇年に出版されている。太陽系は無限に広がっている円盤の中心に位置しており、円盤に垂直方向を見れば星は少ししか見えないが、円盤に沿った方向を見れば星が多く見え、それは天の川のように見えるだろう、というものであった。

星分布に構造があると見抜いたのだが、その考えはカントやラプラスの星雲仮説の基礎となった。その後、ライトの草稿は失われ、かれの説も忘れ去られてしまったが、一九六六年になってようやく再発見されたという数奇な歴史がある。

実際、星の分布が円盤状であることを観測によって示したのは、ウィリアムおよびカロラインのハーシェル兄妹であった。

二人は、天球を碁盤の目のように切って番地を付け、各番地内に見える星の数を数えていった。それも、星の明るさごとに数を数えたのである。そうすることによって、星がすべて同じ明るさで輝いているとすると、明るく見える星は近くにあり、暗く見える星は遠くにあることになるから、星の奥行き分布までわかる。

その結果、ハーシェルたちは、ライトが想像した通り星分布が円盤構造となっていることを立体的に示して見せたのだ。ただし、円盤は無限ではなく有限であろうと推定した。無限であれば、もっと暗い星が多数あっていいはずなのに、それらが見つからなかったからである。

(実際には、星の光は途中の空間に分布するガスに吸収されるので、私たちの周辺部しか観測できず、天の川の端まで見通したわけではなかったのだが。)

では、星が有限のサイズの塊となっているなら、無限宇宙とどのような関係にあるのだろうか。ハーシェルが考えたモデルは、星は多数集まって星雲となり、星雲が宇宙空間に点々と散らばっているという星雲宇宙だった。このモデルは、星雲を「銀河」に置き換えれば、現在の銀河宇宙そのものなのである。

5 銀河宇宙

この宇宙は、物質が銀河という塊に集まっており、それが点々と宇宙空間に散らばっているので、銀河宇宙と呼ぶ。典型的な銀河には、太陽のような恒星がほぼ一〇〇〇億個集まっている。私たちが属する天の川銀河（あるいは銀河系）も、極めて典型的な銀河の一つである。

銀河宇宙像が確立したのは一九二四年だが、ハーシェル兄妹が星雲仮説を提案して以来、一四〇年近くもの時間が必要であった。ハーシェルたちは、肉眼で星が集中して見える星雲二五〇〇個のカタログを作っていたが、それらの星雲の大きさと距離を決定するための信頼できる方法が開発されねばならなかったのだ。

まず、その第一歩は恒星の距離を測定し、天の川の大きさを確定することである。

それが成功したのは一八三八年で、ベッセルによる星の年周視差の検出であった。ベッセルは、はくちょう座六一番の星を一年間観測し、その位置変化をわずか〇・三秒角という微少量で測定したのだ。このような小さな視差の検出には、超一流の装置が開発されねばならなかったのは言うまでもない。

この結果から、この星までの距離が一一光年であると計算できた。人々は、宇宙がこれまで想像していた以上に広大であることを実感したに違いない。逆に言えば、視差を使っての距離測定では、そう遠くまでの宇宙にはおよばないことになる。実際、人工衛星を使った現在の視差の観測でも、たかだか一〇〇〇光年までの距離測定ができるだけで、とても天の川の端には届かないのだ。

この距離測定の難題に解決の兆しが見つかったのは、やっと一九〇八年のことであった。ハーバード天文台のヘンリエッタ・レヴィットは、小マゼラン星雲中にあるセファイド型変光星を調べていたが、見かけの明るい星ほど、変光の周期が長いことに気がついた。そこで、周期と明るさの関係を図示してみると、見事に簡単な関係が成り立っていることがわかった。経験則が発見されたのだ。

これらのセファイドはすべて小マゼラン星雲にあるから、距離はほとんど等しい。ならば、星の本来の明るさ（絶対等級：単位時間当たりに放出する全放射エネルギー）と変光の周期の間に同じ関係が成立しているはずである。もしセファイドの絶対光度を測ることができれば、見かけの明るさと比較することによって距離が算出できることになるだろう。見かけの明るさは距離の二乗で減少するからだ。しかし、セファイドの絶対光度は、どのようにすれば決定できるのだろうか。

視差によって距離が測定できた星は、見かけの明るさから絶対光度が決定できる。それらの星について、絶対光度と星の色との間に簡単な関係があることがわかっていた。つまり、星の色が観測できれば、この関係より絶対光度を求め、見かけの明るさと比較すれば距離が決定できるのだ。

H・シャプレーは、天の川で見つかったセファイドに対してこの方法を適用し、絶対光度を決めていった。その結果、セファイドの変光周期と絶対光度の間に成立する関係を確定することができた。

後は、天球上にセファイドを見つけだし、その見かけの明るさと変光周期を測定すればよい。周期からシャプレーの関係を利用して絶対光度を割り出し、見かけの明るさと比較すれば距離が決定できるからだ。

シャプレーは、この方法によって銀河系の大きさと形を推定した。天の川はハーシェルたちが考えたように円盤になっており、太陽系は円盤の中心ではなく端の方に位置していることを明らかにしたのだった。

有名な一九二〇年のシャプレーとカーティス論争は、アンドロメダ星雲までの距離を、シャプレーは小さく（従って、天の川の中にあると）見積もり、カーティスは大きく（従って、天の川の外にあると）見積もった結果の食い違いに関するものだった。

この論争に決着をつけたのがエドウィン・ハッブルで、完成したばかりのウィルソン山天文台の口径二・五メートルの望遠鏡を使ってアンドロメダ星雲とその伴星雲のセファイドを観測し、それらが天の川の遥か彼方にあることを明らかにした。このような天の川の外に存在する星雲を、天の川に属するオリオン星雲やバラ星雲などの近い星雲と区別して、「銀河」と呼ぶようになった。銀河宇宙像が確立したのだ。

セファイド型変光星とは、最初ケフェウス座のデルタ星で発見された変光星のタイプで、変光の周期が一日から一〇〇日くらいまでさまざまなものがある。その周期と明るさの間の関係の発見こそが、アンドロメダ星雲が天の川の遙か外にある銀河であることに導き、銀河宇宙につながっていったのだ。

ちなみに、ケフェウスはギリシャ神話に登場するエチオピアの王の名で、その妻の名はカシオペア、娘の名はアンドロメダである。ケフェウス一家は家族三人の名が星座名に使われ、父と娘が銀河宇宙の発見に大きな役割を演じた、希有な家族と言えるだろう。

銀河宇宙
へび座の方向の宇宙。ここに写っている銀河のなかには、宇宙誕生後 50 億年（現在の宇宙の年齢の三分の一）にあたる遠くの銀河も含まれている。（岩波新書『ハッブル望遠鏡が見た宇宙』より）

6 膨張宇宙

この宇宙の空間が膨張していること、直接的には、遠方の銀河が私たちから遠ざかっており、遠ざかる速さが距離に比例するという観測事実（ハッブルの法則）から結論された。ハッブルの法則は、宇宙空間が一様膨張（形は同じまま膨張する、写真の縦横の比を一定にしたまま引き伸ばすのに似ている）している場合に期待される関係で、アインシュタインの一般相対性理論からも予言されていた。

膨張宇宙が最終的に確認されたのは一九二九年だが、その前史として、銀河宇宙像の確立（つまり、銀河までの距離を決定する信頼できる方法の発見）と銀河の視線方向の運動速度を測定する方法の確立が必要であった。各々の銀河について、距離と視線方向の速度を独立して測定し、それらの間の関係を調べて初めて見いだされたのだから。

後者の、銀河の視線方向の運動速度を測定する上では、さらにいくつかの前史へ遡らねばならない。

まず、一八四二年、オーストリアの物理学者ドップラーによる〝ドップラー効果〟の発見を挙げねばならない。音にしろ光にしろ波で伝わる信号は、振動源と観測者が相対運動をしていれば、その運動の速さと方向によって、発した波と異なった振動数で観測されるという現象がドップラー効果である。よく知られているのが、近づいて来るパトカーの音は甲高く（波長が短く高音で）聞こえ、通り過ぎて遠ざかると音は低く（波長が長く低音で）聞こえる現象である。ドップラーは「動く音楽列車効果」と呼んだそうである。

その原因を調べるうちに、波として伝わる光にも同じ効果が生じることも明らかにした。宇宙の場合は、銀河からの光を観測するから光のドップラー効果――遠ざかる光源の光は波長が長くなり（赤い方へずれるので赤方偏移と呼ぶ）、近づく光源の光は波長が短くなる（青い方へずれるので青方偏移と呼ぶ）――を測定することになる。そのズレの大きさから視線方向の相対速度が決定できるのだ。

といっても、光源から放射された光の波長がわからねば、赤い方へずれたのか青い方へずれたか判断できない。何らかの目盛りが光についていなければならない。都合の良いことに、水素なら水素原子、炭素なら炭素原子や炭素イオンと、それぞれの原子やイオンごとにいくつかの特有の波長を持った光の組を放出していることが、一九世紀中頃に実験室で確かめられていた。原子やイオンから放射される光を分光器（もっとも単純なのが、太陽の光を七色に分光する三角プリズムである）にかけると波長ごとに光が分けられ、原子やイオンが放射する特有の波長では濃い線となって現れるので、これを〝輝線〟と呼んでいる。つまり、輝線が光の波長の目盛りになっているのである。その輝線がどのような原子から

膨張宇宙
例外的に私たちに近づいている銀河、アンドロメダ星雲。星雲の下の小星雲はM32、右上の小星雲はNGC205。

放射されたかは、輝線の組を調べれば良い。このような光を波長に分けて観測することをスペクトル撮影という。

　これによって、星の表面にどのような原子が存在するかが調べられるようになり、一八六八年にはヘリウムが太陽表面に存在することがわかった。当時、まだ地球でヘリウムは発見されていず、ヘリウムという名もギリシャ神話の太陽神ヘリオスから付けられたのである。

　一九一二年、ローウェル天文台のヴェスト・M・スライファーは、アンドロメダ星雲のスペクトル撮影を行い、いくつかの原子から放射された輝線が青い方にずれていることに気がついた。このズレをドップラー効果によるとすると、アンドロメダ星雲は私たちに近づいているのである。

　しかし、星雲のスペクトル撮影を進めるにつれ、私たちに近づく銀河は例外的であることがわかってきた。銀河宇宙を確立したE・ハッブルは、一九二九年までに四六個の銀河についてスペクトルをとり、ほとんどの銀河が私たちから遠ざかっており、遠ざかる速さが距離に比例していることを発見した。

　私たちは宇宙の特別な場所に住んでいるわけではないから、宇宙はどこから見ても同じように見えるだろう。とすると、どの銀河から見ても、各銀河が距離に比例した速度で遠ざかって見えるためには、宇宙空間そのものが大きくなっていると考えざるを得ないことになる。各銀河は各々の場所に固定しているが、空間そのものが膨張しているために、互いに遠ざかるように見えるのだ。

風船にマジックで黒い点をつけて膨らませると、点は互いに遠ざかっていくのに似ている。この場合も、遠い点ほど距離に比例した大きな速さで遠ざかっていくし、どの点から見ても同じように見えることになる。ただし、現実の宇宙は風船のような二次元面ではなく三次元空間なので、直感的に理解しがたいのだが。

　このような宇宙膨張の考えは、重力が働いている状態を空間の性質として記述したアインシュタインの一般相対性理論で予言されていた。

　アンドロメダ銀河が私たちに近づいているのは、天の川銀河との間に働く万有引力が強いために、宇宙膨張を振り切って近づくようになったのである。同様に、銀河はすべて自らの万有引力で固まっており、銀河内部の空間はもはや膨張していない。

7 地球と月と太陽の大きさ測定物語

ギリシャ時代から、地球や月や太陽の大きさや距離を測る試みがさまざまに行われてきた。私たちの宇宙の大きさを知ることは、宇宙論を築く第一歩なのである。ここでは、実に巧みな工夫がなされた例を二、三紹介しておこう。

地球の大きさを測った最初の人は、紀元前三世紀のエラトステネスであった。夏至の日にシェネ（現在のアスワン）では太陽が真上にくることが知られていたが、かれは、その日、同じ経度上にあるアレキサンドリアの日時計の棒が作る影の角度を測り七・二度という値を得た。地球の全周は三六〇度だから、ちょうど五〇分の一である。次に、測量士に頼んでアレキサンドリアとシェネ間の距離を測ってもらった。当時、道を歩いて距離を測る測量士という珍しい仕事があったのだ。交易の範囲が大きくなるにつれ、都市と都市の間の距離を正確に知っておきたいという商人たちからの要求があったのだろう。これより、エラトステネスは、地球の全周を三・九五万キロメートルと弾き出した。実際の値は四・〇〇万キロメートルだから、二％以下の誤差でしかない。この方法は二〇〇〇年の間生き続けた。

月と太陽の大きさと距離を実際に測ろうと試みた最初の人は、紀元前二七〇年頃に太陽中心説を唱えたアリスタルコスだった。

かれは、（1）月がちょうど半月になったとき、月と太陽と地球が、月を頂点とする直角三角形をなすことから、月と太陽がなす角度を測れば、月と太陽までの距離の比が求まること、（2）日食のとき、月と太陽がそっくり重なることから、月と太陽の大きさの比は距離の比と同じであること、（3）月食のときの地球の影の大きさとその動きの速さを測り、地球の影の大きさの角度が月の直径を見込む視角の約二倍であること、に気がついた。

そこで、(4)地球の大きさとしてエラトステネスの値を使うと、(3)より月の直径と距離が決まり、(2)より太陽の大きさが決まり、(1)より太陽までの距離を決定することができた。

むろん、観測上の誤差があって得られた値は不正確であったが、原理的には正しい方法であった。かれは、月が地球より小さいことと対照的に、太陽が地球より遙かに巨大であることを明らかにしたのだ。その結果から、巨大な太陽が小さい地球の周りを回る天動説を疑い、太陽中心説を採るようになったのだろうと想像されている。

紀元前一五〇年頃のヒッパルコスは、地球の自転軸が歳差運動(コマが倒れる寸前に見られるみそすり運動)をしていることを発見した偉大な天文学者だが、視差を利用する方法で月までの距離(その原理は恒星までの距離測定に使える)を精度良く測った人でもある。私たちが物を見たときおおよその距離の見当がつくのは、各々の眼で見た角度の差(視差)を見積もっているためである。このように、距離がわかった二点から同じ物を見て視差を測れば、距離が算出できる。そこでヒッパルコスは、地球上の遠く離れた二点から月の中心部を見て角度を測り、その視差の大きさから月までの距離は、地球の直径のおよそ三〇倍であると見積もった。エラトステネスが得た地球の大きさから、距離は約三八万キロメートルとなり、実際の値に非常に近い。

視差さえ測れれば惑星や恒星までの距離がわかるのだが、地球上の二点間距離(最長距離は地球の直径)では、大接近した火星までの距離を測るのが限界であった。現在、私たちがとりうるもっとも長い基線は、地球が太陽の周りを公転する軌道の直径である。春と秋あるいは夏と冬で、恒星の視差(これを年周視差という)が測れれば、恒星までの距離を測ることができる。逆にいえば、恒星の年周視差が検出できれば地球が動いていることの直接証明になる。そのため、地動説を復活させたコペルニクスも、最高の眼視観測家であったティコ・ブラーエも、視差を検出しようと努力したが結局成功しなかった。ようやく一八三八年に視差の検出に成功して、宇宙の大きさの目盛りが入ったのであった。

8 ビッグバン宇宙

ビッグバン宇宙論とは、宇宙が有限の過去（およそ一〇〇～一五〇億年前）に高温度・高密度の微視的状態で創成され、その後の膨張過程で諸々の宇宙の構造が形成されてきたとする進化宇宙論のこと。提案したのは、ロシアからアメリカへ亡命したジョージ・ガモフで、一九四七年であった。いくつかの観測的証拠によって、現在の標準的な宇宙論と考えられている。

宇宙が膨張している事実を認めると、フィルムを逆回しするように、過去へ遡っていくと宇宙はもっと小さかったことになる。銀河同士はもっと近くにあったのだ。さらにもっと過去に遡ると銀河は重なり合っていただろう。つまり、個々の銀河のような塊ではなく、物質が一様に分布していたと考えられる。極端に、時刻がゼロの状態まで遡れば、すべての物質が一点に集まっていたことになる。（果たして、時刻ゼロまで遡ってよいかどうかは問題があるが。）ならば、宇宙は非常な高密度状態から出発したと考えざるを得ない。

一方、過去に遡るにつれ、物質は狭い空間に押し詰められていくとともに温度も高くなるだろう。熱の出入りを遮断して空気を圧縮すれば温度が上がるのと同じ現象である（これを断熱圧縮という）。つまり、宇宙は超高温度の状態から出発したと想像される。

結局、宇宙は、爆弾が破裂したときのような、高温度・高密度状態から膨張を開始したことになる。その意味でビッグバン（大爆発）は良いネーミングと言えるが、その名付け親がビッグバン宇宙に反対するフレッド・ホイル卿であったのは歴史の皮肉だろう。

ビッグバンの立場に立つと、宇宙の始まりは、何の構造も持たない始源的な物質しかなかったと考えられる。宇宙が膨張してゆくにつれ、それらから素粒子が作られ、原子核が形成され、原子となり、銀河が生まれ、星が誕生しと、自然界の諸々の構造が形成されてきたことになる。宇宙は膨張とともに刻々と姿を変え、物質もそれぞれの安定な状態へと変化してきたのだ。宇宙も地球や生命と同じように進化する実体と言える。ビッグバン宇宙は「科学的な創世記」なのである。

では、何がビッグバン宇宙の証拠なのだろうか。

まず、宇宙膨張そのものがビッグバンを論理的に帰結している。その過去を遡れば、必ずビッグバン状態へ行き着かざるを得ないのだ。

そして、ビッグバンの直接証拠と言うべきなのが「宇宙背景放射」である。

温度を持つ物質はすべて熱放射をしている。私たちもセ氏三六度の体温に応じた赤外線で熱放射していることは、暗闇で赤外線写真を撮ればわかる。私たちは輝いているのだ。宇宙はかつて熱かったのだから、その熱放射が存在しているはずである。

ガモフは、ビッグバン宇宙を提唱した際、宇宙の彼方から降り注ぐ熱放射が存在するはずと予言した。一九六五年、ベル研究所のペンジアスとウィルソンは、宇宙のあらゆる方向から一様な強さで降り注ぐ電波を発見した。これこそガモフが予言した宇宙背景放射であった。現在では絶対温度が約三度まで下がっており、波長が一ミリより長い電波の海が宇宙を満たしているのである。

もう一つの証拠として、ヘリウムの遍在が挙げられる。ヘリウムは古い星にも新しい星にも同じ量だけ存在する元素である。星内部の核反応によって作られた炭素のような元素は、古い星には少なく新しい星に多く含まれている。星の世代とともに蓄積されていくから、新しい星に多く含まれるのだ。ところがヘリウムは、星の年齢に関わりなく同じ量だけ含まれているから、星内部で形成された元素ではないことがわかる。では、ヘリウムはどこで形成されたのだろうか。

ビッグバンで宇宙が誕生して一～一〇〇〇秒の頃、宇宙の温度は一億度を越えていた。この温度なら核反応が進むだろう。実際に計算してみると、ぴたり観測されているヘリウム量が形成されることが示された。超流動や超伝導という興味ある現象を起こし、飛行船や気球を上空に浮上させるヘリウムは、ビッグバン宇宙の貴重な贈り物だったのだ。

ビッグバン宇宙の証拠は、以上の三つである。たった三つしかないのではなく、三つもあると言うべきだろう。少なくとも、宇宙背景放射とヘリウムの遍在の二つの証拠は、ガモフによって予言され、二〇年近く経ってようやく実証されたもので、ビッグバン宇宙論が予言力を持つ優れた理論であることを示している。

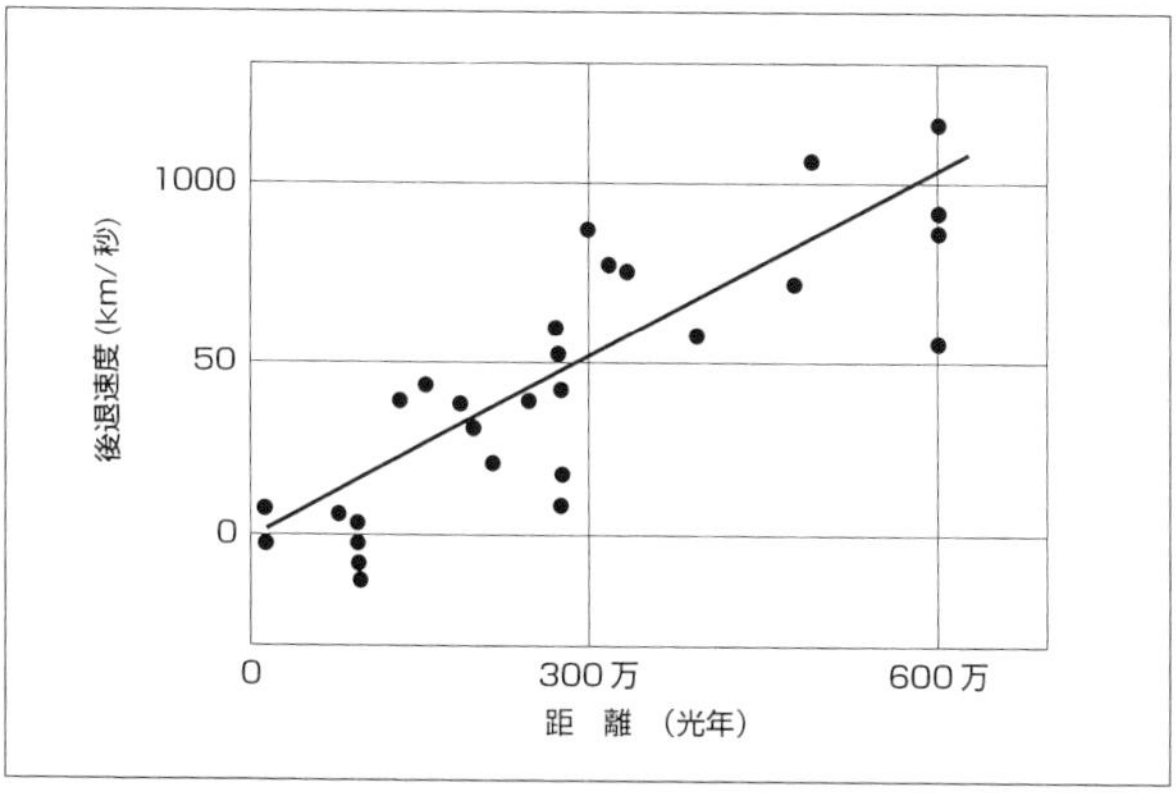

ビッグバン宇宙の直接証拠

上／ハッブルが宇宙の膨張則を発見したころの、26個の銀河の後退速度と距離のデータ。遠ざかる速さは距離に比例している。（ハッブルの法則）

下／ベル電話会社が開発した衛星電波受信用アンテナ（後方）で、ビッグバン宇宙の二つ目の証拠となった宇宙背景放射を観測した、アーノ・ペンジアス（右）とロバート・ウィルソン。1978年にノーベル物理学賞受賞。

9 定常宇宙論

定常宇宙論とは、宇宙は永遠で、その姿も時間変化しない（定常）という立場の宇宙論。歴史的には、宇宙膨張が発見されるまでは静止した宇宙のことであり、宇宙膨張が発見されて以後は、膨張するが進化しない宇宙が提案されてきた。現在、宇宙論としてはほとんど影響力を持っていないが、さまざまな物理現象を異なった観点で考えるという意味では貴重である。

最初の科学的な宇宙論は、ニュートンが提案した無限宇宙であった。膨張する宇宙という概念がなかった時代だから静止した宇宙であり、永遠な宇宙を当然と考えていた。しかし、物質間には万有引力が働くから、中心と端がある有限の宇宙は潰れてしまうだろう。従って、宇宙は中心も端もない無限宇宙でなければならない、とニュートンは結論したのだった。

ニュートンの偉大なところは、何も変化しない静かな宇宙を考えていたのではなかったという点だろう。例えば、ベントリー書簡の中で、「無限の空間に物質が均等に広がっているなら、そのある部分はある塊に、他の部分は他の塊に集合し、その結果、無数の大きな塊がお互い遠く離れて、無限の宇宙に散在するようになるでしょう。物質が光を発する性質を持っているとすれば、太陽や恒星はこのように作られたのでしょう」と述べている。まさに、宇宙の進化について思いを巡らせていたのだ。また、『光学』の中では、太陽系は他の惑星や彗星の作用によって摂動を受けているから、いずれ破壊されてしまうのではないか、と書いている。万有引力が働く限り、宇宙には永遠なるものは存在しないと考えていたのだ。

もう一人の天才のアインシュタインも、当初は宇宙は静止していると考えていた。やはり、宇宙は永遠であるとするのが常識だったのだろう。天才も常識の網から逃れられないのだ。ところが、自らが考案した一般相対論に基づく宇宙方程式からは、期待に反して静止した宇宙の解が存在しなかった。宇宙は、膨張するか、収縮して潰れてしまうか、のいずれかとなってしまったのだ。そこでアインシュタインは、無理矢理宇宙を静止させるために、物理的な根拠がない「宇宙項」を宇宙方程式に付け加えることにした。物質間に働く万有引力に対し斥力の宇宙項を導入して二つの力が釣り合うように調整し、望みの静止宇宙を手に入れたというわけである。

しかし、後年、アインシュタイン自身が「生涯最大の失敗」と述懐したように、この人為的な宇宙は短命であった。

一つの理由は、宇宙膨張が発見されたことで、まさしくアインシュタインの（宇宙項がない）宇宙方程式が予言していた通りだったのだ。たとえ自分の哲学に合わなくても、物理原理に基づいて出した方程式を安易に変更すべきではないのである。

定常宇宙論
宇宙を静止させるために、物理的根拠がない「宇宙項」を導入したアインシュタイン。しかし、後年、「生涯最大の失敗」と述懐した。

もう一つの理由は、アインシュタインが手に入れた静止宇宙は、ちょっとした摂動で膨張したり収縮したりしてしまう、実に不安定な宇宙であったことだ。結局、アインシュタインは右のように述べて、静止宇宙を引っ込めたのである。

定常宇宙論者として現在なお健在な人はフレッド・ホイル卿である。かれは、一九四八年に定常宇宙論の論文を発表し、五〇年を経た現在においてもなお健筆を振るい続けている。宇宙膨張はすでに発見されているから、宇宙が膨張していることは考慮しなければならない。すると、空間の膨張とともに物質の密度は減少するから、必然的に宇宙の姿は時間変化する。定常ではあり得ないのだ。そこで苦肉の策として、真空から物質が生み出され、宇宙膨張で密度が下がった分だけ補われると仮定する。その物質から銀河が生まれ、星が生まれて、宇宙は常に同じ姿を保つというわけである。現在、真空から物質が生み出されるという物理理論はないのだが。

一九六五年に、ビッグバンの直接証拠と考えられる宇宙背景放射が発見されると、やはりこれを定常宇宙論の範囲で説明しなければならない。そこでホイル卿は、銀河から放出される星の光の一部が宇宙空間に漂う塵にいったん吸収され、その後、塵から電波で再放射されるとするモデルを発表した。ところが、通常の塵だと赤外線を放射するので、細長い針のような塵が多数存在しなければならない。

このように、定常宇宙論は、観測結果を取り入れるのに精一杯で、とても予言力を持っているとは言いがたい。だから、宇宙論の分野では、もはや影響力を失っている。ホイルの論文も、偉大な業績を持つホイルであればこそ受理されるので、私が書けば受理されないだろう。

しかし、まったく無意味ではない。宇宙背景放射の塵起源論は、物理学としては原理的には否定できないからである。そのような変わった塵が存在すれば、ホイルが主張するようなことが起こるだろう。問題は、そのような塵が実際に存在するかどうかで、ホイルの提案に刺激されて、塵形成の研究が大いに進んだのは確かである。

このような意味で、ホイルは定常宇宙論を通じて、物理学に重要な寄与をしていると言える。やはり、ホイルは隅におけない優れた科学者なのだ。

10 人間原理の宇宙論

自然界の相互作用定数や基本定数の値が、人間を含め宇宙のさまざまな構造を作るのに適した値となっていることに着目し、この宇宙は結果的に人間を生む宇宙となっていると解釈する立場を「弱い人間原理」という。

さらに、人間によって認識されない限り宇宙は存在していても知られることはないことを強調し、少なくともこの宇宙は、私たち人間によって認識されているのだから、人間を生み出す必然性があると主張するのが「強い人間原理」である。

例えば、なぜ基本定数がこのような値となっているかの問いに対し、人間の存在が可能になるという条件から解答が得られると主張する。つまり、人間を基準にして宇宙を解釈しようというのが強い人間原理の考え方なのである。

物理学の目標は、単純で普遍的な原理から出発し、物質間に働く力や運動の法則を明らかにすることである。このとき、光の速さや万有引力の強さのような基本定数は実験によって決めるしかなく、また万有引力の逆二乗則のような法則も実験事実をもっとも良く再現することから決められている。つまり、物理学そのものは、基本定数がなぜそのような値なのか、物理法則がなぜそのように表わせるかを、原理的に導いているわけでないから、「自然はそうなっている」と説明しているだけで、「なぜそうなっているか」を明らかにしているわけではない。

それは、まだ私たちの自然に関する知識が不十分であるためなのだが、まったく異なった観点からこの問題を考える試みが提案された。基本定数が私たちの知っている値から少しだけ違った宇宙を考えてみるのである。

この宇宙には、原子核、原子、分子、生命体、惑星、恒星、銀河など、さまざまな物質階層があり、それらは物質間に働く力の微妙なバランスで安定な構造を保っている。また、太陽の四六億年の輝きがあればこそ地球上で生命が進化できたし、宇宙の年齢が一〇〇億年もあるので岩石惑星である地球が生まれることができた。もし、太陽の寿命が一〇億年しかなかったら、地球上で生命が生まれる暇すらなかっただろうし、宇宙が一〇億年の年齢でしかなかったら、岩石を作る重い元素は少な過ぎて地球サイズの惑星は生まれなかったからだ。

そこで、例えば、光の速さが二分の一の宇宙とか、電子の質量が二倍の宇宙を仮想的に考えてみるのである。そして、そのような宇宙での原子核の安定性、原子の寿命、分子の大きさ、惑星の重さ、恒星の寿命などを計算する。すると、意外にも、そんな宇宙では原子の寿命が短くなってしまい原子でできた物質階層（分子や生命体や惑星）が長く保てなくなってしまったり、原子核エネルギーが小さすぎるために太陽の寿命が短くなってしまったりするのだ。そうなると、人間が生まれる余地がなくなってしまうだろう。

いろいろな基本定数について調べてみると、宇宙は意外に脆いこと、つまり基本定数がちょっと違うだけで、人間が誕生する条件が満たされなくなってしまうことがわかってきた。

通常は、そんな仮想的な宇宙を考えたことがなかったし、宇宙はもっと安定だと思われてきたので、この結果が発表されたとき、新鮮で意外な事実と受け取られ、確かにこの宇宙は人間を生むように設計されているかのような気がしたものである。ホーキングも、宇宙の目的は人間を誕生させることにあるのかもしれない、と述べたくらいであった。そこで、人間原理の宇宙論が大いに流《は》行《や》ったというわけである。

確かに、この宇宙は、基本定数の値が実に絶妙に選ばれており、その結果として人間が必然的に生まれたのは事実だろう。しかし、私には、それが宇宙の目的だとは思えない。というのも、人間の存在は永久ではないことは確かなのだから。

まず、太陽は五〇億年先には膨張するから地球は蒸発してしまい、地上の生命はいっさい無に帰ることが挙げられる。また、宇宙が永遠に膨張を続けるなら、いずれ星はすべて輝きを失い、宇宙は漆黒の中に沈んでしまうだろう。もし宇宙の膨張が止まって収縮に転ずるなら、灼熱の宇宙に回帰してすべての構造は壊されてしまうことになる。つまり、宇宙はせっかく作り上げた生命も、いずれ宇宙自身の手で始末してしまうのだ。だから、人間が宇宙の目的であるはずがないのである。

人間原理の宇宙論は、私たちがこの宇宙のかけがえのない子どもであることを自覚するだけに留めた方がよいだろう。この宇宙が、私たちごときまだ知的なレベルの低い未発達の人間を生むことを目的としているとは、とても思えないからである。とりあえず私たちに必要なのは、地球のもろもろの生命と共生するための謙虚な精神を取り戻すことだろう。生命原理の地球論が求められているのだ。

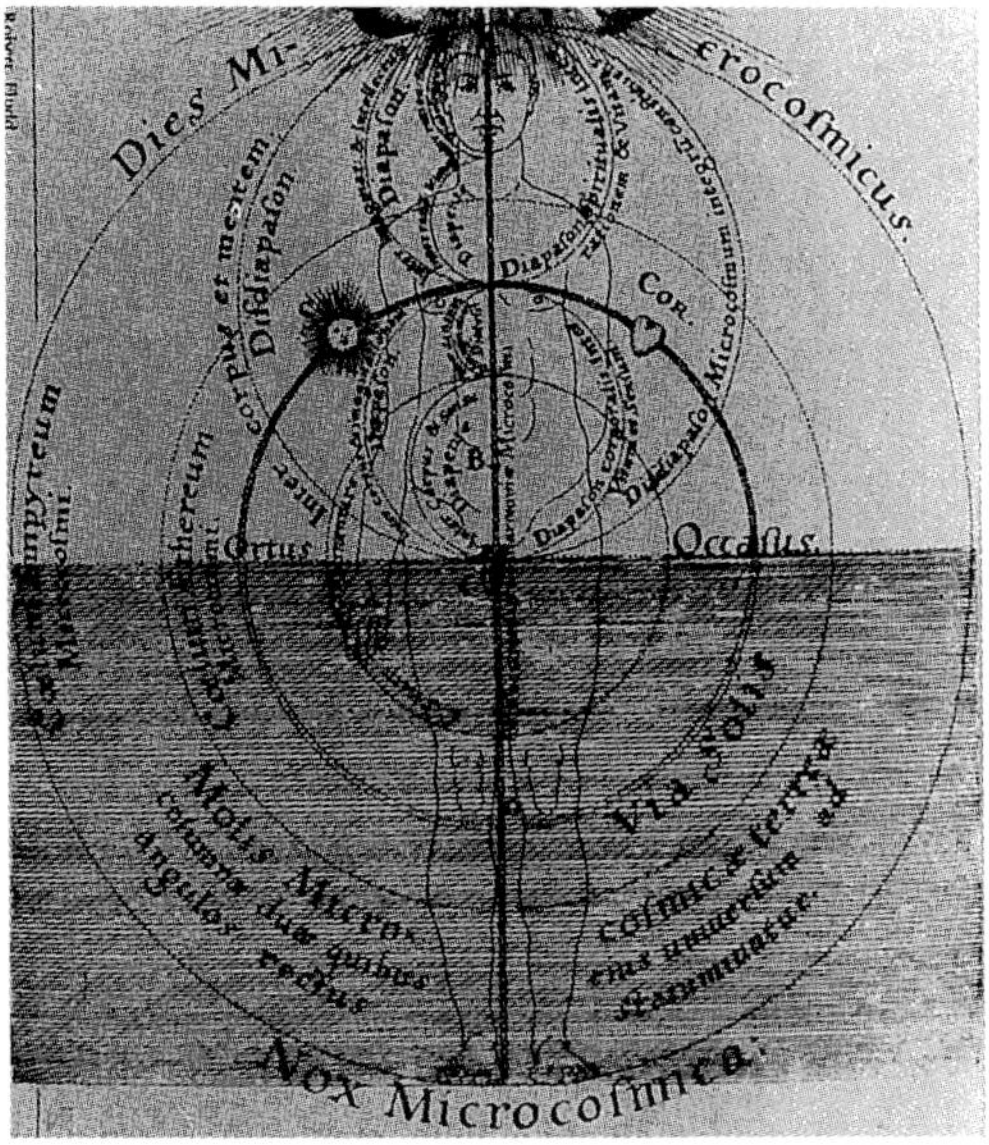

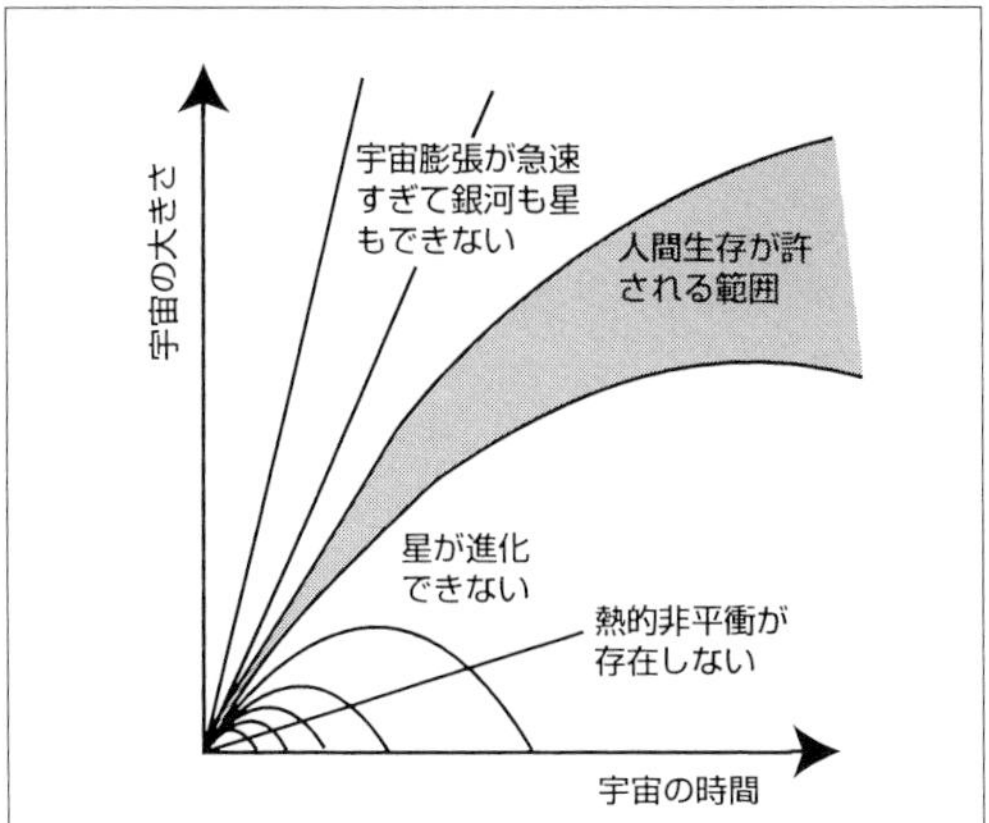

人間原理の宇宙論
上／ロバート・フラッドは大宇宙における地球と恒星の間の音程を２オクターブの調和音とし、小宇宙（人間）における生殖器官を中心とする三つの円（それぞれ感覚・想像力・知性を支配）の間の音程を１オクターブとした。『両宇宙誌＝小宇宙誌』（1619年）より。
下／コリンズとホーキングの説明による、宇宙膨張の速さと人間存在の関係を表したグラフ。あまり寿命の短い宇宙では生命に進化する余裕がなく、逆に極端に開いた宇宙では膨張速度が速すぎて銀河も星も生まれない。

11 インフレーション宇宙

ビッグバンで宇宙が誕生した直後に、宇宙斥力が卓越し指数関数的に膨張する時代があったことを主張する宇宙モデル。このインフレーション時代を挟むことによって、宇宙の「平坦性問題」や「地平線問題」の自然な解決が導かれる。

アインシュタインの宇宙方程式から得られる通常の宇宙膨張は、時間についてベキ関数で記述される。このような場合はフリードマン宇宙と呼ばれる。アインシュタインの方程式を最初に解いたロシアのアレキサンドル・フリードマンにちなんで名付けられた。ビッグバン宇宙の提唱者のジョージ・ガモフは、学生時代フリードマンの講義を聞いて宇宙の研究を志したという。師弟で現代宇宙論の理論的基礎を拓いたわけである。

このフリードマン宇宙には、いくつかの難問がある。一つは、時刻ゼロの宇宙の始まりに関する問題で、物質密度や温度が無限大になってしまう。これを宇宙の「特異点」問題と呼んでいる。時刻ゼロに近づくと物質の量子効果を考慮した「量子宇宙」に移らねばならない。

もう一つは、宇宙の「平坦性」問題である。現在の宇宙が非常に平坦である理由を問うもので、フリードマン宇宙の場合、平坦でない宇宙であれば時間とともに平坦性からのズレはますます増大していく。ならば、一〇〇億年も経った現在の宇宙が平坦に近いのは、宇宙初期の平坦性からのズレが極端に小さかったと考えざるを得ない。そのような微調整がなされたとは考えにくいから、そもそも平坦な宇宙が創成されたとするしかない。これでは平坦性問題を説明したことにはならない。何らかの物理的作用で平坦な宇宙になった、というような説明が欲しいのだ。

さらに、宇宙の「地平線」問題もある。現在までに私たちに情報が伝わり得る範囲を地平線と呼ぶ。私たちは、原理的にこの範囲内の宇宙しか観測できないからである。フリードマン宇宙では、現在の地平線にあたる場所はそれまで物理的に関連し得なかった領域である。物理的に関連し得なかった領域は、互いに情報がやりとりできないから同じ物理状態である保証はない。ところが、観測している地平線領域は、ほぼ完璧に同じ物理状態である。なぜ、物理的に関連できなかった領域が同じ状態にあるのだろうか。これを地平線問題と呼んでいる。いわば、まったく情報交換がなかったはずなのに、

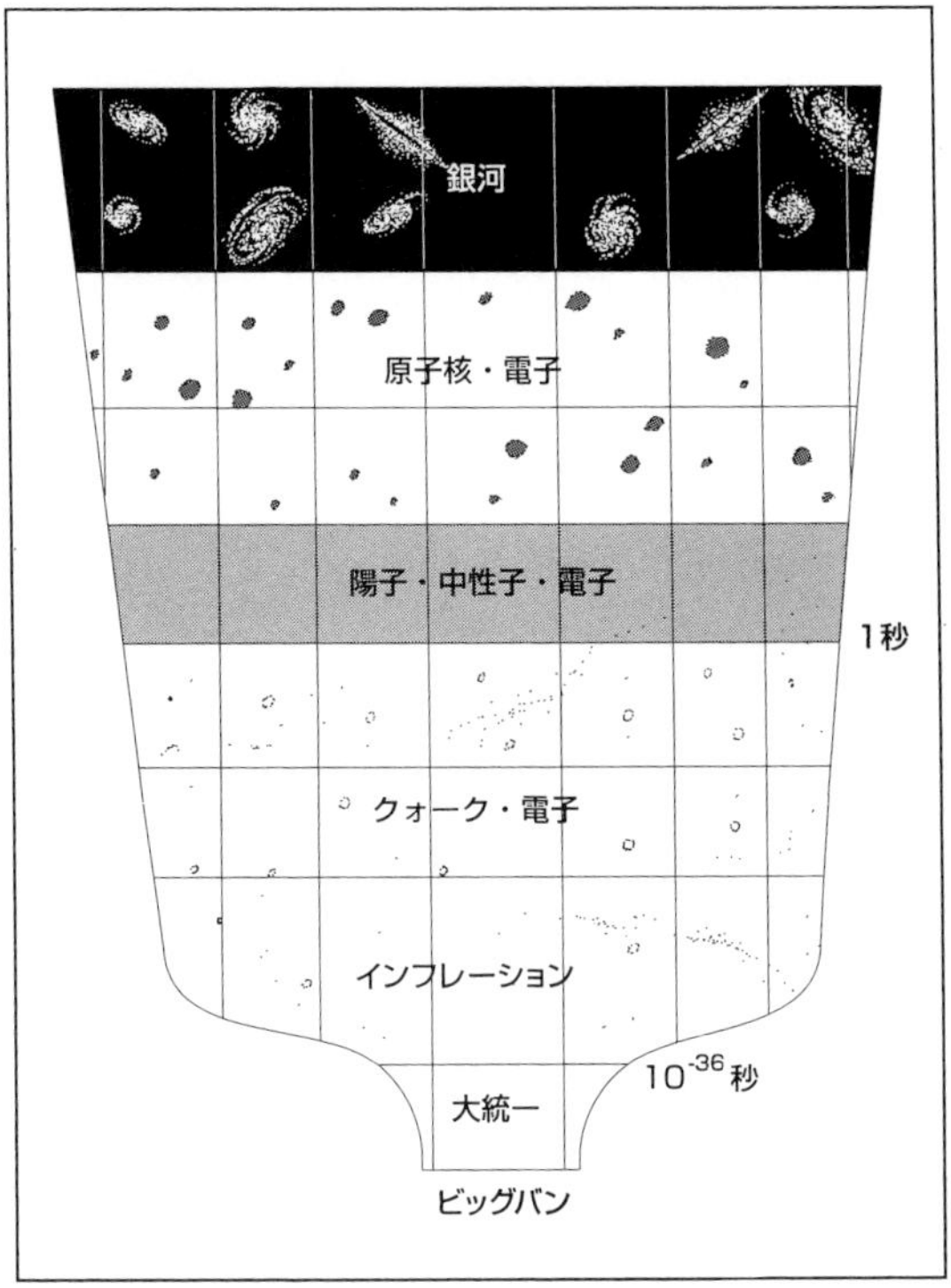

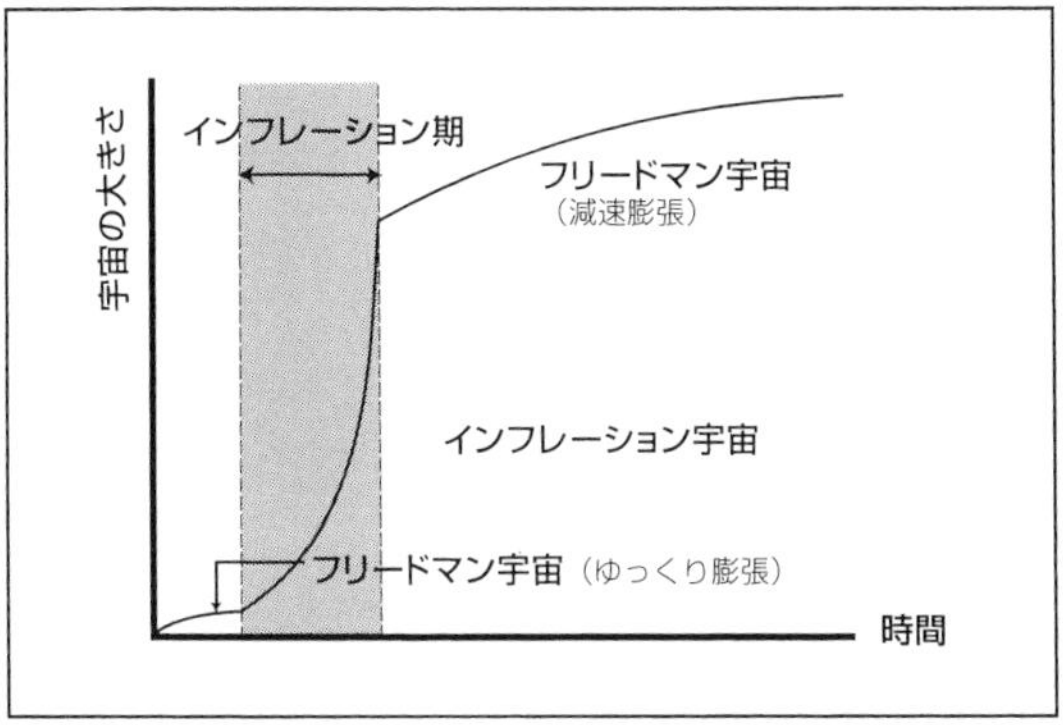

インフレーション宇宙

上／ビッグバン宇宙モデルにインフレーション宇宙モデルを組み合わせた宇宙進化の図。宇宙は誕生した瞬間から10^{-36}秒後（1兆分の1兆分の1兆分の1秒後）に10^{26}倍（1兆倍の1兆倍のさらに100倍）に膨張した。

下／フリードマン宇宙にインフレーション宇宙を組み込んだ宇宙膨張のグラフ。

入札すれば同じ値段を出す建設業者のようなものである。この問いに対し、フリードマン宇宙ではそのようになっている、としか言えないのだ。

アインシュタインは、当初、宇宙は永遠と考えており、万有引力に釣り合うような斥力として「宇宙項」を導入した。後にアインシュタインは宇宙斥力を取り下げたが、ビッグバンで宇宙が誕生した直後には宇宙斥力に対応する項が卓越する可能性が、マサチューセッツ工科大学のアラン・グースや日本の佐藤勝彦によって指摘された。宇宙斥力だけが卓越すると宇宙膨張は大きく加速されるので時間の指数関数で表される。これが物価の急速な値上がりに似ているので、インフレーション宇宙と呼ばれるようになった。この段階で宇宙のサイズは何十桁も膨張し、その後フリードマン宇宙に移ったとするのだ。ビッグバン宇宙の膨張則が一部修正されたわけである。

宇宙のインフレーション的な膨張の時代では、小さな空間が急速に引き伸ばされるので、平坦な宇宙になってしまうことが証明される。トランポリンのようなゴムの膜が曲がっていても、急速に引き伸ばすと真っ平らになるのを想像してもらえばよい。宇宙の「平坦性」問題は、インフレーション的な膨張で自然に説明できることになる。

また、「地平線」問題もインフレーションによって解決することができる。まず、物理的に関連できる領域が、互いに信号をやりとりして同じ物理状態になっているとしよう。その後、宇宙のインフレーション的膨張のために、いったん地平線の外に広がる時代が挟まれたと考える。そして、インフレーションが終わってフリードマン宇宙に戻ったとする。そのように考えると、現在地平線に入りつつある領域は、インフレーション前に同じ物理状態にあったから、当然同じ姿で観測されることになる。インフレーション前に「談合」があって情報交換した後、遠く離れ、知らん顔して入札している業者のようなものである。

このように、インフレーション宇宙は理論的に魅力があるが、その直接的な証拠がないことが弱点になっている。つまり、インフレーション宇宙でなければ説明できないような観測的な直接証拠の予言力に欠けているのだ。また、インフレーションを引き起こす宇宙斥力の起源も定かではない。現在、これらの弱点を克服すべく精力的に研究されている。

12 量子宇宙

宇宙が誕生した頃は超微視的な状態であったから、宇宙そのものは量子力学によって波動関数で記述しなければならない。そのような微視的宇宙の創成や進化を論じるのが量子宇宙である。このような宇宙では、「トンネル効果」や「ボース凝縮」のような量子効果が顕著に現れる。しかし、重力場の量子化には成功していないので、重力が効く現象に対しては近似的な理論である。

自然を記述する物理学の理論には、原子サイズ以下のミクロ世界を記述する量子論と、重力（万有引力を一般化したもの）が重要なマクロ世界を記述する一般相対性理論がある。従って、通常の大宇宙の運動については、一般相対性理論を用いたアインシュタインの宇宙方程式が用いられる。しかし、宇宙空間のサイズが原子以下の時代では、物質の状態は量子力学で記述しなければならない。といっても、宇宙そのものについては、そのサイズがコンプトン波長より大きければ古典的な一般相対性理論を使ってよい。このような時代では、物質間の相互作用については量子力学で記述し、それによって得られたエネルギーや運動量密度をアインシュタイン方程式に代入して、宇宙にどのような作用を与えるかを調べることになる。インフレーション宇宙は、このような記述によって導かれたもので、物質間の相互作用の量子論的な効果によって生じた宇宙斥力が卓越するために、宇宙の指数関数的な膨張が起こると主張する理論である。

また、この宇宙には、物質でできた銀河だけが存在し、反物質でできた銀河は存在していない。ところが、宇宙創成時には、物質も反物質も同じ量だけ生成されたと予想されている。では、なぜ、この宇宙の反物質は消えてしまい、物質だけしか残っていないのだろうか。この問題は、ロシアの反体制知識人として有名なサハロフが提起し、日本の吉村太彦が素粒子の統一理論の下で一つの解答を与えたことが知られている。この場合も、アインシュタイン方程式で記述される宇宙の中で、素粒子がどのような反応をするかを量子論的に解くことが必要である。その結果、素粒子の弱い相互作用による反応率が物質と反物質で同じでないことと、その反応が宇宙膨張について行けずに落ちこぼれること、の二つの効果が組み合わされて物質のみが残されることがわかった。

宇宙のサイズがコンプトン波長程度であった時代では、重力そのものも量子論的に扱わねばならない。これを「量子重力」と呼ぶ。フリードマン宇宙は、重力を量子論的に扱っていないので、時刻がゼロ（サイズがゼロ）の密度や温度が無限大となる「特異点」にまで適用できない。つまり、極微からの宇宙の創成を論ずるためには、量子重力理論が不可欠なのである。しかし、現在まだ量子重力理論は完成していないから、宇宙創成については近似的な議論しかできていない。

ホーキングたちが提案する宇宙創成論では、物質の存在状態が現在とは大きく異なっている状況を考える。そのような場合の「真空」のエネルギーは、現在と比べて非常に高かったと予想する。ただし、ここでいう真空とは物質の最低エネルギー状態のことで、重力まで量子論的であれば、同じ物質場でも最低エネルギー状態が高いと考えるのだ。――水の分子はいつも同じH_2Oだが、水蒸気・水・氷の状態ごとに最低エネルギー状態が異なっているのと似ている。

ホーキングたちが、このような真空のエネルギーが高い物質場での宇宙の状態を調べると、量子論的な状態でしか存在し得ないことが示された。つまり、宇宙の始まりは、量子論特有の不確定性関係に従っており、時間やエネルギーや大きさ（空間尺度）が決定できない状態にある。やがて、真空のエネルギーが減少するにつれ、宇宙がトンネル効果によって量子論的な状態から古典的な状態となって姿を現してくる。古典的な状態とは、宇宙の時間や空間が現在のそれらにつながるフリードマン宇宙のことである。言い換えると、この宇宙の時間と空間と物質が、エネルギーの高い真空から同時に創成されたのだ。

このような宇宙の創成物語は量子宇宙論の中心課題だが、今後、量子重力理論の完成と足並みをそろえて厳しく追究されていくと思われる。

II

星の世界

13 地球の歳差運動

紀元前一三四年、ヒッパルコスは夜空の一角に見慣れない星を見つけた。天は永遠不変の完全な世界と考えられていた時代だから、この新星の登場は大きな驚きであった。しかし、それが本当の新星であることを証明するためには、天球上にいつも見える星のカタログ（星図）が作られていなければならない。ところが、その当時信頼できる星図がなかったので、星の位置の記録を集め、自らも観測して約一〇〇〇個もの星を天の緯度（赤緯）と経度（赤経）で整理していった。

その過程で、ヒッパルコスは、バビロニアの天文学者の古い記録やアレキサンドリア天文台の一五〇年におよぶ観測結果を比べるうちに、すべての星が西から東へ、一年で角度にして五〇秒ずつ動いていることを発見した。これは観測誤差ではなく、春分点が毎年少しずつ前進していくためとだろうと解釈した。

その真の理由は、地球の自転軸が歳差運動するためである。地球の自転軸は公転面に対し二三・五度傾いているが、その傾いた方向が約二・六万年で一周する、みそすり運動をしているのだ。そのため、少しずつ星の位置がずれていくことになる。

地球の回転軸（地軸）の延長上（そこが赤緯九〇度）の方向にある星は、いつも北の方向になるから北極星の役割を果たす。現在の北極星は小ぐま座のアルファ星のポラリスで、赤緯八九度の位置にあるので北極星の名にふさわしい。しかし、一年で五〇秒も地軸の方向が回転するので北極星も交代していることになる。

だから、シェイクスピアは『ジュリアス・シーザー』のなかで、「俺は北極星のように不動だ、天空にあって唯一動かざるあの星のようにな」と語らせているが、この台詞は二つの意味で正しくない。自転軸の歳差運動のために、私たちの目から見れば北極星は動いていくことが一つ。もう一つは、シーザーが暗殺された頃は北極星と呼びうる星がなかったことだ。当時、天の北極にもっとも近い星は小ぐま座のベータ星のコカブで、赤緯八二度だから八度も天の北極から離れていたし、ポラリスは赤緯七八度でもっと離れていた。

天文好きだったと思われるシェイクスピアも、歳差運動はご存じなかったらしい。

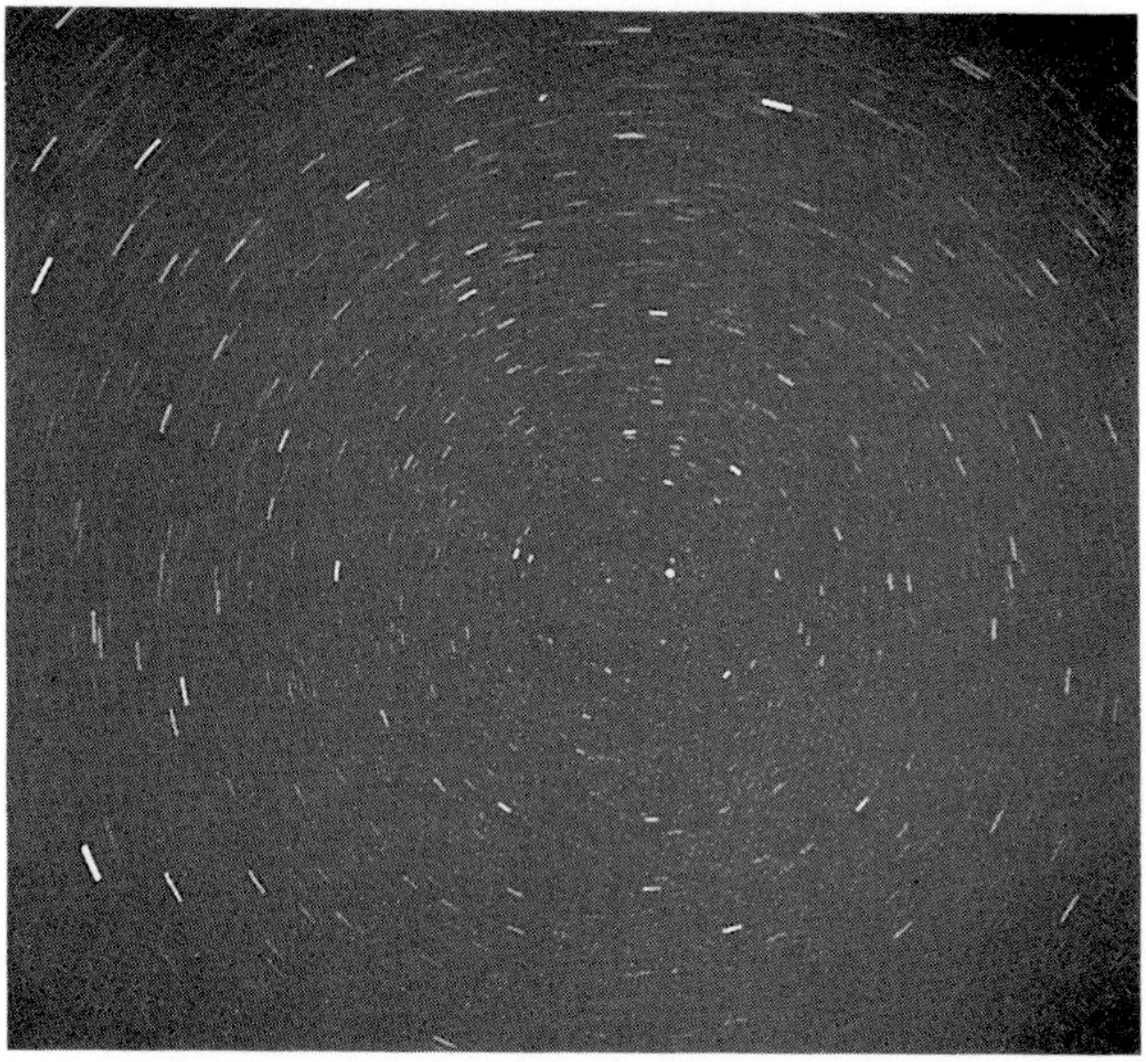

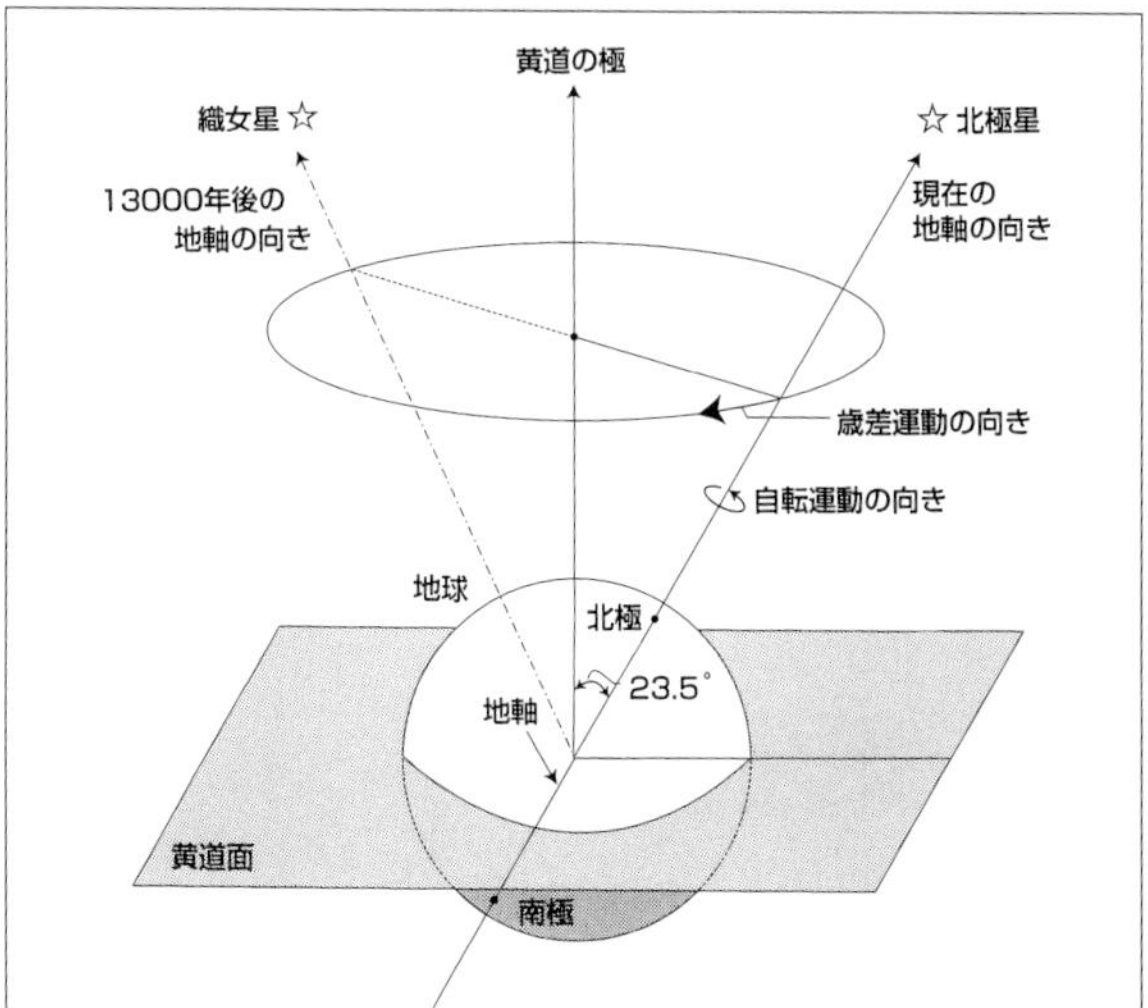

地球の歳差運動

上／中央右にやや白く見える星が北極星。まわりの星々は周極星として日周運動を描いている。
下／軸の傾きは変わらない「みそすり運動」（歳差運動）の周期は2万6千年であり、現在北極星を向いている地軸は1万3千年後にはこと座α星（織女星）の方向をさすことになる。

14 逆行運動

すべての惑星は、天球の恒星に対しては東向きに運動していくが、その途中で西向き運動することが知られていた。いったん少し引き返し（逆行）、そしてまた東向きに進んでいく（順行）。この現象が、惑星の「逆行運動」である。

それも、水星と金星は、太陽をはさんで順行と逆行を繰り返すから、いつも太陽から離れないように調節しているように見える。これに対し、火星・木星・土星は、太陽に対してどんな位置も取りうる上、逆行運動が起こるのは太陽から一八〇度離れた位置にあるときにのみ起こる。ところが、太陽そのものは逆行運動を示さないのである。

この逆行運動が、天動説にとって一番の難問であった。そのために、地球を中心とする円運動（搬送円）をまず考え、次にこの円軌道を中心とする小さな円運動（周転円）を付け加える必要があった。さらに、恒星天球の日周運動を加えて三つの円運動の速さと半径をうまく調節して、太陽や惑星運動を説明できるように工夫したのだった。

コペルニクスが地動説に魅力を感じた一つの理由は、この逆行運動と、惑星の見かけの運動が水星・金星と火星・木星・土星の二つのグループに分けられることが、極めて単純に理解できることを発見したためと考えられる。太陽から、水星・金星・地球・火星・木星・土星の順で公転運動しており、太陽に近い惑星ほど公転運動が速いとすれば、これらが自然に説明できるからだ。実際に後戻りするような周転円運動を仮定する必要がないと思えたのだ。しかし、地動説の立場に立っても、逆行運動の速さや角度を正しく説明するために、コペルニクスは再び周転円を持ち込まねばならなかった。惑星の公転運動が円軌道であると仮定したからである。

結局、地動説に移り、かつ円軌道から楕円軌道に移ったケプラーが、逆行運動の謎を解決した。惑星が楕円軌道上を動く速さを面積速度が一定になるように決めてやれば、すべてがうまく説明できたのだ。これらは、ケプラーの第一法則（楕円軌道）と第二法則（面積速度一定）と呼ばれており、逆行運動がその生みの親であったと言えるかもしれない。

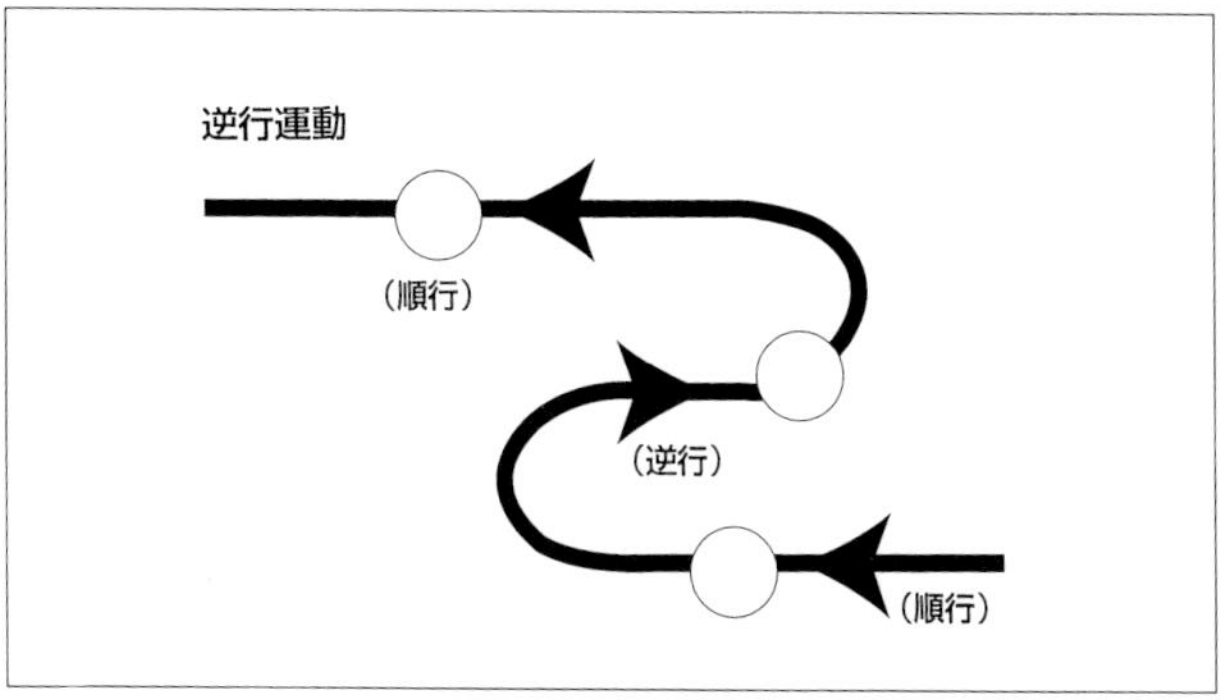

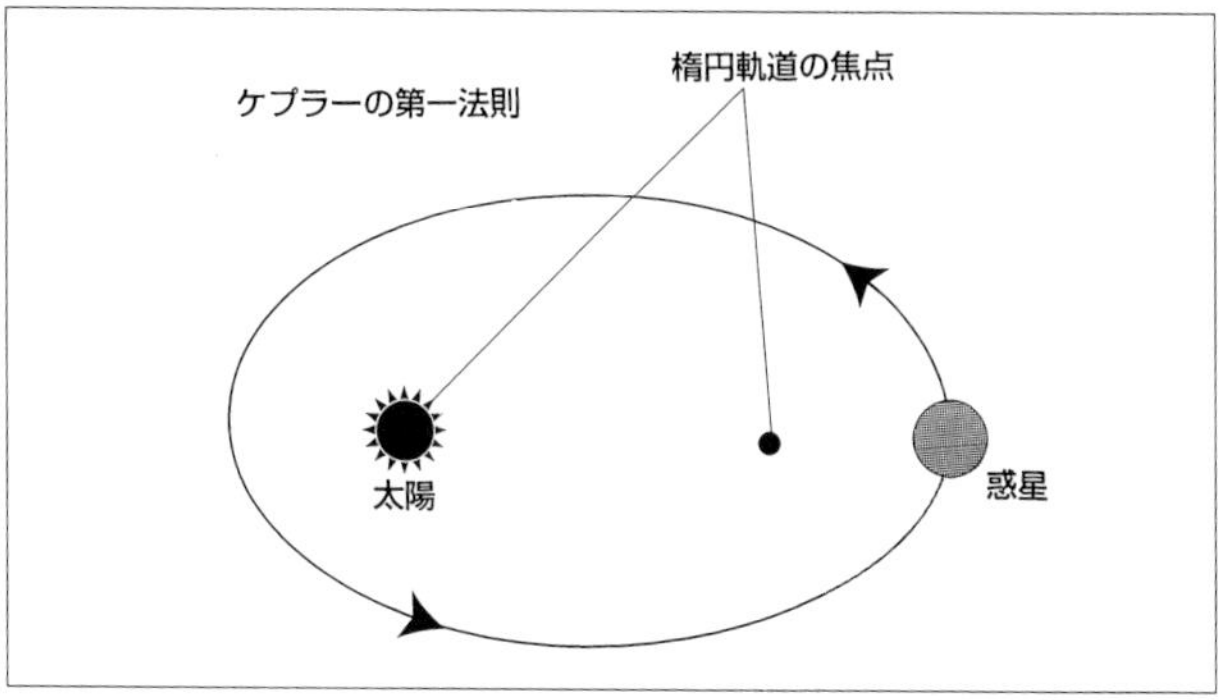

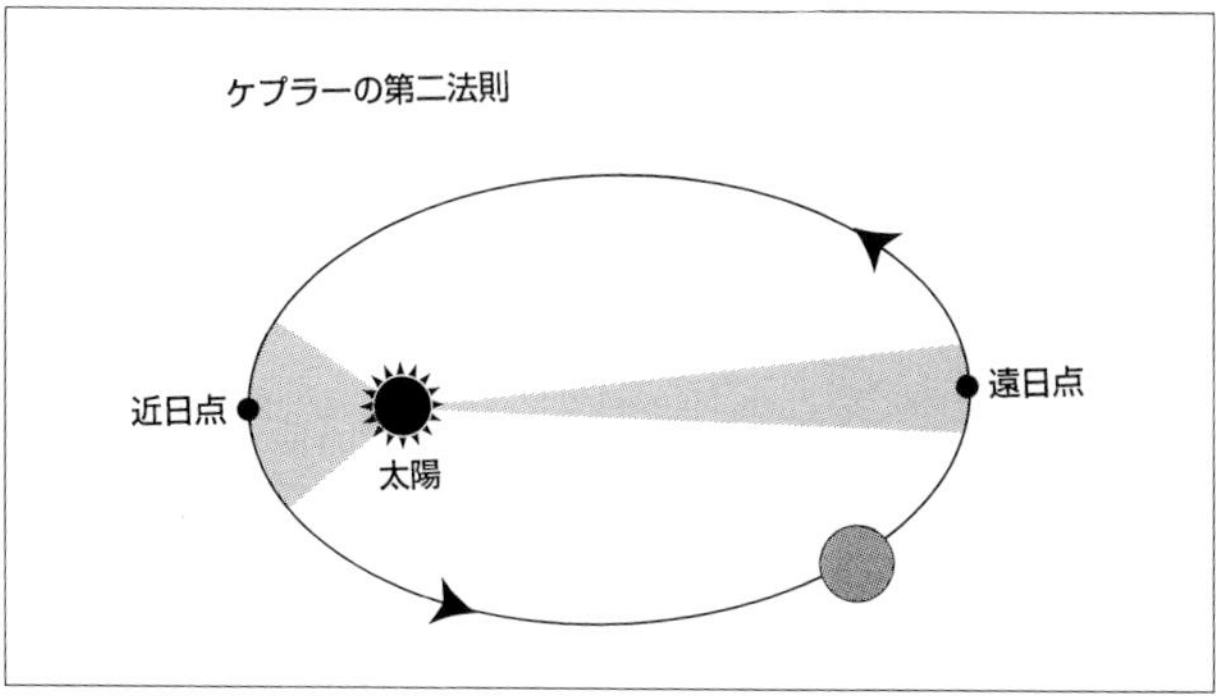

逆行運動
上／惑星の逆行運動。
中／ケプラーの楕円軌道の法則。惑星は太陽を一つの焦点とする楕円軌道を運行する。
下／ケプラーの面積速度の法則。惑星と太陽を結ぶ直線は、同一時間内でつねに等しい面積を描く。つまり、太陽に近いほど惑星の速度は速くなる。

15 変光星

明るさが時間変化する星で、変光の周期、明るさの変化の大きさ（振幅）と時間的経過（光度変化）、星のタイプなどの違いによって、一〇種類以上の変光星が知られている。ほとんどが、巨星や超巨星そして赤色巨星のような巨大なサイズで構造が複雑な、比較的、表面温度が低い星に変光星が多い。

星の明るさが変動する主な原因は、星の振動（脈動とも言う）で、半径が大きくなったり小さくなったりする動径振動と、表面が複雑に捩れる非動径振動がある。むろん、前者の場合に変光の振幅が大きく周期も長いが、二つの振動モードが複雑に絡み合ったものも多い。

太陽のような単純な構造の星も振動しているが、変光星と呼ばないのは振幅が小さいからである。ところが、巨星・超巨星や赤色巨星のような星では、初めは小さな振動であっても時間とともに成長し、やがて規則的で決まった振幅変化をするようになる。その仕組みは、以下のようなものである。

星が何らかの理由で平衡状態から少し収縮する（半径が小さくなる）と、中心温度が上がって核反応が速く進みエネルギーが過剰に発生する。そのために圧力が上がって星を膨らませる（半径が大きくなる）。星が膨らむと今度は温度が下がるから核反応率も下がり、同時に圧力も小さくなって星は収縮に転じる（半径が小さくなる）。通常は、このような振動は安定で振幅は大きくならないから星は安定なのである。しかしながら、その振動が増幅していく場合がある。一つは、星が収縮したときに核反応が過剰に起こってエネルギーを出し過ぎる場合で、そのエネルギーのために星が過大に膨張する。巨星の変光がこれにあたり、周期は数時間と短い。星内部でのエネルギー発生が過剰に反応するために振動が成長するのだ。

もう一つは、星が収縮したときエネルギーが過剰に抜けてしまうためにいっそう収縮し、膨張したときエネルギーが抜けにくくなるためにいっそう膨張する場合である。星の表面の構造が原因となって、エネルギー放射機構が過剰に反応するために振動が増幅されるのだ。超巨星や赤色巨星がこれに当たり、周期は長く、数日から数年にわたるものまでさまざまである。

振幅が増加していくにつれ振動が非線形的になるので、通常は簡単な正弦関数では表せない。さらに、非動径の振動モードが重なってカオスのような不規則振動する場合もあり、解析が容易でない。

よく知られているのがセファイド型変光星で、非常に明るく見つけやすい。主系列星と巨星の中間に属する若い星である。振動の周期は一〜一三五日の間にあり、明るさ変化は二等（約六倍）にもなる。セファイドには、変光の周期と絶対光度の間に簡単な関係が成立していることが今世紀初頭に発見されたが、その関係から銀河宇宙像が確立し、宇宙膨張が見いだされたのだった。

こと座RR星と呼ばれる変光星も銀河宇宙像の確立に重要な役割を果たした。このタイプの変光星は球状星団に属する古い星で、周期は一日以下である。ハーロウ・シャプレーは、この変光星の絶対光度はすべて同じだと仮定し、球状星団の距離を求め、銀河系内にどのように分布しているかを決定した。その結果、銀河系が巨大な数の星の集合体であることを明らかにすることができたのだ。同時に、星分布の偏りから、太陽系が銀河系の中心にはないことを示した。ただしシャプレーは、どういうわけか、この宇宙には銀河系のみが存在すると信じていた。

セファイド型は若い星、こと座RR星は古い星であるが、初め、これらは共通の周期-絶対光度関係に従うと考えられていた。例えば、エドウィン・ハッブルは、アンドロメダ星雲のセファイドを観測し、その絶対光度は同じ周期のこと座RR星と同じとして距離を求めていた。ところが、セファイドは、こと座RR星と比べて、同じ周期でも四倍も明るいことが三〇年後にわかった。つまり、ハッブルはアンドロメダ星雲までの距離を実際の二分の一と見積もっていたのだ。

このように、さまざまな試行錯誤はあったが、変光星は現在の宇宙論を基礎を築く上で、重要な役割を果たしたことがわかる。

16 ドップラー効果

蒸気機関車が登場して、人々は奇妙な現象に気がつくようになった。機関車が近づいてくるときの警笛の音は高く聞こえ、遠ざかるときは音が低く聞こえるのである。

一八四二年、オーストリアの物理学者クリスチャン・ドップラーは、この現象を次のように説明した。音波は音源とともに媒質である空気に対し運動するから、音源が近づいてくるときは届く音波の間隔は短くなり、従って音が高く聞こえる。反対に、音源が遠ざかるときは音波の間隔が長くなり、従って低く聞こえるのだ、と。音源が止まっていて、観測者が音源に近づいたり遠ざかる場合も同じ結果になる。

ドップラーは、屋根を取り外した貨車にトランペッターを乗せ、その速さをいろいろ変えながらトランペットを吹いてもらう実験をした。地上には音感に優れている音楽家を配置して、トランペットの音がどのように変化するかを記録してもらったのだ。こうして自らの理論の正しさを証明し、ドップラー効果と呼ばれるようになった。

同じように、波動で伝わる光についても、光源と観測者の間に相対運動が存在する場合にドップラー効果が生じる。光源が近づく(あるいは観測者が光源に近づく)と光源から放射された波長より短くなり(青い方へずれる)、遠ざかると波長が長くなる(赤い方へずれる)のだ。

この光のドップラー効果は一八四八年に、フランスの物理学者A・フィゾーによって発見された。光の場合と音波の場合は、やや物理的な事情が異なる。音波は空気という媒質の振動が伝播するが、光は媒質がなくても伝播しうるからである。だから、音源も観測者も止まっていても風が吹いて空気が動くような場合、音のドップラー効果は生じるが、光では光源と観測者に相対速度が存在する場合にのみドップラー効果が観察される。

光のドップラー効果は、私たちの生活ではあまりお馴染みではないが、天文学においては実に重要な役割を果たしている。星の運動、変光星の振動、連星の軌道運動、銀河の回転、宇宙膨張による銀河の後退運動など、遠く離れた天体の運動の測定にはドップラー効果がもっとも頼りになる方法なのである。

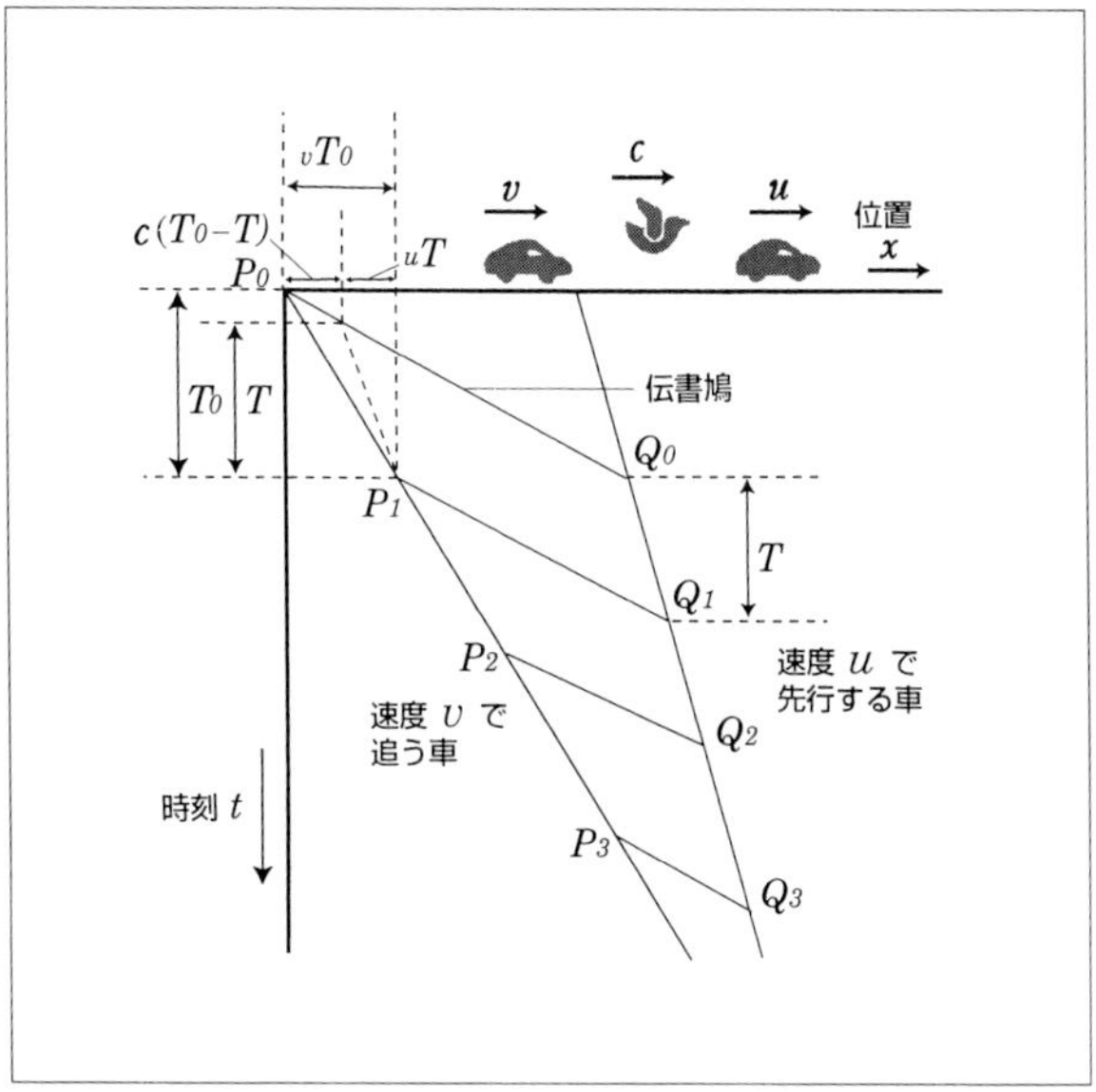

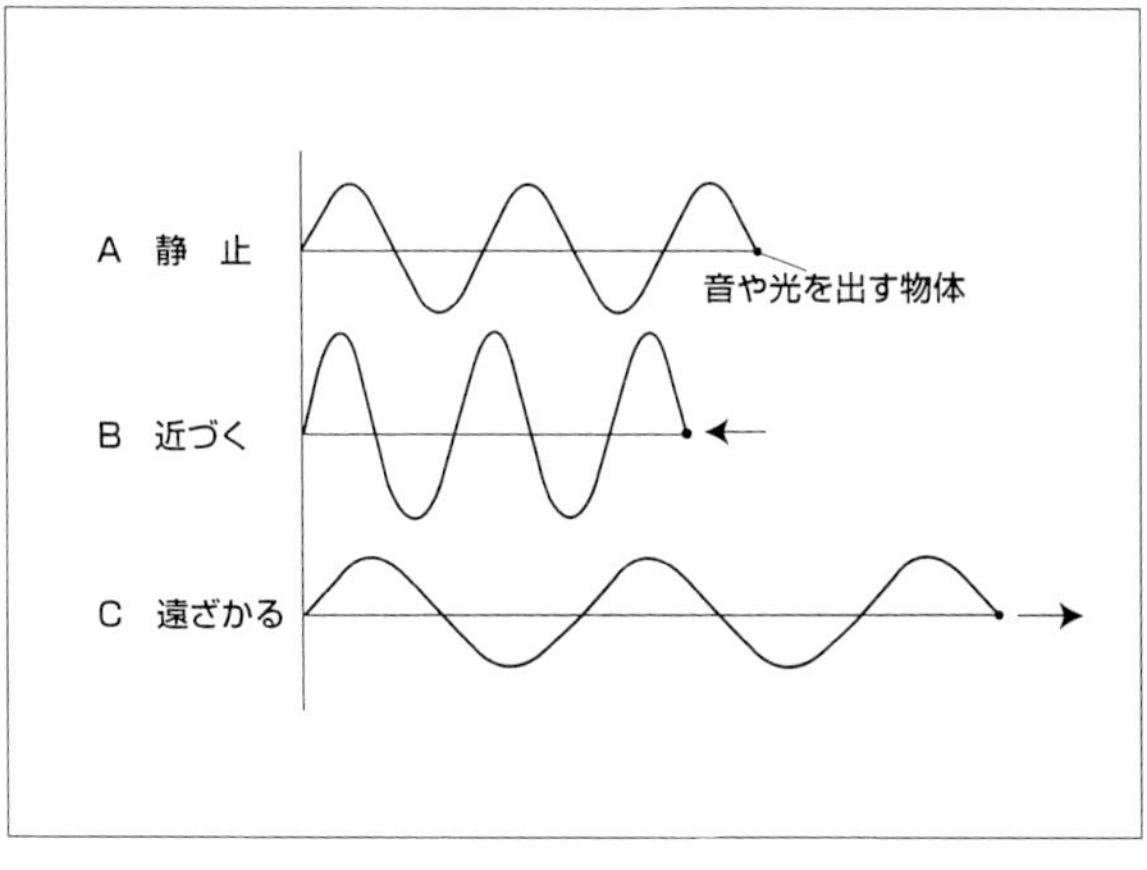

ドップラー効果

上／先行車（速度u）、後続車（速度v）、および後続車から放たれる伝書鳩（速度c）について、時刻tにおける位置xを示すグラフ（伝書鳩を音波に擬えている）。後続車から鳩を放つ時間間隔T_0にくらべ、先行車が鳩を受け取る時間間隔Tは短くなり、鳩の距離の差はc（T_0－T）となる。これはまた後続車の距離（vT_0）と先行車の距離（uT）の差に等しい。これは音波のドップラー効果を表す式と同様のものである。

下／音や光をだす物体が、音波や光波の進む方向と同じ向きに動いていると、近づくものの波長は短く、遠ざかるものは長くなる。光でいえば波長は色を表し、遠ざかるものは赤くなる。

17 視差

ある物を二つの目で見たとき、一〇〇メートル以下なら、私たちはおおよその距離を見積もることができる。二つの目で見た角度差を検出し、その大きさから距離を推定しているのだ。この角度差が「視差」である。視差を測る方法は、曖昧さのない幾何学的な方法だから、もっとも信頼できる距離測定の方法と言える。

距離が遠くなると視差は小さくなるから、二つの眼の間隔を大きくしなければ視差が検出できなくなる。地球上の遠く離れた二点から月の中心を見て、視差を検出して月までの距離を推定したのは、紀元前一五〇年頃のヒッパルコスであった。

遠くの惑星や恒星までの距離を測るためには、人類が取りうるもっとも遠い二つの眼を利用しなければならない。地球の公転運動によって、冬と夏、春と秋のような半年ずれた公転軌道を利用することである。これを年周視差と呼ぶ。この年周視差の検出は、とりもなおさず地動説の直接証明でもある。年周視差が検出できたのは一八三八年で、これにより星と星の間隔が数光年もあり、宇宙がいかに大きいかを人々に認識させることになった。

しかし、地上からの視差の検出ができる距離は、高々三〇〇光年くらいでしかない。星の光が空気を通過する際に、屈折したり、干渉したりする（だから星がちらついて見える）ため、正確な位置決定が困難になるからである。むろん、遠い星ほど視差も小さいから、いっそうその検出が困難になることもある。

一九九〇年に、空気に邪魔されずに星の位置を決めようと、小さな望遠鏡を搭載した人工衛星が打ち上げられ、ヒッパルコス衛星と名付けられた。この衛星によって、九〇〇光年までの星の距離が測定できるようになった。おそらく将来は、もっと大きな公転軌道をとる探査機による視差測定が可能になるだろう。

さらに、銀河系内部にある電波源を、地上にある複数の電波望遠鏡を用いて同時観測し、そのデータを重ね合わせて位置を精度良く決定する方法も検討されている。これを超長基線電波干渉計と呼ぶが、遠く離れた望遠鏡で得たデータを重ね合わす（干渉させる）ことにより、地球と同じサイズの口径を持つ望遠鏡と同じ空間分解能を実現することができる。いわば、各望遠鏡が地球大の望遠鏡の一部として働くからだ。これにより、一万キロメートル離れても、大きさが五センチのボールが検出できることになる。適当な電波源さえあれば、銀河系全体の地図が正確に描けるだろうと期待されている。

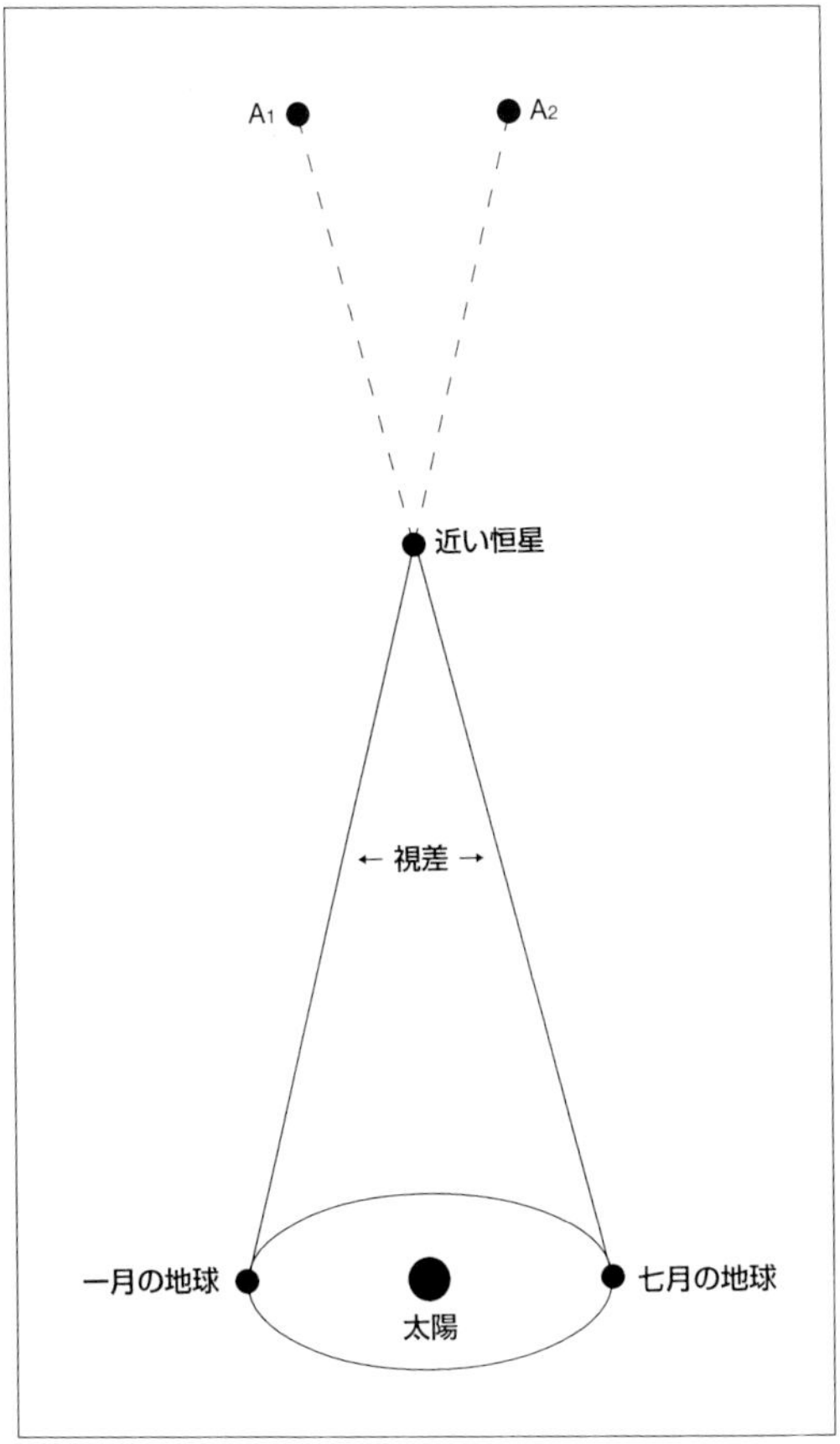

視差
地球が太陽を回っているから、異なる季節に星は少しずつ角度を変えて見えるはずである。星までの距離は、三角測量の原理で、年周視差の角度と地球と太陽の距離から求められる。

18 HR図

視差を用いて距離が測定できた星の場合、見かけの明るさと距離から絶対光度を決めることができる。一方、星の表面の色は、星から放たれる光の波長で決まっている。光の色は、長波長側から短波長側へ赤・橙・黄・緑・青・藍・紫の順で並んでおり、星がどの波長で多くのエネルギーを出しているかで色が定まっているわけである。そこで、星の光を波長ごとに分けて強度を測れば、星の色を正確に求めることができる。

このように星の光を波長ごとに分ける観測を、分光（あるいはスペクトル）観測という。波長の短い青い光はエネルギーが高く、温度が高いガスから放射される。逆に、波長の長い赤い光はエネルギーが低く、温度の低いガスから放射される。星の色とは、星表面の温度を表しているのだ。

分光観測で星の色（表面温度）を測り、それと星の絶対光度の間の関係を図示したのが「HR図」で、このような観測結果を独立して発表した、デンマークのE・ヘルツシュプルング（H）とアメリカのH・ラッセル（R）の二人の名前の頭文字が付けられている。このHR図は、以下のように、星の構造や進化の研究に大きな役割を果たした。

まず、HR図上に星がランダムに散らばるのではなく、ある限られた領域にしか星が存在していないことがわかる。星は勝手な明るさと色で輝いているわけではなく、何らかの規則性に従った明るさと色となっているのだ。

そこで、HR図上での星の位置を調べると、大きく三つの領域に分けられることがわかる。

一つは、中央の右下（温度が低く暗い星）から左上（温度が高く明るい星）へ延びる帯状の領域である。ここに星の九〇%以上が集中しているので「主系列」と呼んでいる。太陽も、この帯に属する主系列星だ。

二つ目は、HR図の右上部分（温度が低く明るい星）で「巨星」あるいは「超巨星」と呼ばれる。半径が巨大で明るいためだ。

三つ目は、左下部分（温度が高く暗い星）で「白色矮星」である。表面温度が高いので白っぽく見え、半径が非常に小さい星である。

なぜ、HR図上の三つの領域にしか星は存在しないのだろう。この三つの領域はどのような関係があるのだろう。恒星の進化理論から明らかにされねばならない問題であった。

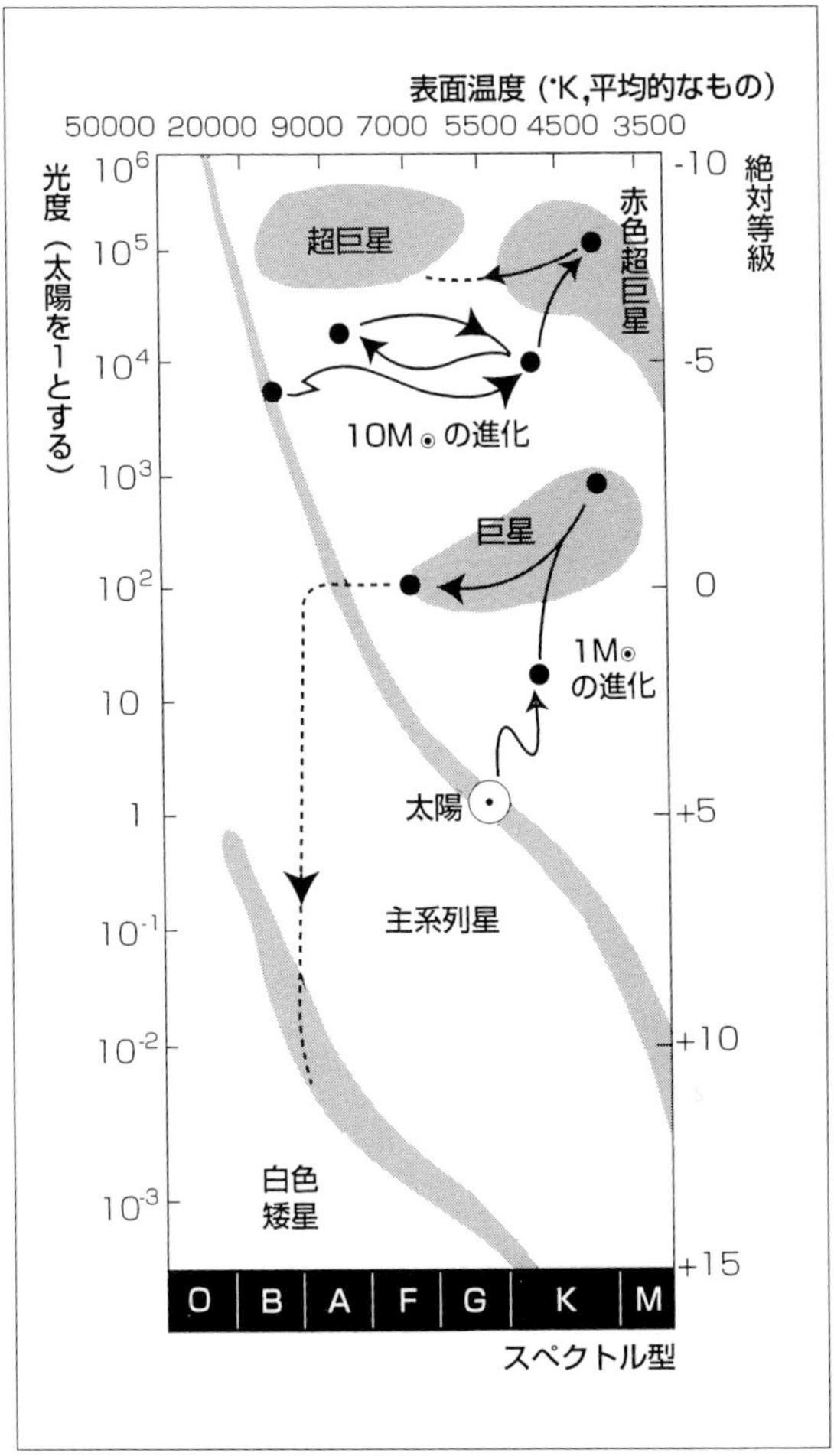

HR図

横軸に星のスペクトル型（星の色で表面温度を表わす）、縦軸に絶対等級をとって星々をプロットした図。恒星の特性が視覚的に明快にわかる。1 M⊙（太陽質量）の星の進化の過程と、10 M⊙ の星の進化の過程を矢印で示している。

恒星の構造進化論は、まず組成が一様な星の安定な構造を調べることから始まった。これにより、主系列星は中心にだけエネルギー源がある単純な構造をしており、左上から右下にかけては質量の大きい星から小さい星の系列であることがわかった。また、白色矮星は、太陽くらいの重さ（地球の重さの三三万倍）でありながら、地球と同じくらいのサイズしかない、非常に密度が高いコンパクトな星であることがわかった。

問題は、なぜ主系列にほとんどの星が集中しているか、赤色巨星がどのような構造の星なのか、である。

これについては、星のエネルギー源が熱核融合にあることがわかり、それを詳しく考慮した星の構造を調べて初めて解答が得られた。核融合反応に使われる燃料のほとんどは水素の原子核（陽子）であり、主系列星は、それが四個結合してヘリウムに変わる反応が起こっている星である。この反応は星の寿命の九〇パーセント以上の間継続するから、星のほとんどが主系列上にあることになる。HR図上での星の数は、そのような明るさと温度にある時間の長さに比例しているからだ。

中心部で燃料の水素を燃やし尽くした星は中心部にヘリウムが溜まっており、そのままでは温度が低いためヘリウムの核反応はすぐに起こらない。ヘリウムのコアはゆっくり収縮して温度をあげようとするが、そのとき解放された重力エネルギーが星の外層部に吸収されるために膨らみ、星のサイズがどんどん大きくなり赤色巨星の領域へ移っていく。すべての星が主系列を離れて赤色巨星になるが、その後の寿命が短いから数はそう多くないのである。

太陽のような比較的質量の小さい星は表面の重力が弱いので、膨らんだ表面からガスが流れ出してしまい、そのうちに星の芯の部分しか残らなくなってしまう。この星の芯が白色矮星として観測されているのである。

一方、太陽質量の五倍を越えるような重い星は、外見上は赤色巨星のまま、内部で核反応が進行していき、最後に核燃料を使い尽くして大爆発を起こしてしまう。これが超新星爆発で、壮烈な星の死の姿なのである。

このように、星の進化の研究から、HR図上での星の位置や動きが最終的に明らかにされたのは一九六〇年代であった。

19 流星・彗星・衛星・惑星・褐色矮星・恒星

同じ「星」という名が付いていても、さまざまな天体が混じっている。人々は天球上で輝いて見える光の粒を星と呼んできたが、同じ明るさのように見えても距離によって放っている光の量が大きく異なるから、その大きさ（サイズや重さ）も非常に異なっているのである。

まず、「流星」は、星ではなく、上空一〇〇キロメートルくらいの大気中で、サイズが一ミリくらいの大きさの塵が空気との摩擦で燃えている現象である。この塵は、彗星が太陽に近づいたときに太陽熱に炙られたときに放出されたもので、巨大な彗星が通った跡には塵が漂っているのだ。そのような塵が漂う領域へ地球が突入すると、流星群として観測されるわけである。五月にみずがめ座に見える流星群はハリー彗星の塵、八月のペルセウス座流星群はスウィフト-タトル彗星の塵によることがわかっている。

「彗星」は、「衛星」や「惑星」の仲間である。太陽が生まれるとき、その周辺部にはガス円盤が付随していた。ガスが回転運動していたため太陽に落ち込めず、太陽の周りに円盤状に分布するからだ。このガス円盤から太陽系内のさまざまな天体が生まれてきた。それらが彗星であり、衛星であり、惑星なのである。実際、星が誕生しつつある現場を観測すると、将来惑星が生まれるであろうガス円盤が星の周りに漂っているのが多数確かめられている。

ガス円盤は、炭素やシリコンなどのような重い元素が多く含まれた宇宙塵、氷やアンモニアのような固体、水素やヘリウムのガスなどから成り立っている。このうち宇宙塵は重いので円盤の中央面に溜まり、やがて結合して一億トンくらいの重さの岩石を形成するようになる。おおよそ富士山の重さくらいで、巨大な隕石や小惑星がこれにあたる。

氷やガス成分は、太陽に近い領域では太陽からのエネルギーで溶かされ吹き飛ばされてしまうから、岩石成分だけが取り残される。これらが数千億個ぶつかりあって衛星や岩石惑星である水星・金星・地球・火星ができたと考えられている。

太陽から遠い領域では、氷やガスが岩石の周りを取り巻いており、現在まで生き残ったのが彗星である。それらがぶつかりあって形成されたのが木星・土星・天王星・海王星のような巨大惑星で、これらの惑星の中心部には地球サイズの岩石コアがあり、その周りを水素やヘリウムのガスが取り巻いているらしい。木星や土星には二〇個近くもの衛星が回っているが、それらでは岩石コアを氷やアンモニアなどが取り巻いていると考えられている。衛星は軽いので、水素やヘリウムなどの軽いガスは逃げてしまったらしい。冥王星は非常に軽いので、衛星サイズの天体が惑星軌道をとるようになったのかもしれない。

どうやら、冥王星の外側に第一〇番目の惑星は存在しないようだが、カイパー・ベルトと呼ばれる彗星の巣があるらしい。そこでは衛星や惑星サイズまで成長しなかった彗星が残されており、小さな摂動を受けると飛び出して地球近傍に飛んでくると考えられている。これらの彗星は、惑星と同じ方向に公転しており、周期も二〇〇年以下と短い。さらに、もっと外側にオールトの雲と呼ばれる彗星の巣の存在も確実視されている。一回きりしか地球近傍にやって来ない彗星や、惑星と反対方向の公転軌道をとる彗星があり、これらはオールトの雲を考えないと説明できないからだ。

惑星が自分の重力で潰れないのは、岩石やそれが溶けた溶岩の硬さが重みを支えているためである。しかし、その限界は木星くらいの重さ（地球の約三〇〇倍）で、それ以上の重さになると、巨大な重力のためにどんどん収縮し、溶岩は蒸発して気体になってしまう。ガスの星になるのだ。収縮するにつれガスの温度が上がっていくので、表面の温度も上がって星として輝き始める。星が光るのは星が重いため、と言えそうである。やがて、中心の温度が一千万度を越えると水素の核反応が始まり「恒星」の仲間入り、ということになる。

といっても、太陽の重さの一〇分の一以下の星の場合、核反応が起こる前に中心の温度が下がり始めるので、明るく輝く恒星になれないことがわかっている。このような重さの星では、星が収縮するとともに密度が上がっていくが、多数の電子の量子論的な効果で圧力が発生するのだ。そのため、熱運動による圧力は不要となって温度が下がっていく。このタイプの星が「褐色矮星」と呼ばれるのは、表面温度が千度くらいにしかならないから、消えかけた炭のように褐色でぼうっと輝くためである。褐色矮星は、理論的には昔から予言されていたが、発見されたのは一九九六年だった。暗いので、なかなか見つからなかったのだ。

以上のように、星は、重さによって構造や見かけの姿が異なるから、さまざまな名がつけられてきたと言えそうである。

歴史的な彗星の図

それぞれ彗星を描いた図。上図はバイユー・タペストリーの一場面で、1066年ウェセックス伯ハロルドのイングランド王即位直後に現れたハリー彗星を描いている。この年の暮れにハロルドは征服王ウィリアムに破れ戦死した。中図は1680年11月4日にローマで観測された大彗星を描いたもの。この彗星に刺激されたエドマンド・ハリーはハリー彗星を発見し、ピエール・ベールは『彗星雑考』を著した。下図は1910年5月19日に現れたハリー彗星。地球に2300万kmの距離まで大接近し、世界中に大パニックを巻き起こした。この状況を描いたのがコナン・ドイルの『地球最後の日』である。

20 星の進化

木星以上の重さがないと自ら輝く星になれないが、自ら輝く星には必ず寿命がある。光エネルギーを外界に放射しているのだから、いずれエネルギー源が枯渇してしまうからである。ただし、その寿命が宇宙年齢より長い場合には、まだ死を迎えないだけのことである。

星の進化の道筋と寿命の長さは、その重さで決まっている。星は自らの巨大な重力を支えるために、内部の圧力を高くしなければならない。通常は、熱運動によって圧力を上げるので中心の方で温度が高くなり、中心から表面に向かって熱エネルギーが流れる。そのエネルギーが光エネルギーとして放射されるから自ら輝く、というわけである。星は重いから輝くのだ。そして、放射される光エネルギーは星の重さに大きく依存しているから、星の運命はその重さによって大きく変わることになる。

太陽の重さの一〇分の一以下の星は「褐色矮星」になる。核反応が起こらないまま、ゆっくり冷えていく星で、表面温度は千度程度にしか上がらない。しかし、褐色矮星が完全に冷え切ってしまうには数百億年もかかるから、宇宙年齢より遙かに長く、ほとんど変化しないかに見える。

太陽の重さの一〇分の一を越える星は、水素の核融合反応でエネルギーが供給されるようになる。HR図上で主系列星になるのだ。星が放出する光の全エネルギー（絶対光度）は、星の重さの三乗に比例する。星が重いほど幾何級数的に明るさも増すのである。ところが、使える核燃料は星の重さ分しかないから、星の寿命は重さの二乗に反比例することになり、重い星ほど寿命がより短くなる。太陽は一〇〇億年程度の寿命と見積もられているから、太陽の一〇倍の重さの星は一億年で一生を終えてしまうのだ。

HR図の項で述べたように、主系列上での水素の核融合反応が終わった後の星の進化は、星の重さでいくつかの運命に区分できる。

太陽の重さの五倍以下の星は、中心部の水素を使い尽くすと赤色巨星となり、やがて表面のガスが逃げてしまうので、星の芯である白色矮星が取り残される。白色矮星は、地球の一〇〇万倍もの密度となっており、電子の量子論的な圧力で支えられているので、後はゆっくり冷えていくだけである。冷えきってしまうまでの寿命はほぼ一〇〇億年で宇宙年齢と匹敵しており、最近白色矮星に

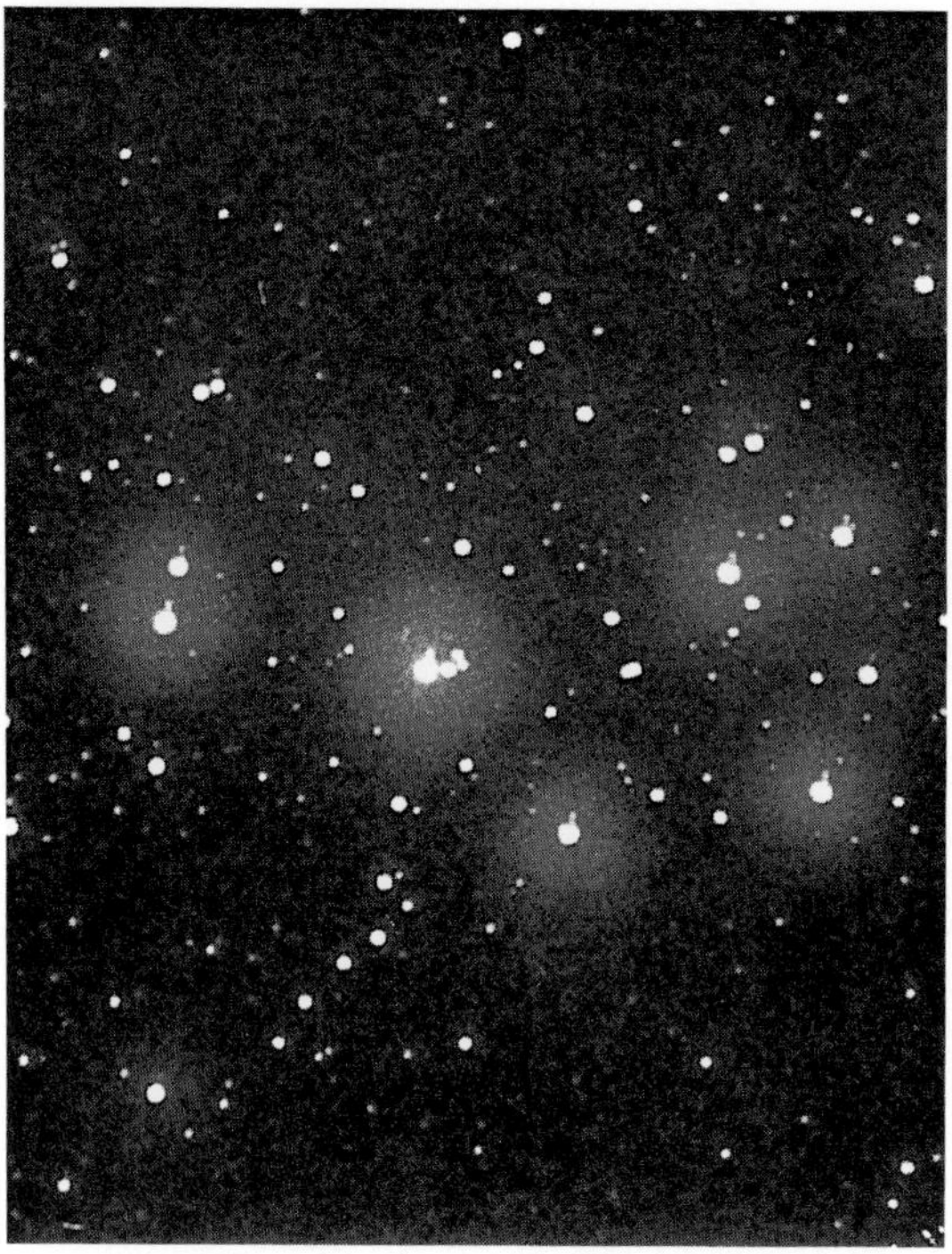

プレアデス星団（すばる）
ギリシャ神話でプレアデスは、オリオンに追われ鳩と化し、さらに星になったアトラスの娘たちとされる。星雲中の塵が光を散乱・反射させるために星々は青白く光って見えるが、肉眼で六個ほど見分けられる。なお、この星団は太陽から408光年の距離にある散開星団で、さしわたし10光年くらいの中に120個ほどの星をもつ。

なった非常に明るいものから、一〇〇億年前に白色矮星になった非常に暗いものまで、さまざまな明るさのものがある。

　太陽の重さの五倍から三〇倍の星では、赤色巨星となってから中心部で次々核反応が進み、鉄までの重い元素を形成していく。しかし、鉄より重い原子核からはもはや核融合反応でエネルギーを取り出すことができないから、星を支え続けることができず星は潰れていく。潰れるにつれ、重力エネルギーが解放されるので温度が上がり、鉄の原子核はバラバラに壊されて粒子の数が一気に増加する。その結果、圧力が急上昇し、その力によって星の外層部を吹き飛ばしてしまう。超新星爆発である。この質量範囲の星は、華々しい大爆発で一生を終えるのだ。後には、星の芯の「中性子星」が取り残される。(中性子星については別項で述べる。)

　重さが太陽の三〇倍以上の星の場合、最後に潰れてしまうところまでは右と同じだが、余りに重すぎるために星は爆発することができず、星はそのまま潰れ続けていくことになる。もはや、星の崩壊を止める力は何もないから、最終的にブラックホールになってしまうのだ。

　ところで、星の重さに限界はあるのだろうか。観測によれば、これまで発見されている星の最大の重さは太陽の六〇倍程度である。一般に重い星ほど数が少ないので、この観測は、これ以上の重さの星が存在しないことを意味するわけではない。理論的には、星の重さに限界はない。しかし、例えば太陽の一〇〇倍の重さの星が生まれたとしても、一生そのままの質量を保つわけではない。星の重さが重いほど内部の温度が高く、物質の熱運動の圧力より放射の圧力の方が強くなってくる。いわば、光の塊になるのだ。このような星は、半径が振動(脈動)し始めると大きく成長してしまうことが知られている。放射の圧力が卓越するので、星の半径の振動に伴う圧力の変化が過剰に反応してしまうのだ。変光星になりやすいのである。振動が成長するにつれ、星の表面付近は激しく膨張と収縮を繰り返すようになり、少しずつガスが吹き飛ばされていく。そのため、星の質量はだんだん減少し、最後には太陽の六〇倍くらいになってしまうのではないかと考えられている。巨大な星が生まれても、その寿命の間に、振動によって痩せてしまうのだ。

21 超新星

超新星とは、星が大爆発を起こしてほとんどバラバラに壊れてしまう現象で、銀河一個の明るさに匹敵するほど明るくなり、一年くらいでゆっくり暗くなる。星の表面での急速な核反応で明るさが数百倍になり、一カ月くらいで消えてしまう場合が「新星」で、いずれも、今まで星が見えなかった天球に、急に星が輝き始めるので新しい星が生まれたと考え新星と呼ばれてきた。しかし、超新星は、実は星の最終段階での大爆発であったのだ。

歴史的な超新星は中国や日本の古文献に多く記録されている。「天行不斉」と考えていた天文官たちは、天の異変を詳しく観察していたからだ。日本では奈良時代から陰陽寮がおかれ、さまざまな天文現象が記録されている。藤原定家は彗星や火球を目撃するたびに古記録を調べ、彼の日記の『明月記』に書き付けており、そのうちの、一〇〇六年、一〇五四年、一一八一年の三つが超新星の記録であることが後に証明された。西洋では、一五七二年にティコ・ブラーエが、一六〇四年にケプラーが、超新星を目撃した記録を残している。

おおざっぱに分けて、超新星には二つのタイプがある。タイプI型は、そのスペクトルに水素の輝線が見えないタイプで、水素をほとんど持たない星の爆発と考えられている。これに対し、タイプII型では水素の輝線が太く写っており、水素を多く含む星の外層部が超新星爆発によって高速で飛び散っていることを示している。

現在では、タイプI型の超新星は、白色矮星にガスが降り積もって強く圧縮したために、中心部で核融合反応が起こって暴走し大爆発になったと考えられている。星の多くは連星であり、外層部のガスを失った白色矮星になった星に、相手の星からガスが降り積もる可能性は非常に高い。ガスが降り積もる速さによって、表面だけで核反応を起こしてしまう小爆発となったり――これが新星である――、中心部で大爆発を起こしてバラバラに星が壊されてしまったり――これが超新星である――する。白色矮星にはヘリウムから形成された炭素や酸素の原子核が主成分のものが多く、これらの原子核に火がつくと大量の核エネルギーが放出されるのだ。ガスが降り積もるにつれ強く圧縮され、核融合反応に火がつき大爆発が誘発されたというわけである。

タイプII型の超新星は、星の進化の項で述べたように、重さが太陽の五倍から三〇倍までの星が、その一生を終えるときの大爆発である。そのため、水素を多く含む星の外層部が、秒速数万キロメートルで吹き飛ばされたようすがスペクトルに写っているのだ。一九八七年に、大マゼラン星雲でタイプII型の超新星が爆発したのが目撃されたが、なんとこれは、一六〇四年のケプラーの超新星以来の肉眼で見える超新星の出現であった。残念ながら、北半球の私たちには見えなかったけれど。

宇宙論にとっては、タイプI型の超新星が貴重な役割を果たしている。I型の超新星は、爆発後の明るさのピークの絶対光度やそれ以後の明るさの時間変化（これを光度曲線という）が、どれも同じであることが知られている。そこで、ある銀河に出現したタイプI型の超新星の見かけの明るさを毎日観測し、その光度曲線を知られているものと比較すれば、その銀河までの距離を決定することができる。変光星を使わない距離決定法の一つで、銀河並みに明るくなるから、遙か五億光年も彼方の銀河の距離指標になるという有利さがある。この距離とドップラー効果で得られた銀河の後退速度から、大域的なハッブル定数が決定できるのだ。ただし、超新星の頻度はあまり高くないし、そもそも距離を測定したい銀河に超新星爆発が起こらなければ使いようがない、という難点がある。

超新星
おうし座の牡牛の角の先にあるカニ星雲（ＮＧＣ1952）。1054年の超新星爆発で生じた。その中心部にはパルサー（中性子星）がある。

22 中性子星（パルサー）

重さが太陽の五倍から三〇倍までの星は、その最終段階で超新星爆発（タイプII型）を起こすが、その際「中性子星」と呼ばれる星の芯を残す。重さは太陽と同じくらいだが、半径は一〇キロメートルくらいで太陽半径の一〇万分の一くらいしかない。従って、その密度は水の一千兆倍にもなる超高密度星である。この密度は原子核の密度と同じくらいだから、中性子星は重力で固まった巨大な原子核とも言える。通常の原子核では、陽子と中性子がほぼ同数あって、陽子の数だけプラスの電荷を持っている。星は電荷を持たないから、陽子の数と同じだけの電子が存在しており、このような超高密度に圧縮すると、陽子と電子は結合して中性子に変わるので、ほとんど中性子だけでできた星になってしまうのだ。そのため中性子星と呼ばれている。

中性子星の存在は、すでに一九三〇年代に理論的に予言されていたが、一九六七年まで発見されなかった。非常にサイズが小さいし暗いから、可視光で像を撮ることが不可能であったからだ。しかし、思いがけない姿で中性子星が発見されたのである。

ケンブリッジ大学の大学院生であったジョスリン・ベルは、指導教授のアンソニー・ヒューイッシュの指示の下に、銀河系の電波源を調べているとき、奇妙な信号が来ているのに気がついた。電波パルスが数秒の時間間隔で実に規則的にやってきているのだ。この信号が地球外からのものであると確かめたヒューイッシュは、初め宇宙人からのメッセージなのではないかと疑ったが、すぐにそうではないことがわかった。パルスの時間間隔が余りに正確すぎるので、それによって何らの情報も送り得ないからだ。時計の振り子の規則的な振動では、何も意志が表現できないのと同じである。情報を送るためには、パルス間隔や強さを変化させねばならない。

結局、天体の規則的な周期運動（自転または振動）がパルス間隔を決めていると考えられ、その天体を「パルサー」と呼ぶようになった。パルス間隔のほとんどは三秒以下であり、このような短い周期の運動が可能なのは中性子星の自転しかない。一秒で自転するような星の赤道部には巨大な遠心力が働くから、それに拮抗するような強い重力を持つ星は中性子星しか考えられないからだ。実際、一〇五四年に超新星爆発を起こしたカニ星雲にパルサーが発見されて、中性子星仮説が証明された。同じく、ほ座の超新星残骸でもパルサーが見つかっている。

現在までに、パルサーは二〇〇個以上発見されており、パルス間隔が一〇〇〇分の一秒という短いものも発見されている。このパルサーは、なんと一秒間に一〇〇〇回も回転していることになる。おそらく、二重星になっていて、相手の星から降り積もってくるガスが中性子星の自転を速めるように作用しているのだろう。カニ星雲の中性子星は一秒間にほぼ三〇回転している。

中性子星が電波を放射するのは、強い磁場を持っているためである。太陽は一〇〇ガウス程度の磁場を持っているが、大きさを一〇万分の一にまで収縮させると一兆ガウスにもなる。中性子星は巨大な棒磁石のようなものなのだ。この磁場に陽子や電子が引きつけられ、磁極に向かって落ち込む際に電波を放射する。磁場の強さ次第で、電波だけでなく、よりエネルギーの高い可視光やX線まで放射する場合もある。若い中性子星が存在するカニ星雲ではX線のパルスも検出されている。

中性子星の自転軸から少し傾いた棒磁石を考えてみよう。棒磁石は自転軸の回りをスピンする。そのNとSの磁極から電波が出ているとすれば、遠くから見ると、灯台の明かりのようにパッパッとパルス状で電波が到着するだろう。NとSの両方の磁極からの電波が到着すれば、二つの異なったパルスが一つおきに観測されることになる。実際、カニ星雲のパルサーはこのようなタイプである。

ところで、パルサーの発見でヒューイッシュはノーベル賞を貰ったが、その直接の発見者ベルには与えられなかった。その賛否の議論が学会でなされたことも、中性子星に関わる話題を盛り上げた理由であった。

Ⅲ 銀河宇宙の姿

23 クェーサー

一九六一年から六三年にかけて、奇妙な天体の発見が相次いだ。写真を撮ると星と同じ点光源にしか映らないので、それまでは普通の星として放っておかれていた。ところが、ケンブリッジ大学の電波望遠鏡によるサーベイで見つかった電波源カタログと比較すると、天球上の位置が一致しているものがあった。通常の星は強い電波源ではないので、変わった星かもしれないと、それらの星のスペクトル観測が行われた。すると、そこで見たスペクトルには、これまで見たこともない輝線が多く並んでいたのだ。通常の星とは全く元素組成が異なった奇妙な星の発見か、と騒がれたのだった。

しかし、よくよく調べてみると、水素や炭素など通常の元素の輝線が赤い方へ偏移していると解釈すれば、スペクトルが再現できることがわかってきた。元素組成は通常の星と同じなのである。地上では可視光の波長でしか観測できないから、その波長帯に生じる輝線しか検出できない。スペクトル全体が赤い方へ偏移すると、紫外線領域で放射されている輝線が可視光帯で観測されるようになる。それまで星の紫外線領域のスペクトルは撮られなかった（地上には紫外線が届かない）ので、見たことがないスペクトル輝線が映っていると大騒ぎになったのだ。

スペクトルが赤い方へ偏移する物理過程でもっとも馴染み深いのはドップラー効果である。光源が遠ざかっている場合、赤い方へ偏移する。この天体では、光速の二〇パーセント以上もの速さで遠ざかっているとしなければならない。それも例外なく、すべてが私たちから遠ざかっているのだ。

では、これほどまで高速に加速された天体の正体は何なのだろう。星のような重い天体を加速するのは難しい

から、ガスの小さな塊が天の川銀河から飛び出してい
る、と解釈するのが常識的であった。天の川で起こった
爆発のような激しい活動で、ガスが吹き飛ばされていく
のを内側から見ていると考えるのだ。しかし、この解釈
はすぐに困難に遭遇した。天の川銀河は何ら特別な銀河
ではないから、このような活動は他の銀河でも起こって
いるはずである。例えば、お隣りのアンドロメダ銀河
は、天の川銀河とよく似ているから、同じようにガス塊
を放出しているだろう。そのようなガス塊は、私たちに
近づいて見えることになる。ところが、近づいてくる奇
妙なスペクトルの天体は一つも見つかっていない。なら
ば、天の川銀河だけが異常な活動をしているのだろう
か。それは考えにくい、というわけである。

遠くの天体が私たちから遠ざかる運動のもっとも馴染
み深いのは宇宙膨張である。スペクトルの赤い方への偏
移を宇宙膨張によると解釈すると、光速の二〇パーセン

クェーサー

中央の二つ輝く星の左側がクェーサーで、90億光年のかなたにある。クェーサーの上の楕円銀河がおぼろに見えるが、じつはクェーサーの方が20億光年も遠い。それだけ途方もない光を放出しているわけだが、そのエネルギー源として中心部には巨大ブラックホールがあると考えられている。(岩波新書『ハッブル望遠鏡が見た宇宙』より)

トを越えるような後退速度を示す天体は、遙か宇宙の彼方の五〇億光年以上遠くにある天体と考えざるを得ない。すると、その絶対光度は銀河の一万倍を越えるほど巨大になってしまう。しかし、その像は星のように点状だから、エネルギーを放射している領域はごく小さい。この奇妙な天体を擬恒星状天体（英語の頭文字をとって「quasar クェーサー」）と呼ぶようになった。

現在、クェーサーは二万個以上発見されており、最も遠方のクェーサーは光速の九〇パーセント以上の速さで遠ざかっている。クェーサーが輝いている領域の大きさは太陽系と同じくらいと見積もられているが、そこから太陽一兆個分のエネルギーが放射されているという謎の天体である。このような巨大なエネルギーを狭い領域から放射するには、効率の良いエネルギー解放機構が働いていなければならない。そこで、クェーサーの中心部には太陽の一〇〇万倍以上の重さのブラックホールがあり、その巨大な重力によって周辺のガスを引きつけ、そこで解放された重力エネルギーによって輝いているとするモデルが有力となった。通常の銀河の明るさやスペクトルは、星の光の重ね合わせで説明することができる。

しかし、クェーサーのそれらは、通常の銀河と全く異なっており、巨大ブラックホール周辺で高エネルギー粒子が作られ、強い磁場と激しく相互作用し合っていると考えざるを得ないのだ。

では、クェーサーと通常の銀河は、どのような関係にあるのだろうか。比較的近いクェーサーの周辺部を詳しく観測することによって、そこでは星が輝いており通常の銀河が存在していることがわかってきた。どうやら、クェーサーは、通常の銀河だが、中心核部分が異常に明るいものらしい。しかし、私たちの近傍にはクェーサーは一つも見つかっていないし、私たちの天の川銀河の中心核はクェーサーのような活動性を持っていない。なぜなのだろうか。おそらく、中心の巨大ブラックホールからのエネルギー放射機構と関係があるのだろうが、まだよくわかっていない。

クェーサーは、非常に遠方にある明るい光源だから、光が宇宙空間を伝わってくる間に重力レンズ効果や銀河による吸収などが起こるから、その光を詳しく解析することによって宇宙の構造や進化を論じることができる。

24 ブラックホール

アインシュタインの一般相対性理論によれば、質量を持つ物体の周辺の空間は窪んでいる。トランポリンに石を乗せると、周辺のゴムが窪むのと似ている。さらに石を重くしていくと窪みは大きくなり、もっと重くするとトランポリンは破れて穴があいてしまうだろう。ブラックホールとは、重力が非常に強いために空間にあいた穴のようなもので、光といえども飛び出してくることができなくなった天体のことである。そのため、光を放たない（ブラック）空間の穴（ホール）と呼ばれるようになった。いかなる信号も出てくることができないので、その内部状態を知ることができずブラックのままである。

通常、ブラックホールは、物質が超高密度に閉じ込められていると考えられているが、それは太陽のような星がブラックホールになった場合である。太陽を半径一キロメートル以下にまで圧縮するとブラックホールになるが、その密度は水の一〇〇万兆（一〇〇京）倍にもなる。しかし、例えば太陽の一億倍の重さのブラックホールなら、その平均密度は水と同じである。ブラックホールの質量が大きいと、その半径もそれに比例して大きくなるため、逆に密度は小さくなるのだ。

また、ブラックホールは、その強い重力が特徴的だが、それはブラックホール近傍でのことで、遠く離れると重力は通常の星と変わらない。例えば、太陽がブラックホールになっていても、地球に働く重力は現在の太陽と同じで、地球は同じ公転運動を続けるだろう。だから、天の川には多数のブラックホールが存在していると考えられるが、それが遠くにあって星と同じように分布している限り何の心配もない。

重さが太陽の三〇倍以上の星が進化を終えると、最終的にはブラックホールになってしまうと予想されている。余りに重すぎるので超新星爆発で吹き飛ばされず、星全体がそのまま永久に収縮を続けるからだ。重さが太陽の三〇倍以上の星は、太陽の重さの星の一〇〇分の一くらいの数で生まれているから、一億個以上が天の川に分布している計算になる。このような重い星の寿命は五〇〇万年くらいで、生まれると速やかにブラックホールになってしまうと考えてよい。天の川にはブラックホールがうようよしていると言って良さそうだ。

では、このような星の終末としてのブラックホールは、どのようにして発見されているのだろう。むろん、ブラックホールそのものは輝かないから、直接その像を撮ることができない。しかし、ブラックホール周辺に落ち込んだガスは、その強い重力のために高速度に加速される。フロの栓を抜いたら、水が回りながら流出穴に流れ込むように、ブラックホール周辺のガスも回りながら落ち込んでいく。このとき、高速度のガスは互いに激しくぶつかりあって高温度になるため、強いX線を放射すると考えられる。つまり、ブラックホールに落ち込む寸前に表面近くから放射されるX線によって、見えないブラックホールが「見える」ようになるのだ。現在までに、X線観測によって、ブラックホール候補天体が五つ以上発見されている。

もう一つ、ブラックホールが存在しているだろうと予想されている天体は、クェーサーのような、非常に狭い領域から巨大なエネルギーを放射している特異天体（活動的銀河中心核と呼ぶ）である。また、通常の銀河の中心核にもブラックホールが存在しているとも考えられる。ただし、通常の銀河では、何らかの理由でブラックホールからのエネルギー放射が小さく、クェーサーのような活動性を示さないらしい。

このような銀河中心核に存在するブラックホールは、重さが太陽の一〇〇万倍以上と考えられている。エネルギーが放射されている領域の大きさ程度のブラックホールとすると、そのような巨大なものとなってしまうのである。エネルギーを解放する機構は質量の小さいブラックホールと同じで、降り積もってきたガスがいったん円盤状に分布し、やがてブラックホールに落ち込む際に、重力エネルギーが光のエネルギーに転換されるわけである。問題は、このような大質量ブラックホールをいかに作るかで、現在のところまだ解答は見つかっていない。

逆に、重さが彗星くらい（一〇億トン）のミニ・ブラックホールの可能性が理論的に調べられている。このように軽いブラックホールのサイズは原子と同じくらいだから、その表面では量子効果を考慮しなければならない。この過程を詳しく調べたホーキングは、光が放射されてブラックホールが蒸発してゆくことを指摘した。これを「ホーキング放射」と呼ぶ。「ブラックホールはブラックならず」という思いがけない結果だが、異論もあり、まだ最終決着はついていない。

このようなミニ・ブラックホールは、宇宙誕生直後の物質密度が高い時代に、密度ゆらぎが存在すれば簡単に生まれると予想されている。ならば、この宇宙空間には、ミニ・ブラックホールが飛び交っているはずだが、まだ検出には成功していない。

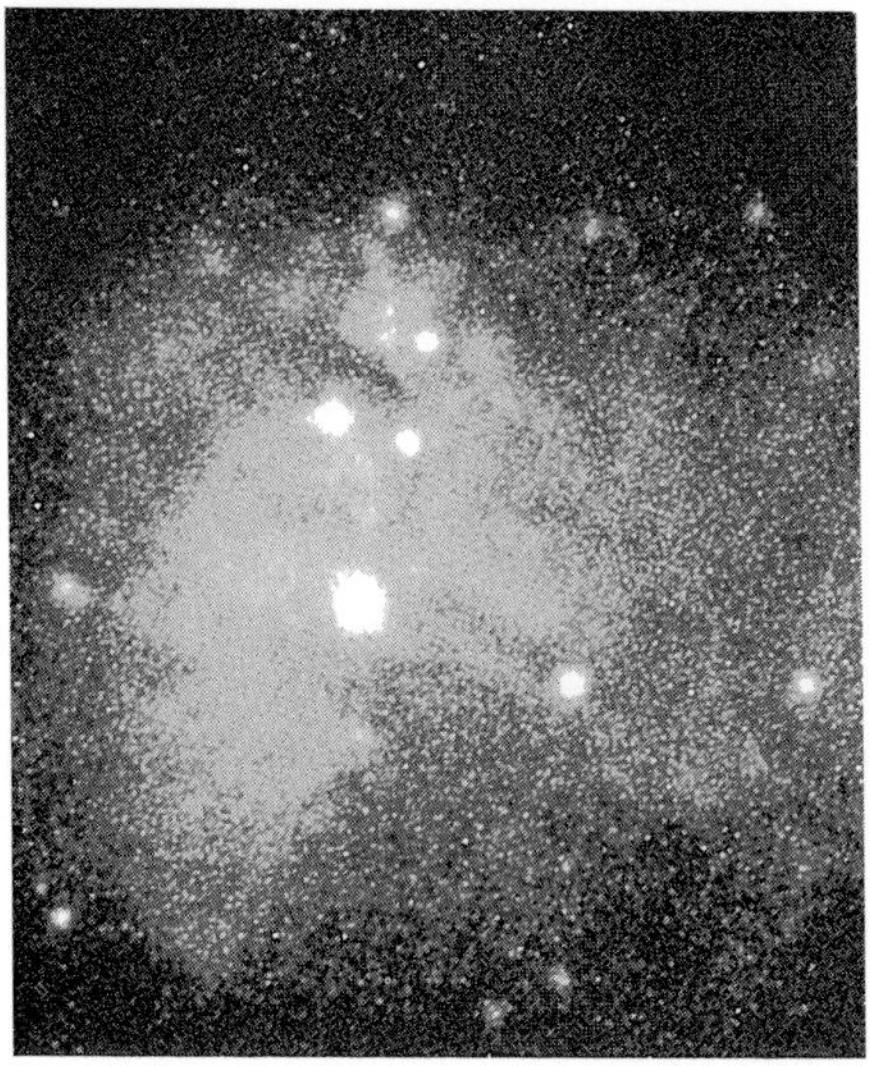

ブラックホール
X線観測によって発見されたブラックホール候補天体の一つ，ＬＭＣ-Ｉ（中央の光源）。大マゼラン銀河にある。X線天文衛星ローサットによる写真。（ＮＡＳＡ提供）

25 重力レンズ

重力源があれば、トランポリンに石を乗せたときのように、周りの空間に窪みが生じると考えるのが、アインシュタインの一般相対性理論である。窪んだトランポリン上を勢いよくパチンコ玉を転がすと、パチンコ玉は、窪みのために石に引かれるように曲がって動くだろう。これと似て、質量を持つ天体の近くを光が通り過ぎると、光の通路は天体に引かれるように曲げられる。ちょうど、光が凸レンズを通ると光が曲げられて集められる現象と似ているので、「重力レンズ」効果と呼ばれている。凸レンズとは違って、屈折する角度は天体の質量で決まり、波長には関係しない。

重力レンズ効果は、一般相対性理論を証明する最初の実験に利用されたことで有名である。太陽が後方の星の光を屈折させるかどうかを試したのだ。そのために、日食で太陽が完全に隠されたときの星空の写真と、同じ星空を夜に撮影した写真を比べるという工夫がなされた。その結果、理論の予想通り、一・七秒角という小さな屈折角が検出されたのだ。

天の川には多数の星があるから、遠くの星の光が手前の星のそばを通りすぎるとき、重力レンズ効果が生じやすいと思われるかもしれないが、そうではない。星の半径を一とすると、星と星の間の平均間隔は一億にもなり、二つの星が同じ視線上にくる確率は非常に小さいからだ。天の川は意外にスカスカなのである。

これに対し、宇宙空間に分布する銀河の場合、半径と平均間隔の比は二〇程度になるから、重力レンズを起こす頻度はずっと高い。銀河宇宙は意外に混んでいるのだ。特に、遠くにあるクェーサーの光が地球に到着するまでの途中の空間で銀河と遭遇する確率は高いから、多数の重力レンズが期待できるだろうと一九三〇年代には予想されていた。しかし、実際にクェーサーの重力レンズ像が発見されたのは、四〇年以上後の一九七九年であった。その発見が困難であったのは、天球上に数秒離れた二つのクェーサーがあったとして、それが異なった二つのクェーサーなのか、一つのクェーサーの二つのレンズ像なのか、を区別することが難しかったのだ。(重力レンズの可能性について忘れ去られていたこともある。)

クェーサーは明るさが激しく変化する天体であることが、重力レンズを発見する上で好都合であった。二つのクェーサーの明るさを毎日測り、その変動を比べてみたのだ。すると、二つのクェーサーの明るさ変化のパターンが似ており、四五〇日くらいずらして重ねるとうまく一致することがわかった。つまり、一方のクェーサーが明るくなってから、四五〇日後に他方のクェーサーの明るさも増加していることが確認されたのだ。クェーサー本体が明るくなったときに放射された光は、重力レンズの上と下を通って二つの像を結ぶ。その二つの光線の行路差分だけ、到着する時間差が生じるわけである。

その後、続々重力レンズが発見され、現在では三〇以上にもなっている。いったん発見されると観測法のノウハウがわかるのと、観測技術の向上によってより暗いレンズ像も検出できるようになったためである。クェーサーだけでなく銀河や銀河団の重力レンズも発見されており、予想通り、銀河宇宙には重力レンズが満ちていることがわかってきた。それらには、二つの像ばかりでなく四つの像を結んでいるケースや、銀河がアーチ状に引き伸ばされた像など、重力場の複雑さを反映してさまざまなレンズ像が含まれている。

これら、銀河やクェーサーの重力レンズでは、像の間隔(屈折角)が三秒角程度で、充分分解できる大きさである。これに対し、レンズとなる天体の重力が弱い場合、屈折角が非常に小さいので像を分離して観測することができない。これらをミクロレンズ(角度がミリ秒、つまり一〇〇〇分の一秒の大きさ)とか、マイクロレンズ(角度がマイクロ秒、つまり一〇〇万分の一秒の大きさ)と呼んでいる。これらの重力レンズは、後ろの天体の像がちらついたり、明るさが急速に変化する現象で確かめられている。

重力レンズは、今後ますますサンプルが増え、宇宙の研究への重要性が増すだろうと予想される。

26 ダークマター

私たちは、光（正確には電磁波）によって星や銀河やガスを観測しており、その光の総量から輝いている物質の総質量を計算している。これらの物質は、原子や電子など光を放射・吸収することができる物質で、質量は原子核を作る陽子と中性子が担っており、これらを「バリオン」と呼んでいる。私たちも、地球も、輝く太陽も、すべてバリオンから出来ているのである。ところが、宇宙には、質量を持っているので重力源になり得るが、光を放射できない（従って、暗いのでダーク）物質（マター）が大量に存在していることが明らかになってきた。これを「ダークマター（暗黒物質）」と呼んでいる。

そもそも暗い物質だから、光（電磁波）では検出できない。しかし、それが作る重力場の大きさは測定することができる。星やガスの運動や分布を観測し、それが重力と釣り合った状態にあるとすれば、それに働く重力場の大きさが決定でき、重力源の総質量が導き出せるからだ。

例えば、水星の太陽周りの公転運動の半径と公転速度を測定すれば、水星に働いている遠心力の大きさが計算できる。むろん、水星には太陽の万有引力（重力）が働いており、遠心力と同じ大きさで釣り合っているから安定な公転運動が続けられるわけである。この条件から太陽の質量を求めることができ、現在ではもっとも精度の高い太陽質量が得られている。つまり、太陽を直接観測しなくても、水星の運動から太陽質量が決定できるというわけである。

この方法は回転している円盤銀河に適用することができる。銀河の回転軸からの距離と回転速度の関係（これを「回転曲線」と呼ぶ）を測定して遠心力の大きさを求めれば、それと釣り合う重力源の重さがわかるのだ。銀河の回転速度は、ドップラー効果を利用して決定する。時計回りで回転する円盤銀河を横から見た場合、中心の回転軸の右側ではこちらに近づいており、左側ではこちらから遠ざかっているように見えるから、星やガスが放射する光はドップラー効果によって、右側では青い方、左側では赤い方へ偏移して観測される。一般に、星が見えない外の方でもガスは存在しており、銀河中心から遠く離れた領域まで回転速度を測定することができる。その結果、銀河の回転速度は、銀河中心から遠く離れても一定のままであることがわかってきた。

　太陽系の場合、惑星に働く万有引力はほとんど太陽が担っているから、重力源の質量は一定である。このような場合、惑星の公転速度は太陽から遠ざかるほど小さくなる。木星の公転速度は地球の半分でしかない。ところ

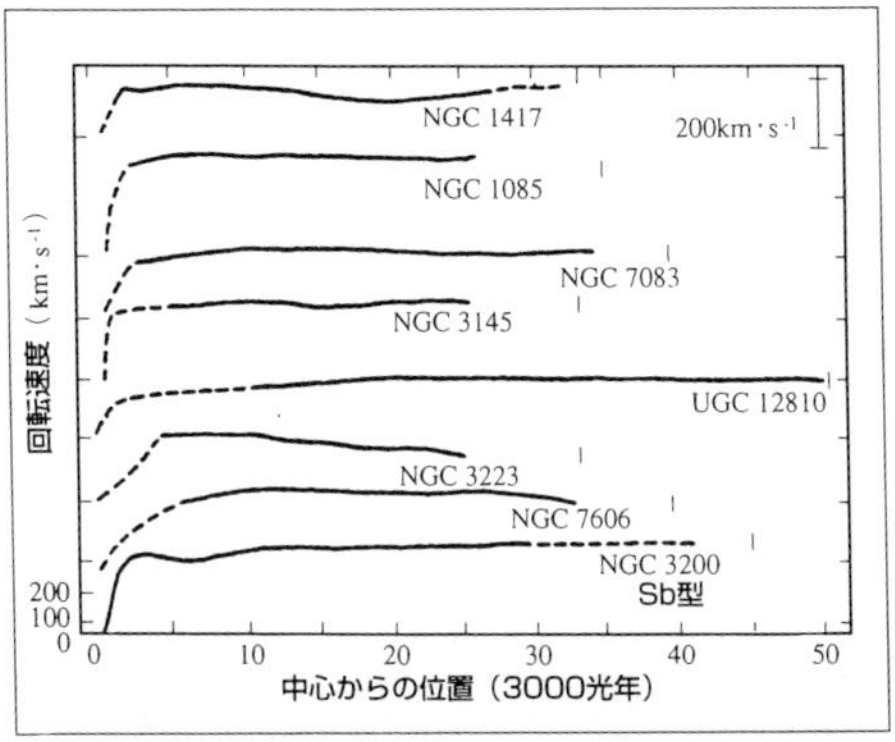

ダークマター

上／さまざまな銀河の回転則を表したグラフ（Rubin、1983年）。中心からの距離（半径）が大きくなっても回転する速さは変化していない。
下／楕円銀河のX線ハロー（Formanら、1985年）。

が、銀河では回転速度が外へいっても一定となっており、この回転曲線から重力源の質量を求めると、銀河中心からの距離に比例して増加していることがわかってきた。外へ行くほど、重力源の重さが増えていくのだ。この傾向は、星が見える領域だけでなく、星が見えない外の部分までずっと続いている。この事実がダークマターの決定的な証拠となった。

星が見える領域では、銀河の中心から積分した星の全質量が重力源となるから、銀河の中心からの距離とともに質量が増え、回転速度が一定になると考えて良い。しかし、この傾向が星の見えない領域まで続いているのだから、星のようには輝いていないダークマターが銀河の外の方にまで分布しており、その重力によって回転速度が一定に保たれていると考えざるを得ない。星が見える領域の五倍以上遠くまで回転速度が一定であることが確かめられている銀河もあり、少なくとも星として輝いている物質（バリオン）の五倍以上のダークマターが存在していなければならないことになる。ダークマターが存在しなければ、回転している銀河は遠心力によってバラバラに飛び散ってしまうはずなのだ。

回転していない楕円銀河では、その八割以上が巨大なX線ハローを持っていることが知られている。楕円銀河をX線で観測すると、銀河本体を丸く取り囲むような広大な領域からX線が放射されているのである。これをハローと呼ぶのは、薄曇りのとき、月や太陽を丸く取り囲む暈（ハロー）とよく似ているからだ。これは、月や太陽の光が雲によって屈折したために生じた現象で、月や太陽自身に原因があるわけではない。楕円銀河の場合は、実際に星を取り囲むように温度の高いガスが広がっており、それがX線を放射していることが確かめられている。温度の高いガスは、その圧力によって飛び散ってしまうはずなのだが、ほとんどの楕円銀河に見られるということは、熱いガスが銀河の重力場に捕捉されて長く保たれていることを意味する。そのために必要な重力源の重さを計算すると、輝いている星の総質量の五〜一〇倍もの質量、つまりダークマターが存在しなければならないと結論せざるを得ないのだ。

このように、銀河スケールで星やガスの運動を調べると、それが安定な状態を保ち続けるためにはダークマターは不可欠なのである。

27 銀河のタイプ

この宇宙は、銀河という形で物質が分布しているが、見かけ上の銀河の姿にもさまざまなタイプがある。

もっとも多いのが円盤銀河で、全銀河の約六割を占める。まさにCD盤のような薄い円盤領域に一〇〇〇億個もの星が集中している。私たちの天の川銀河も、アンドロメダ銀河も、このタイプである。円盤銀河には、濃淡の差はあるが、渦巻き状に若い星が連なって見えるので、渦巻き（スパイラル）銀河とも呼ばれる。星が円盤状に分布しているのは回転しているためで、回転軸に垂直な方向には遠心力が働くので縮めないからである。惑星が公転運動している太陽系も、横から見れば円盤状に見えるのと同じである。

円盤銀河には、古い星とともに、若い星、そしてガスやガス雲（ガスが濃く集まった領域）が存在しており、今なおガス雲から星が誕生していることが確かめられている。もっとも古い星の年齢は一四〇億年と見積もられており、以後、現在まで星の形成が続いてきたことを物語っている。

円盤銀河の最大の謎は、その渦巻き模様が何によって作られているかという問題であった。紐をぐるぐる回せば渦巻きのようになるが、銀河はすでに一〇〇回以上回転しているから、紐のようなものでつながっていたら何十回も巻き込んでいるはずである。ところが、通常の渦巻き銀河は二〜三回しか巻いていないから、紐モデルは直ちに否定される。変わって登場したのが「波（ウェーブ）」モデルである。球場で観客が次々と立っては座ると、そのパターンが伝わっていくウェーブと同じと考えるのだ。この場合、観客自身が横に動いたわけでなく、単に上下運動しただけなのだが、立って坐るというパターンが横に伝わっていく。銀河では渦巻き状のパターンが伝わっていると考えるのだ。

さらに、「高速道路効果」を考慮する。車は渋滞する。高速道路の料金所で車はいったん停車するから、車の数が増える。料金所を通り過ぎると車は加速するので、車の数は減っていく。深夜、上空から高速道路の写真を撮ると、料金所の所が明るく写るパターンとなるだろう。ただし、車は次々と通り過ぎていくので、パターンは同じでも車は異なっている。円盤銀河でも、渦巻き状に星の運動が滞留するパターンがあり、そこで星の運動にブレーキがかかるので数が増え、明るく見えると考えられる。そして、パターンは波（ウェーブ）として伝わっているというわけである。

銀河の三割は「楕円銀河」で、球状・楕円状・レンズ状など星が集中する形はさまざまだが、回転していないことがわかっている。天の川銀河の一〇倍を越える重さの銀河もあり、一般に銀河が多数集まった銀河団に属している。楕円銀河には、若い星やガスはほとんどなく、古い星ばかりである。かつては激しく星が生まれていたのだが、やがてガスを使い尽くし、もはや星が生まれない老化した銀河と考えられる。しかし、銀河本体を丸く取り巻くハロー領域には、X線を放射する熱いガスが分布している。

回転していないのに楕円銀河が潰れないのは、多数の星がランダムに運動しているためである。ちょうど、大気中の窒素分子や酸素分子が熱運動のために地上に落下しないのに似ている。いわば、楕円銀河は、星という分子の熱運動で膨らもうとするのに対し、互いに働く万有引力でそれを閉じ込めている風船のようなものである。

銀河の一割は、右のいずれのタイプにも属さない「不規則銀河」で、大小マゼラン星雲はこのタイプである。その名の通り見かけの姿に規則性がなく、まだ十分に力学的に緩和した状態に到っていない。一般に質量が小さく、まだガスが多く残されており、現在も星形成が活発に進行している。

以上から、質量順では、楕円銀河―円盤銀河―不規則銀河と並び、現在の星形成の活動度では、不規則銀河―円盤銀河―楕円銀河の順になる。この二つの物理的な差異の原因は、まだ十分に解明されていない。

28

銀河の集団

この宇宙空間に銀河は孤立して分布しているのではなく、集団に集まろうという傾向がある。むろん、銀河間に働く万有引力のためで、銀河分布にゆらぎがあれば、その凸の部分には銀河が集合し、凹の部分では銀河数が減っていくためである。といっても、宇宙空間は膨張しているから、それを振り切って銀河が集合していくためには銀河分布の凸は大きくなければならない。また、宇宙の年齢は有限だから、その時間内に集合できた集団しか私たちは認識していないことになる。

私たちの天の川銀河は、お隣りの大小マゼラン星雲やアンドロメダ銀河と重力的に結合しており四重銀河となっている。さらに、周辺五〇〇万光年にある二〇個くらいの銀河とも緩く結合して、「局所銀河群」と呼ばれる集団を組んでいる。一般に、銀河群は、銀河五〇個以下の小集団で、私たちから五〇〇〇万光年内に五〇個くらい確認されている。

銀河群より巨大な銀河の集団は、直径一〇〇〇万光年内に銀河が五〇個以上群れた「銀河団」である。銀河団の中には、同じ半径内に銀河が一〇〇〇個以上集中した巨大銀河団も存在しており、重力的に結合して安定な形状に達した銀河の塊となっている。私たちのもっとも近い巨大銀河団は「おとめ座銀河団」で、その中心までの距離ほぼ五〇〇〇万光年である。実は、局所銀河群を含め多数の銀河群は、おとめ座銀河団の重力場に捕捉されており、この全体系を「局所超銀河団」と呼んでいる。私たちの天の川銀河は、局所超銀河団の端っこの方に位置している。

有名な巨大銀河団として、かみのけ座銀河団、ペルセウス座銀河団、ヘラクレス座銀河団などがあり、それらの各々も、周辺の銀河群を重力的に結合した超銀河団を形成していると思われるが、まだ十分な解析がなされていない。超銀河団スケールでは、まだ宇宙膨張が勝っており、重力的に結合していても一つの集団として塊になるまで進化していないのである。

一九三〇年代に、フリッツ・ツウィッキーは、巨大銀河団にダークマターが存在していると指摘した。銀河団に属する銀河の運動速度を観測し、それから計算した運動エネルギーの大きさが、銀河間に働く万有引力のエネルギー（重力エネルギー）の一〇倍以上であることを示したのだ。もし、ダークマターが存在しないのなら、銀河団は宇宙時間内にバラバラになってしまうはずなのに、銀河団がなお存在して観測できることから、目に見えないダークマターの重力によって束縛されているはずで、必要なダークマターの量は銀河の総質量の一〇倍以上、と推論したのだった。

実に先見的な提案であったが、ツウィッキーの推論は長い間無視されてきた。銀河団は非常に遠方にあるから、銀河をすべて観測し尽くしているわけではないだろう。暗い銀河まで詳しく観測すれば、いずれこの矛盾は解消すると考えられたのだ。根底には、ツウィッキーの提案を受け入れるには、余りに結論が重大すぎたこともあったと思われる。ツウィッキーは、観測している銀河の一〇倍ものダークマターの存在を主張したのだから。結局、ツウィッキーの提案が陽の目を浴びたのは四〇年以上も後であった。余りに先見的なアイデアは、すぐには人々の受け入れるものにならないらしい。

銀河団を特徴づける観測事実として、ほとんどが強いX線を放射していることが挙げられる。銀河団の中心部には一億度を越える熱いガスが存在しており、それが強いX線を放射しているのだ。このガス成分は、その化学組成から、銀河に成り損ねたガスと銀河から放出されたガスが混じり合ったものと考えられている。ガスの総質量は輝いている銀河の総質量より多く、銀河団には銀河に成り損ねたガスが多く残っていることを意味している。このX線を放射する熱いガスを銀河団に閉じ込めておくためにも、ダークマターが多量に存在しなければならないことがわかっている。

29

宇宙の泡構造とグレートウォール

この宇宙では、銀河は、その規模に応じて銀河群・銀河団・超銀河団などの集団を成して分布している。さらに大きな銀河の集団が存在するかどうかについて長い間論争されてきたが、結局、一九八六年にハーバード大学のマーガレット・ゲラーたちによって、劇的な姿で発見された。それが「宇宙の泡構造」である。

ゲラーたちは、北天域を中心に、私たちから五億光年以内にある約一七〇〇個の銀河の距離測定を行い、それらの大局的な空間分布を決定した。その結果、

(1) 銀河・銀河群・銀河団・超銀河団は、それぞれ孤立して分布しているのではなく、互いに連なっており、

(2) その連なりをたどると泡の膜をなすような形となっており、

(3) 泡の内部にあたる領域には銀河はほとんど見えず、広大な「空洞」となっていること、

を明らかにした。

銀河の空間分布のパターンが、ちょうどシャボン玉がぶつかりあっているように見えるので「バブル (泡) 構造」と呼ばれるようになった。泡 (つまり、空洞部分) の大きさは、最大で直径が一億光年にもなる巨大構造が発見されたのだ。この泡構造は、南の天域にも発見されており、銀河宇宙を特徴づける普遍的な構造と考えられる。

さらにゲラーたちは、サンプルの銀河数を増やし、より巨大な構造が存在するかどうかを調べた。その結果、長さが六億光年を越える巨大壁 (グレートウォール) に銀河が集中していることを発見した。中国の万里の長城のような細長い銀河製の壁が、宇宙空間を大きく区切っているのである。グレートウォールには数千個の銀河が集中しており、現在知られている宇宙の最大規模の構造

である。ここには、大小さまざまなスケールの銀河団や銀河群が混じっている。南の天域にも似た姿のグレートウォールが発見されており、やはり銀河宇宙の普遍的な構造と考えられる。私たちは、二つのグレートウォールに挟まれた、比較的に銀河数の少ない場所に住んでいる。

以上のような、宇宙空間の広い領域について銀河の距離を測定して銀河分布地図を作る観測を「ワイド・フィールド・サーベイ」と呼ぶ。いわば、宇宙の地図作り（マッピング）である。このような観測が可能になったのは、ＣＣＤ（電荷結合素子）を使った銀河のスペクトル撮影が効率的に進められるようになったためである。そのおかげで、距離は五億光年くらいだが、銀河数二万個もの立体地図が描けるようになったのだ。

これと対照的なのが「ペンシル・ビーム・サーベイ」と呼ばれる観測法で、天球上の月の大きさくらいの領域内の、距離が測定できる銀河すべての奥行き分布を調べようというものである。ペンシル・ビームのような細い（狭い）視線上にある銀河の距離分布を調べ尽くすことを目指している。この場合、ワイド・フィールド・サーベイに比べ、明るさで一〇〇〇分の一暗い銀河まで観測するから、距離にして一〇倍以上も遠くまで見通すことができる。しかし、狭い領域だし、非常に暗い銀河まで観測するので時間がかかり、一つのビーム当たりで一〇〇個程度の銀河の距離しか測れない。

このペンシル・ビーム・サーベイによって、宇宙には、グレートウォールがほぼ四億光年の平均間隔で十数個も存在していることがわかってきた。視線がグレートウォールを通る場所で銀河が多数見いだされ、グレートウォール間の空間にはほとんど銀河が見えない、銀河の距離分布にはっきり凸凹がついているのだ。

現在のところでは、まだ観測されたビームの数が少なく、グレートウォールが大域的にどのような分布をしているかわかっていない。より大きな領域を観測すれば、より巨大な宇宙構造を発見してきた天文学の歴史を振り返ってみれば、グレートウォールが、数十億光年の領域にわたってさらに巨大な構造を作っている可能性が高い。

まだまだ私たちは、宇宙の全体像を把握していないのである。

30

宇宙背景放射

温度を持つ物質はすべて放射（電磁波）を放っている。これを「熱放射」という。物質の絶対温度と放射される電磁波は以下のような関係にある。

絶対温度	電磁波の名前
一〇〇度以下	電波
一〇〇度〜一〇〇〇度	赤外線
一〇〇〇度〜一万度	可視光
一万度〜一〇万度	紫外線
一〇万度〜一億度	X線
一億度以上	ガンマ線

私たちの体温は摂氏三六度（絶対温度で三〇九度）だから、赤外線を放っていることになる。泥棒よけの赤外線センサーは、人体が発する赤外線を捉える機具である。太陽の表面温度は五五〇〇度で、私たちの目がその熱放射の波長に感度が高くなって見えるので、可視光と呼ぶようになったのだ。

逆に、熱放射が存在すれば、それを放出した温度を持つ物質も必ず存在しているはずである。宇宙には、すべての天体の向こうから（つまり天体の背景から）やってくる放射が存在していることが一九六五年に発見された。波長が一ミリから一〇メートルくらいの電波で、物質と熱平衡であったことを示す特徴的なスペクトルを示している。これが「宇宙背景放射」である。これが、天体が生まれる以前に宇宙の物質が温度を持っていたこと、つまり宇宙がビッグバンで始まったことを示す直接証拠となった。

宇宙背景放射の現在の温度は絶対温度にして二・七度で、通常「三K放射」と呼ばれている（Kは絶対温度の記号である）。宇宙が三〇万年の頃、温度が三〇〇〇度くらいの時代に自由になった熱放射で、その後宇宙とともに膨張したために三度まで温度が下がったのである。ビッグバン宇宙を提唱したジョージ・ガモフは、すでに一九四八年に宇宙背景放射の存在を予言していた。しかし、まだ宇宙からの電波を測定する望遠鏡や受信機が開発されておらず、当時は検出することができなかったのだ。

その後、ガモフの予言は忘れ去られていたが、偶然にも宇宙背景放射が発見されることになった。ベル研究所のウィルソンとペンジアスは、人工衛星を使った太平洋越しの通信回線のテストを行っているうちに、奇妙な雑音電波が紛れ込んでいることに気がついた。隣の研究室でもなく（近くの雑音源ではない）、季節に関係なく（太陽系に起源があるのでもない）、電波望遠鏡を天の川からずらせても同じ強さである（天の川から来ているのではない）ことを確かめたことから、宇宙のあらゆる方向から同じ強さの雑音電波が来ていると結論したのだ。

実は、当時、このような雑音電波の存在に気がついていた研究者は、ロシアにも日本にもいたそうである。しかし、かれらは、自分たちが組み立てた装置が発する雑音電波ではないかと疑い、装置の完成度を上げることに精力を注いだのだった。ペンジアスとウィルソンは二つの点で幸運であった。まず、ベル研究所の技術力が高かったことで、もはや自分たちの装置からは雑音が出ていないと自信を持って言えたのである。もう一つは、ベル研究所はプリンストン大学に近く、そこにガモフの予言を覚えていた宇宙論研究者がいたことだった。ペンジアスとウィルソンは、プリンストンの研究者から、自分たちの発見の重要性を知らされたからだ。ロシアと日本の研究者は、残念ながら、周囲にそのような研究者がいなかったのである。

宇宙背景放射は、現在では目で見ることができる。深夜、放映が終わった後のテレビのブラウン管がチカチカ光る画面である。あのチカチカはテレビアンテナに飛び込んできた電波雑音によって引き起こされており、その中には宇宙背景放射成分も含まれているからだ。ペンジアスとウィルソンは、宇宙背景放射以外の電波雑音をすべて除去するのに成功し、どうしても除去できない雑音成分があることを明確に示したというわけである。

31 素粒子の標準理論とニュートリノ

物質の根源である素粒子に関する現在の標準理論は、以下のようなものである。

まず、地球上の物質はすべて原子で作られており、原子は陽子や中性子から作られた原子核と電子から成り立っている。つまり、

原子＝原子核（陽子、中性子）＋電子

である。

陽子や中性子は、その基本粒子であるクォーク三個から成り、全体で八種類の仲間が存在しているが、原子核中で安定なものは陽子と中性子だけしかない。

陽子／中性子＝（三個のクォーク）

である。

これら八種類の粒子の存在を説明するためには、三世代六種類のクォークを必要とする。それらは、

第一世代	第二世代	第三世代
uクォーク	sクォーク	tクォーク
dクォーク	cクォーク	bクォーク

である。これら六種類のクォークはすべて発見されている。

電荷にプラスとマイナスの二種類があるように、各クォークには三種類の電荷に対応する物理量を持ちうることがわかっている。これを「色電荷」と呼ぶ。三原色で白色となるように、三種の異なった色電荷が集まると全

体としてゼロになるような性質を持っているからである。これを考慮すると、六×三＝一八種類のクォークが存在しうる。クォークの反粒子も同じ数だけ存在するから、総計三六個のクォーク・反クォークが基本粒子ということになる。

　このクォークの世界に対し、電子の仲間も三世代六種類が発見されている。それらは「レプトン」と呼ばれ、

第一世代	第二世代	第三世代
e（電子）	μ（ミュー）	τ（タウ）
ν_e	ν_μ	ν_τ

である。ここでνはニュートリノのことで、電子ニュートリノ（ν_e）、ミュー・ニュートリノ（ν_μ）、タウ・ニュートリノ（ν_τ）と三種類が確認されている。レプトンのうち安定なのは電子と三種のニュートリノである。クォークとレプトンが、互いに対応した三世代となっていることが不思議である。

　ニュートリノは、初め、素粒子反応でエネルギーや運動量が保存するように導入された粒子で、その後一九五二年に電子ニュートリノが発見され、残りのニュートリノもその存在は確認されている。通常、ニュートリノの質量はゼロとしているが、必ずしもゼロである必要はない。もし、ニュートリノの質量がゼロでなければ、二つの天文学上の問題と関連して重要である。

　一つは、質量を持つニュートリノの場合、三種類の間を移り変わることができる。例えば、電子ニュートリノとして作られても飛んでいるうちに、ミュー・ニュートリノに変わってしまうのだ。太陽の中心では、水素がヘリウムに変わる核融合反応が起こっているが、その反応で電子ニュートリノが多数発生する。この電子ニュートリノは、実際に地上に設置されたニュートリノ捕獲装置で捉えられているが、その数が理論から期待される数の半分以下でしかない。これを「太陽ニュートリノ問題」と呼んでいるが、もし太陽から地球に飛んでくる間に、半分くらいの電子ニュートリノがミュー・ニュートリノに転換していれば、実験と理論の食い違いが説明できることになる。

　もう一つは、もしニュートリノが相当の質量を持って

いればダークマター問題が解決されることになる。ビッグバン宇宙の初期〇・〇一秒の頃、非常な高エネルギーの電子（と、その反粒子の陽電子）から電子ニュートリノ（と、その反粒子）が多量に作られると予想されている。従って、たとえニュートリノが電子の一万分の一の重さしかなくても、多量に存在するため、バリオン（陽子や中性子）の一〇倍以上の総質量になり、ダークマターを説明できるのである。ニュートリノの質量を実際に測るのは困難であったが、日本の実験グループによってニュートリノが質量を持つことが確認された。しかし、その質量が余りに小さ過ぎるのでダークマター候補にはなり得ないことがわかった。

太陽のように、ゆっくり核融合反応が進む星からニュートリノが放出されているが、超新星爆発のような高温度・高密度状態になって核反応が急激に進む場合、もっと高エネルギーの電子ニュートリノが、もっと多数放出されることが予想されていた。実際、一九八七年に、お隣の大マゼラン星雲で超新星爆発が起こったのが目撃され、同じ時刻に日本の神岡にあるニュートリノ捕獲装置に飛び込んできたのが検出されたのだ。このニュートリノは、遙か一五万光年彼方の大マゼラン星雲から飛び出し、一五万年かけて地球の南半球に到着し、地球を突き抜けて日本の装置に捕まったのである。

このようにニュートリノは星の中心部の情報を担って飛び出してくるので、それを捉えることは星の中心を「見る」ことを意味する。ニュートリノは、新しい宇宙観測の「光」と言えるだろう。

ニュートリノ捕獲装置

岐阜県神岡鉱山の堅い岩盤をくりぬいて造られたニュートリノ捕獲装置「カミオカンデ」。3000 tの水を満たした直径 15.6 m、高さ 16 mの円筒形タンクで、ニュートリノは通過するとき、ごくまれに水の電子をたたきだす。壁面に並ぶ巨大な「目」は、その際電子が発する青い光（チェレンコフ光）をとらえるための検出器である。

32 星雲と星団

一般に、雲のように広がって明るく輝いている天体を「星雲」と呼ぶが、目で観測していた時代では遠くにある巨大な天体と近くにある暗い天体の区別がつかなかったというような歴史的な経緯もあって、同じ星雲と呼ばれてもさまざまな天体が含まれている。

アンドロメダ星雲やマゼラン星雲は、星が一〇〇億個以上も集まった、直径が一万光年を越える天体で、現在では「銀河」と呼ばれている。私たちが属する天の川も銀河の一つ（「銀河系」）で、この宇宙を構成する基本単位である。

オリオン星雲やバラ星雲は、質量の大きい若い星からの光によって周辺のガスが励起《れいき》されて明るく輝いている天体で「散光星雲」と呼ばれる。これと似た天体がプレアデス星雲やペリカン星雲で、中心の若い星の光が周辺のガスによって反射されて輝いているので「反射星雲」と呼ばれている。いずれも、銀河系に属しており、輝いている領域の直径が数十光年程度である。若い星が誕生している場所に多く見られる。

重さが太陽程度から五倍くらいまでの星の場合、赤色巨星段階になると表面からガスが流れ出すようになる。そのガスが中心にある高温の星に照らされて輝いているのが「惑星状星雲」で、あたかも惑星が星を取り巻いているように見えるので、このような名が付けられた。大きさは一光年と小さいから、私たちのごく近くの天体である。

惑星状星雲は、周辺のガスの分布によってバラエティーに富んだ姿に見えるので、ふくろう星雲・8の字星雲・亜鈴星雲・らせん星雲・土星状星雲・インディアン星雲のような呼び名が付いている。一万年くらいでガスが吹き飛んでしまうとともに、中心の星は白色矮星へと進化する。太陽も五〇億年後に惑星状星雲へと進化すると予想されている。

重さが太陽の五倍以上三〇倍以下の星は、最終的に超新星爆発を起こして死を迎えるが、爆発後一万年くらいの間は暖められたガスがまだ輝いており星雲状に見える。カニ星雲は、一〇五四年の超新星爆発の残骸で、輝いている部分のカニの甲羅のような形からこの名が付いた。はくちょう座に見える網状星雲も、約一万年前の超新星の残骸で、フィラメントのような細長い網状の模様で輝いている。

以上のように、銀河以外の星雲は、星の誕生または死の際に周辺が照らされて輝いている天体で、すべて天の川に存在する天体である。かつては、これらの星雲と銀河のような巨大な星の集団との区別がつかなかったのだが、一九二四年にE・ハッブルが星雲までの距離の測定を行って、前者は天の川内部の天体、後者は天の川から遙か彼方にある天体と結論した。これにより、銀河宇宙像が確立したのである。

銀河には星が多く集まった「星団」も多数存在する。「球状星団」は、直径が一〇〇光年くらいの大きさに一〇〇万個もの星が球状に集まった星団で、宇宙の年齢に匹敵するような古い星の集まりである。私たちの銀河系では、約一〇〇個の球状星団が銀河系の中心に対し丸く分布しており、円盤に存在する比較的若い星と異なった運動をしていることがわかる。

「散開星団」は、一〇〜二〇〇個の若い星が数十光年の大きさで散漫に集まっている星団で、円盤部に約一〇〇〇個確認されている。そのうち、星がみんな同じ方向に動いている星団を「運動星団」と呼ぶ。プレアデス星団は日本の古名で「すばる」と呼ばれたが、星が統《す》ばる、つまり集まっていることを意味している。肉眼では六個(「むつら星」とも呼ぶ)あるいは七個しか識別できないが、望遠鏡を使うと一〇〇個以上の星の集団であることがわかる。

このように星団が多く発見されるのは、星が集団で生まれるためである。球状星団は生まれた多数の星が互いの万有引力で結合しているのに対し、散開星団は結合が緩く、やがて星団は崩れてバラバラになってしまうと予想されている。この点でも、古い星と若い星の誕生の仕方は異なっているようである。

33 天の川銀河（銀河系）

夜空を横切って流れる天の川が多数の星の集まりであることを明らかにしたのは、G・ガリレイであった。さらに、W・ハーシェルとC・ハーシェル兄妹が、天球上に星がどのように散らばっているかを詳しく観測し、星が円盤状に集まっていることを示した。円盤に沿って見ると多数の星が天の川のように見え、円盤に垂直に見ると星が少ししか見えない、というわけである。ハーシェルたちは、これを星雲と呼んだが、現在では星の巨大な集まりを「銀河」と呼んでおり、私たちが住む銀河を、「天の川銀河」あるいは「銀河系（ザ・ギャラクシー）」と呼ぶ。

銀河系の円盤部には約一〇〇〇億個の星が群れており、半径は三万光年、厚みはせいぜい三〇〇光年だから、非常に薄いCD盤のような形をしていることがわかる。私たちの太陽系は、銀河系円盤の中心から二万五〇〇〇光年くらい離れており、秒速二一〇キロメートルの速さで中心周りを回転している。だから、銀河系を約二億年かけて一周しており、これが一銀河年にあたる。

円盤部には質量にして星の一〇分の一くらいのガスが分布しており、これを「星間ガス」と呼んでいる。星間ガスには、温度が低く雲のように固まった密度が高い「星間雲」と、温度が高く密度が薄く広がった成分がある。星間雲のうち、特に密度が高く、水素のほとんどが分子になっている雲を「分子雲」と呼んでいる。

かつて、天の川の一角で星がほとんど見えない領域を「暗黒星雲」と呼んでいたが、それは、濃い分子雲のために向こうの星の光が遮られていたためであった。分子雲には一酸化炭素や酸化窒素のような分子が存在しており、アルコールのような有機物も含め、これまでに一一一種類もの星間分子が電波観測で発見されている。暗黒星雲は電波で見れば「暗黒ではなかった」のだ。
円盤部の星のほとんどは、この分子雲から集団で生まれていることが赤外線の観測で確かめられている。生まれたての星の周辺にはまだ分子雲のガスが漂っているから、星の光がいったん雲に吸収され、赤外線で再放射されるのが観測されているのだ。

銀河系円盤には若い星や星間ガスが渦巻き状に並んでおり、天の川銀河は典型的な渦巻き銀河と言える。

この円盤を丸く取り巻く領域を「ハロー」と呼ぶが、このハロー部分には、球状星団や古い星そして微量の星間ガスが漂っている。また、非常に暗い星が多数分布しているのではないか、という観測的示唆もあるが、まだ確かめられていない。銀河系円盤の中央部分にも球状星団と同じような古い星が丸く集まっており、これを「バルジ」と呼んでいる。従って、天の川銀河では、まずハローとバルジの部分で星が生まれ——これを種族IIの星と呼ぶ——、やがて円盤に溜まったガスから次世代の星が生まれた——これを種族Iの星と呼ぶ——と考えられている。

銀河系の中心核から強いX線や電波が放射されていることが確認されており、その活動性の起源はまだよくわかっていない。巨大なブラックホールが隠れており、それが中心核活動の源ではないかと推測されている。

天の川銀河から一五万光年の距離に大小二つのマゼラン星雲があり三連銀河となっている。銀河系が最も重く、大マゼラン星雲はその一〇分の一の重さ、小マゼラン星雲はさらにその一〇分の一の重さしかない。大小マゼラン星雲は、ほぼ三〇億年の時間をかけて天の川銀河の周りを回転している。さらに、二三〇万光年の距離にあるアンドロメダ星雲も天の川銀河と万有引力で緩く結合して四連銀河となっていると考えられているが、互いの回りを一周するのに一〇〇億年もかかるので、まだやっと一回転した程度である。

天の川は英語では「ミルキーウェー（乳の道）」だが、これは、英雄ヘラクレスが赤ん坊の頃、ヘラクレスの母が乳をやろうとしたのがこぼれて流れた跡、というギリシャ神話に起源があるらしい。

Ⅳ 宇宙の記述

34 オルバースのパラドックス

夜空は暗いのが当たり前だが、もし宇宙が永遠でかつ無限にまで星が一様に分布しているなら、夜空は明るく輝くはずだと主張したのがオルバースで、一八二三年に発表されたパラドックスである。

星の見かけの明るさは、距離の二乗に反比例して減少するから遠くになるほど暗くなるが、星の数は、体積に比例するから距離の三乗に比例して増える。夜空の明るさは、それらの星の光が重ね合わさったものだから、遠くの星の数と見かけの明るさの積で表される。従って、夜空の明るさは宇宙の大きさ（距離）に比例することになり、無限の宇宙なら距離は無限だから夜空は明るく輝かねばならない、というのがオルバースの議論であった。宇宙は永遠でかつ無限であると信じられていた時代だから、このパラドックスは当時の人々には深刻に受けとめられたのである。

パラドックスとは、ある仮定をおき、その仮定から推論した結果が現実と矛盾するような命題のことである。「アキレスと亀のパラドックス」（ゼノンが提出した四つのパラドックスの一つで、足の速いアキレスが前を行く亀を追い越せない、という命題）が有名である。実際には、アキレスは亀を追い抜くはずだからパラドックスなのである。

パラドックスを解くには、その仮定が合理的か、その仮定以外に暗黙のうちに仮定していることはないか、推論は正しいか、を疑ってみればよい。「アキレスと亀」の場合は、アキレスが今の亀の位置に到着するまでに亀は前に進んでおり、さらにその位置にアキレスが到着したときには亀も前に進んでいる。こうして、アキレスが亀のいた位置へ到着するまでに時間がかかる分だけ亀はのろくても少しは前に進んでいるから、無限回続けなければアキレスは亀に追いつけないと結論せざるを得ない。この場合、亀がいた位置に到着するという操作が無限回必要だが、それに無限の時間がかかるわけではないことが、パラドックスを解く鍵になる。私たちは、つい無限回の操作には無限の時間がかかると暗黙に仮定する(思い込む)からパラドックスが生じたのである。有限の間隔でも無限に分割できる、あるいは無限個の和をとっても有限値になるという、有限と無限の関係をゼノンは突きつけたのだ。

オルバースは、自らが考案したパラドックスに対し、太陽の光を雲が遮るように、宇宙にも雲のようなガスが漂っていて、それが遠くの星の光を吸収するから夜空は暗いと考えていたようである。しかし、この解答は正しくない。雲は無限に星の光を吸収できるわけではないからだ。雲が星の光を吸収すると温度が上がり、吸収した量と同じエネルギーを雲自らが放射するだろう。つま

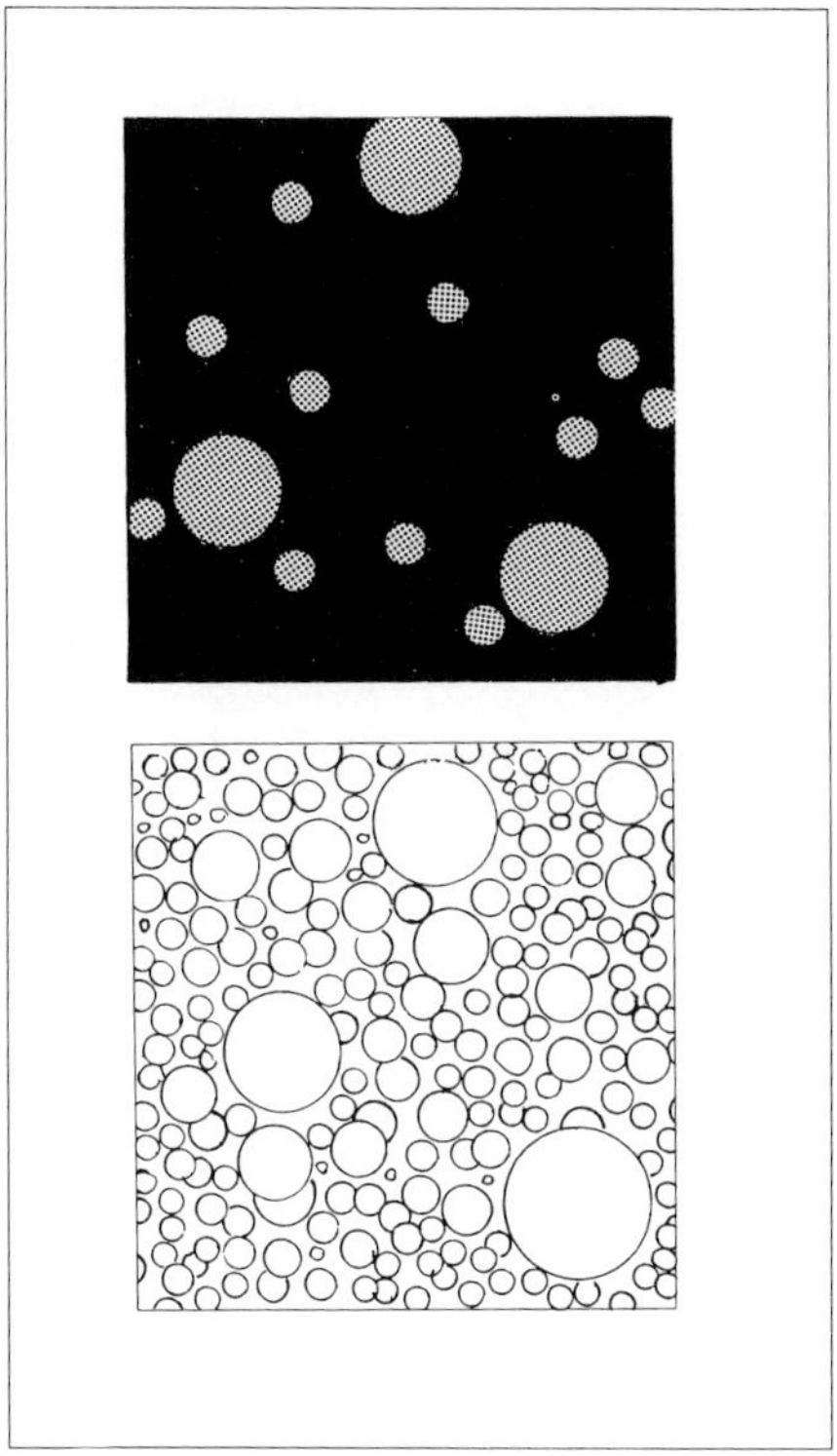

オルバースのパラドックス
上は現実の宇宙で、下はオルバースのパラドックスをもとにした宇宙。このパラドックスは今世紀、宇宙膨張が発見されてはじめて解決された。

り、遠くの星からやってくるエネルギーの総量は減るわけではないのだ。

結局、オルバースのパラドックスは、宇宙が無限ではなく有限か、あるいは無限であっても有限の年齢で、やってくる遠くの星からの光エネルギーが有限であると考えれば解決できる。有限の宇宙なら星の数も有限だし、有限の年齢なら光が到達しうる距離（年齢と光速度の積）も有限になるからだ。

また、宇宙が一様に膨張している場合もオルバースのパラドックスは生じない。この場合、遠くにある星は距離に比例するような速さで遠ざかるので、光はドップラー効果で低エネルギー側に赤方偏移するために、光エネルギーの総量は有限になるからだ。また、膨張宇宙では必然的に有限の寿命の宇宙になり、光が到達しうる範囲も有限になってしまう。これを「宇宙の地平線」と呼んでいる。

このように、オルバースのパラドックスは、今世紀に入って宇宙膨張が発見されて始めて解決されることになった。一〇〇年以上も人々を悩ませたわけである。

オルバースが議論したように、遠くの星（銀河）からの光は、実際に夜空を明るくしているのは事実である。どの方向を見ても、ほぼ同じ強さでやってくる「背景放射」が存在していることが、X線や赤外線で確認されているのだ。X線背景放射は、おそらく遠くの銀河中心核から放射されたX線が重ね合わさったものと考えられているが、まだ完全に理論的な説明がついていない。赤外線背景放射は、遠くの銀河の星の光の重ね合わせで、宇宙の過去でどのような星形成が起こってきたかを物語っている。いずれも、目では見えない波長の光だから、私たちにとって夜空は明るくならないが、X線や赤外線ではそれなりに明るいのである。（電波で観測されている宇宙背景放射は、遠くの星や銀河からの放射の重ね合わせではなく、宇宙そのものがかつて熱かったビッグバンの名残である。）

パラドックスの効用は、知らぬ間に仮定していることと、あるいは当然と考えていることを疑い、再考察させることにある。オルバースのパラドックスが永遠で無限の宇宙から有限の年齢の膨張宇宙へつながったように、思いがけない自然観が展開される場合もあるのである。

35 宇宙年齢（ハッブル定数）

この宇宙の年齢は、WMAPの観測によって一三七億年前後と推定されている。

宇宙の年齢を推定するもっとも直接的な方法は、ハッブル定数を観測的に決定することである。ハッブル定数は、宇宙膨張によって遠方の銀河が遠ざかる速さと距離の比で定義される。もし宇宙がいつも同じ速さで膨張しているなら、現在遠ざかっている速さで、現在の銀河間の距離を割れば、初め同じ場所にいた銀河がそこまで離れるのにかかる時間、つまり宇宙年齢が求められる。これはハッブル定数の逆数で表される。

実際には、物質間には万有引力が働くから膨張にブレーキがかかり、遠ざかる速さは遅くなっている。だから、昔は現在の膨張速度より速かったので、ハッブル定数の逆数で求めた宇宙年齢よりは短い。どれだけ短くなるかは宇宙モデルによるが、せいぜい三分の二になる程度である。

ハッブル定数は、遠くの銀河までの距離と遠ざかる速さを独立して測定することから決まる。距離はセファイド型変光星の周期と絶対光度の関係から、遠ざかる速さはドップラー効果による赤方偏移の量から、それぞれ決定できる。こうして求めたハッブル定数から決まる宇宙年齢は、七〇～一〇〇億年程度である。

一方、間接的な宇宙年齢の推定法に、球状星団を利用する方法がある。球状星団の星が非常に古い星であることは、重元素が少ししか存在しないこと、質量の小さい赤い星で寿命が長い星であること、その運動が銀河系円盤の若い星とは異なっていることからわかる。おそらく、銀河系が誕生した直後に生まれた星団なのだろう。銀河系はビッグバンで宇宙が始まって間もなく生まれたと考えられるから、球状星団の年齢は、ほぼ宇宙年齢に匹敵するとして良い。（むろん、宇宙年齢の下限値となる。）

球状星団の年齢の推定には以下のような手続きをとる。まず、球状星団の星の観測からHR図を作って、ほぼ寿命を終えて主系列から離れつつある星の質量を推定する。次に、星の進化理論から星の質量と寿命の間の関係を求めると、球状星団の寿命を終えつつある星の年齢が決定できることになる。このようにして求めた球状星団の年齢は、一二〇億年程度になる。

さて、二つの年齢を比べてみると、球状星団の年齢の方が短くなければならないはずなのに、ハッブル定数から求めた宇宙年齢の方が短くなっている。親である宇宙の方が子である球状星団より若い、という矛盾が生じているのだ。むろん、そんなことはあり得ないから、私たちはどこかで間違っているのである。それを点検してみよう。

まず、ハッブル定数を決める際に銀河までの距離と遠ざかる速さを測定したが、銀河の距離測定に問題がある。通常は、セファイド型変光星を利用しているが、その周期と絶対光度の正確な関係を知るには、別の信頼できる方法でセファイドまでの距離を決定しなければならない。現在のところ、この点に不確定度が高い。実際、一九九七年に発表されたヒッパルコス衛星のデータから、これまでの距離測定に一割程度の誤差があった可能性が指摘されている。

次に、球状星団の年齢の決定では、星の進化理論の再検討とともに、球状星団までの距離測定の問題がある。というのも、HR図を作るにおいては星の絶対光度を決めねばならないから、距離を精確に測定する必要があるのだ。でなければ、主系列を離れつつある星の質量に誤差が生じてしまう。星の質量が一割でも大きくなると、その年齢は二割も短くなり大きく狂うことになる。

以上のように、宇宙年齢の問題では、銀河や星までの精確な距離測定が鍵となっている。このことは、宇宙膨張を発見したE・ハッブル以来の難問と言えるだろう。ハッブルが最初に決定したハッブル定数から求めた宇宙年齢は二〇億年でしかなかった。ところが、当時、放射性同位元素から測定した地上の岩石に三〇億年経ったものがすでに知られていた。膨張宇宙論は、宇宙より地球の方が古いという矛盾を最初から抱えていたのである。この矛盾はセファイド型変光星を利用した距離測定法に間違いがあったことから生じたと、やっと二〇年後になってわかったのである。

宇宙年齢の矛盾は、アインシュタインの宇宙方程式に宇宙項を加えることによって解決される。宇宙項は斥力として働き、宇宙を減速膨張（徐々に膨張の速さが小さくなっていく）から加速膨張に転じさせ（膨張の速さが大きくなる）、それによって宇宙年齢が引き延ばされるのだ。この宇宙項を「ダークエネルギー」と呼ぶ。

ダークエネルギーの起源はまったくわかっておらず、ダークマター以上に正体が不明である。しかし、ダークエネルギーを仮定することにより、宇宙年齢の矛盾が素直に解決できるのである。

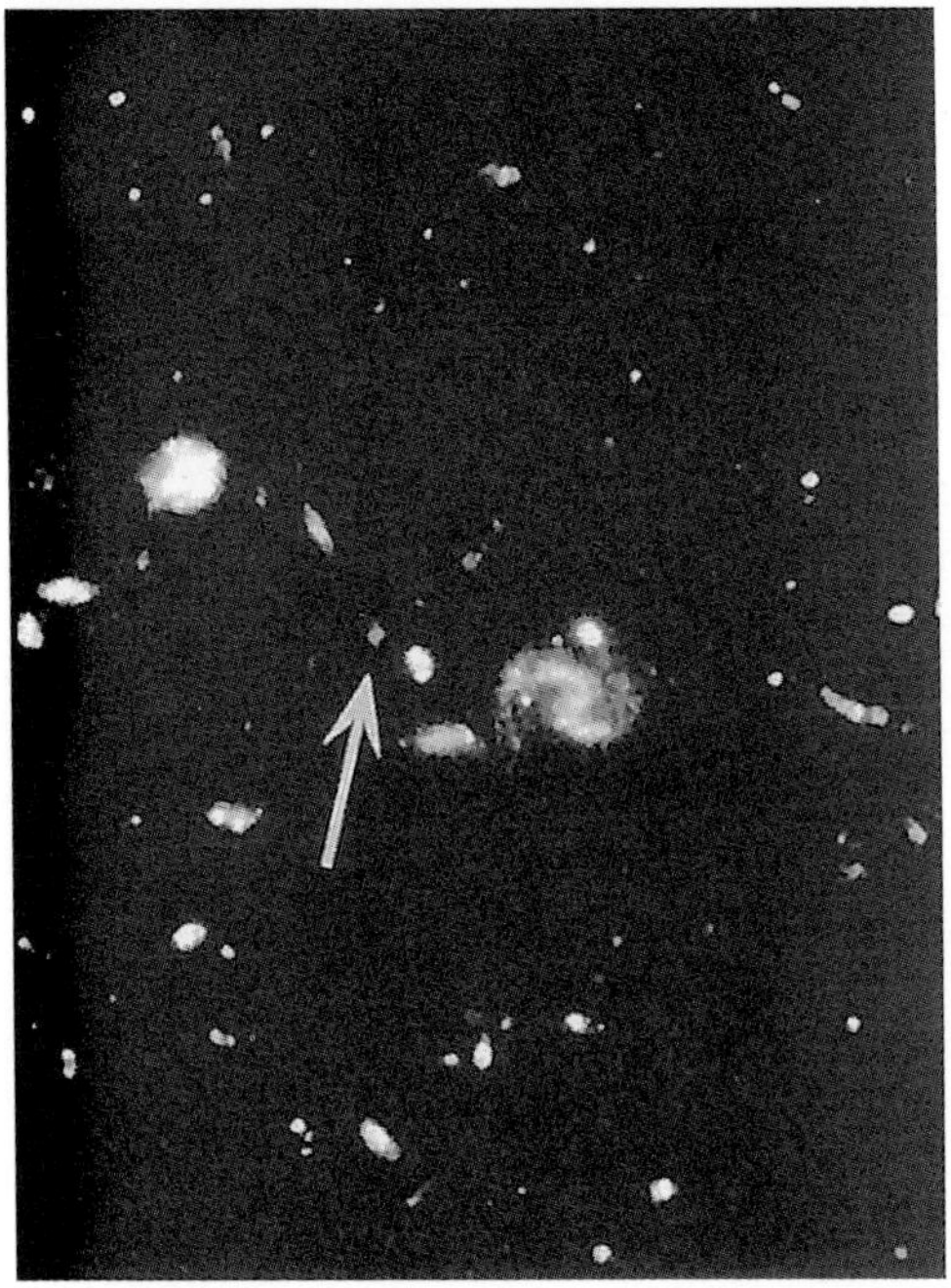

宇宙年齢
矢印の天体はハッブル宇宙望遠鏡による写真の中でももっとも遠い銀河の候補。宇宙誕生後わずか六億年、現在の宇宙年齢の6％のときの銀河ではないかという。（岩波新書『ハッブル望遠鏡が見た宇宙』より）

36 宇宙の果て（宇宙の幾何学）

私たちは地球という丸い球の上に住んでいるが、地球は充分大きいので地面は平坦だと感じている。しかし、赤道上で平行に引かれた経度線はすべて北極と南極で交わってしまう。球という閉じた面となっているからである。一つの直線から外れた点を通る平行線はただ一本存在するというユークリッド幾何学の「平行線の公理」は、平坦な面でのみ成立する。球のような閉じた面では、（中心を通るような大円について）平行線は一本も存在しない。逆に、馬の鞍のような開いた面では、平行線（交わらない線）は無限に存在する。このように、三次元空間中に存在する二次元面には、閉じた面（曲率がプラス）、平坦な面（曲率はゼロ）、開いた面（曲率がマイナス）が考えられ、それぞれ幾何学が異なってくる。（例えば、三角形の内角の和が一八〇度となるのは平坦な面のみであり、閉じた球面では一八〇度より大きく、開いた面では一八〇度より小さい。）因みに、幾何学の英語「ジェオメトリー」は、地球（ジェオ）の測定（メトリー）の意味が語源である。一般相対性理論によれば、重力が働き、膨張している空間は、必ずしも平坦な空間ではない。つまり、この宇宙は平坦であるとは限らないのである。ただし、それは大局的に見た場合で、局所的には平坦であるのは地球の表面と同じである。三次元空間が開いているとか閉じているとかを実際に想像するのは難しいが、それを検出する方法はある。二次元面を喩えにして述べよう。例えば、長さが一定の棒を遠ざけていったとき、それを見込む視角は距離とともにどう変化するだろうか。平坦な空間なら距離に比例して視角は減少する一方である。しかし、閉じた面では異なってくる。そこで、同じ棒を地球の緯度線に平行にして北極から遠ざけていくとき、北極から見た視角はどうなるだろうか。赤道までは視角は小さくなるが、赤道を越えると視角は逆に大きくなるだろう。遠ざかるほど角度が大きく見えるのである。逆に、開いた空間の場合、視角は平坦な場合より急速に減少する。宇宙の三次元空間では、ほぼ一定の大きさとみなせる銀河のコアを見る視角が、銀河の距離とどのような関係にあるかを観測すればよい。あるいは、距離とともに空間の体積がどう変化するかを測っていけば、空間の幾何学を知ることができる。平坦な空間なら距離の三乗に比例して増加するが、閉じた空間なら距離が大きくなると体積の増加は小さくなり、やがて一定値に近づくだろう。地球を例にとると、緯度に沿って地球を輪切りにして体積を計算すると、北極から赤道に達するまでは緯度の減少とともに体積は増加するが、赤道を過ぎると増加率は落ち、南極に達して一定値になってしまうのと同じである。逆に開いた空間なら距離の三乗より急速に増加するだろう。宇宙の場合は、距離とともに観測される銀河の数がどのように変化するかを調べることになる。宇宙のどこでも銀河の空間密度が同じとすると、観測される銀河の数の増加率を体積の増加率として良いだろう。もっとも、宇宙の遙か彼方まで銀河の距離を測定しなければならないから、非常に困難な観測になるが。右のような観測を通じて、空間が平坦か開いている場合は宇宙は無限に広がって果てがなく、空間が閉じているなら宇宙は有限で果てがあるということになる。しかし、現在のところ空間の幾何学(曲率)はまだわかっていない。いずれも、銀河のコアの大きさや銀河の数と距離の関係を観測するのだが、銀河は進化するから、必ずしもコアの大きさがいつも一定であったり、銀河の空間密度がどこでも一定である保証はない。遠方の銀河は、その光が到達する時間だけ若い頃を観測しており、私たち近辺の銀河と同じとは限らないからだ。

宇宙に空間的な果てがあろうが無かろうが、私たちが観測しうる宇宙には果てがある。宇宙は誕生して一三七億年しか経っていないから、この間に私たちに光が到達しうる範囲は一三七億光年の距離でしかない。この距離を「宇宙の地平線」と呼ぶが、原理的に観測できる果てがここなのである。そして、そこには一三七億年前の宇宙の姿が見えることになる。現に私たちは、ビッグバンで始まった宇宙の三〇万年の頃の姿を、宇宙背景放射を通じて観測しているのである。

37 宇宙の運命（密度パラメーター）

宇宙は現在膨張しているが、将来どうなるのだろう。永久に膨張を続けるのか、膨張が止まって収縮に転じ、宇宙は潰れてしまうのか。このことは先見的にわかっていることではなく、観測によって決めるしかない。

宇宙は銀河を引きずって膨張しているから、プラスの運動エネルギーが存在する。一方、銀河同士の間には万有引力が働いているから、マイナスの重力エネルギーも存在する。

運動エネルギーが勝っている場合は、全体としてエネルギーがプラスになるから、宇宙は永久に膨張を続けることができる。地球の重力を脱して飛び去るロケットと同じである。このような場合、宇宙空間の曲率はマイナスの開いた宇宙である。

逆に、重力エネルギーが勝っていると全エネルギーがマイナスとなり、いずれ宇宙膨張は止まって収縮に転じる。いったん飛び出したロケットの速度が小さく、地球重力に引き戻されて落下する場合と同じである。このような場合、宇宙空間の曲率はプラスで閉じた宇宙である。

重力エネルギーと運動エネルギーがちょうど同じ大きさであると全エネルギーはゼロで、宇宙は永久に膨張を続けるが、膨張速度はゼロに近づいていく。この場合、宇宙空間の曲率はゼロの平坦な宇宙である。

このように、宇宙の幾何学と宇宙の運命は密接な関係にあり、宇宙の曲率が決定できれば宇宙の運命もわかることになる。しかし、宇宙の幾何学を観測的に決定するのは現段階では困難である。

ならば、運動エネルギーと重力エネルギーの相対的な大きさを直接観測することができれば、宇宙の運命がわかり、宇宙の曲率を決定することができるだろう。運動エネルギーは膨張の速さ、つまりハッブル定数の大きさで決まっているから、問題は重力エネルギーの大きさを決定することにある。重力エネルギーは、宇宙にどれだけ重力を及ぼしうる物質が存在するかで決まっている。宇宙の物質の密度を測ればいいのである。

運動エネルギーと重力エネルギーがちょうど等しくなる密度を「臨界密度」と呼ぶ。これは、運動エネルギーの大きさを決めているハッブル定数で書ける。臨界密度より宇宙に存在する物質密度が高ければ重力エネルギーが勝って閉じた空間となり、物質密度が低ければ運動エネルギーが勝って開いた空間になる。ちょうど境目で、平坦な宇宙となるのが臨界密度の場合なのである。

宇宙に存在する物質密度を測るためには、二つの方法がある。一つは、輝いている銀河の総数と質量から求め

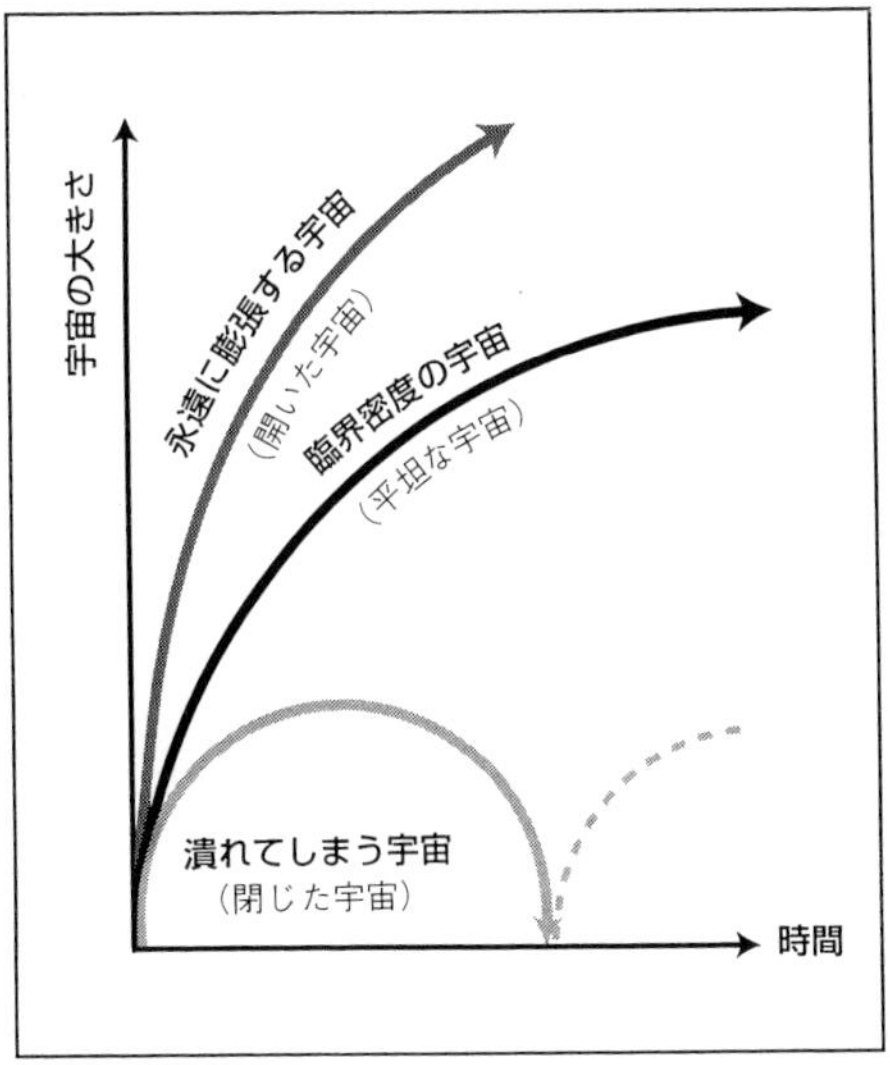

宇宙の運命
宇宙が開いていれば永遠に膨張を続け、閉じているなら再び収縮に転じて潰れてしまう（平坦な宇宙であれば物質密度は臨界密度に等しく、曲率は0）。現在の観測データによれば臨界密度よりも物質密度が低いため、宇宙は開いていると考えられるが、最終結論ではない。

る方法で、電磁波で直接観測するので「可視物質」と呼ばれる。この可視物質の密度は、臨界密度の二五分の一しかない。もう一つは、銀河やガスの運動の観測を通じて、そこに働いている重力源の密度を推定する方法で、電磁波では観測できない「ダークマター（暗黒物質）」の量を測ることになる。この方法で得られる密度は臨界密度の二四％くらいである。可視物質の六倍もあり、ダークマター問題として深刻に議論されている。

現在の観測からは、宇宙の密度はちょうど臨界密度に等しく、宇宙は平坦であると考えられている。その内訳は、バリオンが臨界密度の四％、ダークマターは二四％で、その残りの七二％はダークエネルギーであるらしい。ダークエネルギーは、宇宙年齢の矛盾を解決し、宇宙が平坦であることを説明できるのである。とすると、宇宙のエネルギーの九六％まではダーク成分（ダークマターとダークエネルギー）で、私たちが確実に知っている物質はバリオンの四％でしかない。宇宙が平坦なら膨張は永遠に続くことになる。

無限に膨張を続けるとしたら、将来の宇宙はどうなるだろうか。一つは、星は燃え尽きてしまい、ガスもなくなって星は新たに生まれないから、銀河系は真っ暗になってしまうだろう。やがて、星の残骸（白色矮星、中性子星、ブラックホール）同士が万有引力で衝突して質量を増し、巨大なブラックホールに成長していくと予想される。一兆年以上も先のことだが。もう一つは、局所銀河群の仲間以外の遠くの銀河は宇宙膨張によってどんどん遠ざかっていくので、銀河宇宙は寂しくなっていくだろう。そして、銀河系と同じようにすべての銀河が真っ暗になり、宇宙は暗黒に閉ざされてしまうのである。

逆に、いったん膨張が止まって収縮に転じたとしたら、宇宙はどうなるだろうか。宇宙が収縮するにつれ、銀河が互いに近づいて激しく衝突し、爆発的なエネルギー放出が起こるだろう。しかし、さらに宇宙が潰れていくと、密度はどんどん増加し、多数の銀河の塊がブラックホールになると想像される。さらに宇宙が潰れるとブラックホール同士が合体し、宇宙は巨大な一つのブラックホールになってしまうだろう。そして、宇宙のすべての物質やエネルギーが吸い込まれてしまうに違いない。ビッグバンで始まった宇宙は、ブラックホールとなって永久に潰れていくのである。

38 銀河の誕生

ビッグバンで始まった宇宙は、超高温度かつ超高密度状態であり、いっさいの物質構造は存在していなかった。宇宙が膨張するにつれ、クォークから陽子や中性子が作られ、陽子や中性子からヘリウムが作られたが、質量の七五％は陽子のまま残され、やがて電子と結合して水素原子となった。宇宙の時刻にして三〇万年の頃で、このとき自由になった光を、今、「宇宙背景放射」として観測しているのである。

私たちは、宇宙背景放射を通して三〇万年の頃の宇宙の姿を観測しているのだが、そこにはまだ天体が形成されている気配はまったくない。宇宙を構成する基本単位である銀河は、それ以後に原子の海から形成されたのだ。

原子（およびダークマター）の海に銀河という塊が成長するためには、密度分布に凸凹が存在していなければならない。これを「密度ゆらぎ」と言う。密度が完全に一様なら、どこに物質が集まって銀河へ成長すべきかの情報がなく、銀河そのものが生まれないからだ。この密度分布の凸凹は、「重力不安定」によって成長する。密度が高い凸の部分は物質の質量が大きいから周辺部分より重力が強く、物質を引きつけやすい。密度の低い凹の部分は物質の質量が小さいから重力が弱く、物質を引きつける力が弱い。その結果、密度の高い凸の部分はますます密度が高くなり、凹の部分はますます密度が低くなり、密度のコントラストがいっそう大きくなっていく。

このように、一様な状態にズレが生じた際に、ズレ自身が原因となって、ますますズレが成長するような物理過程を「不安定」と呼ぶ。工学の言葉では「プラスのフィードバック」である。かつて寺田寅彦は、「遅れる電車はますます遅れる」と言ったが、これも不安定の一例である。俗っぽく言うと、「金持ちはますますます金持ちになる」とか、「落ちこぼれ始めるとますます落ちこぼれる」なども不安定現象である。

銀河の誕生は、物質分布のゆらぎが出発点なのだが、そのゆらぎにダークマターの存在が不可欠であることもわかってきた。宇宙背景放射を詳しく調べると、その強度のゆらぎは一〇万分の一しかないことが一九九二年にわかった。この事実は、宇宙誕生から三〇万年後に、原子の海には一〇万分の一程度の密度ゆらぎしか存在しなかったことを示唆している。原子になる前の電子や陽子は放射と相互作用し合っていたから、原子のゆらぎも放射と同じ程度の大きさと考えられるからだ。

ところが、一〇万分の一の大きさのゆらぎからは銀河が現在までに生まれ得ないことが重力不安定の理論からわかっている。少なくとも、一〇〇〇分の一の大きさの密度ゆらぎが存在しなければならないのだ。

そこで考え出されたのがダークマターの密度ゆらぎである。ダークマターは放射とは直接相互作用しないので、必ずしも放射と同じ大きさのゆらぎである必要はない。そこで、ダークマターのゆらぎは一〇〇〇分の一、放射と原子のゆらぎは一〇万分の一という状況を考える。すると、ダークマターのゆらぎは、現在までに銀河の塊を作るくらいに成長することができる。このダークマターが作る重力の穴に原子が落ち込んで溜まり、その原子から星が生まれて輝き始めたと考えればよい。ダークマターが無ければ、銀河は誕生せず、私たち自身も誕生しなかったことになる。ダークマターは、この宇宙の造形を操ってきたとも言えるのだ。

実際に、銀河がいつ生まれたのかを具体的に示すデータは集まっていない。生まれたての銀河が発見されればいいのだが、非常に遠方だから直接の像を撮ることが困難であるからだ。

現在知られているもっとも遠方の銀河は、宇宙年齢にして七億年頃の一三〇億光年彼方に発見されている。実際、銀河系のもっとも古い星である球状星団の年齢は一二〇億年程度であり、よく一致している。

宇宙望遠鏡や大望遠鏡を使うことによって、やがて銀河の誕生の時期が確定されるだろう。

39 太陽系の誕生

星は密度の高い分子雲から生まれてきていることが、電波や赤外線の観測から明らかになっている。同時に、星になり損なったガスが星の周辺部に溜まって回転するガス円盤を作っていることもわかってきた。これを「原始惑星系円盤」と呼んでいる。おそらく、このガス円盤が、将来惑星系へと進化すると想像されるからである。現在までに、太陽系以外の惑星について、いくつかその姿が明らかにされつつある。しかし、まだ詳細はわかっていない。従って、以下の惑星系の誕生のシナリオは理論的な予測である。

太陽が生まれたとき、太陽をとりまくガス円盤が取り残される。このガス円盤のなかで、炭素やシリコンなどの重い元素が固まった宇宙塵は密度が高いので円盤の中心面に沈んでいく。この宇宙塵が岩石を主成分とする地球型惑星（水星、金星、地球、火星）の材料になるのである。また、木星型の巨大惑星（木星、土星、天王星、海王星）の中心部にも、同じ岩石のコアが存在していると考えられている。

やがて、ガス円盤はサイズが五〜一〇キロメートルの彗星くらいの塊に分裂する。これを「微惑星」と呼ぶ。ガス円盤の厚みがこの程度で、まず厚みと同じくらいのサイズを持つ塊へ壊れるのだ。現在まで生き残った塊が時折、太陽近くまでやってきているのが彗星なのである。太陽から遠く離れた場所では水は凍っているから、彗星は「汚れた雪だるま」と呼ばれることがある。

彗星サイズの塊はおよそ一兆個も作られ、太陽の周りを回転しつつ、秒速一〇キロメートル以上の速さでランダムに飛び交っている。すると当然、衝突が頻繁に起こるだろう。こんなに高速度で衝突すると、彗星は互いに合体すると予想される。激しくぶつかると高温度になって、岩石成分が融けるからだ。合体して大きくなった塊は、さらに周りの彗星と衝突しやすくなるから、どんどん成長していくだろう。大きいとぶつかる面積が大きくなり、また引きつける万有引力も強くなるからだ。このようにして、約一〇〇〇億個の彗星が合体成長して惑星となったと考えられている。

従って、太陽に近い四つの地球型惑星では、誕生した直後は岩石が融けるくらい熱く、岩石中に閉じ込められていたガスが抜け出て惑星の大気となった。その大気は二酸化炭素が主成分で、水も水蒸気となって大気に大量に含まれていたと考えられている。ゆっくりと惑星が冷えるにつれ水蒸気は水となり、雨となって惑星に降り注いで海が作られたところまでは、四つの惑星に共通した歴史だろう。後の進化は、太陽からの距離と重さによって異なってくる。

水星は太陽に近すぎて、大気も海もすぐに干上がってしまった。金星では、二酸化炭素が主成分の大気は今もなお厚く覆っているため温度が高く、海の水は沸騰して蒸発し、太陽からの強い紫外線によって水分子が壊されてしまい、やがて海はなくなってしまったらしい。火星の重さは地球の一〇分の一くらいしかなく、海から蒸発した水分子や大気は、火星の重力を振り切って逃げてしまったと考えられている。地球だけが海を保持し続けており、二酸化炭素も海に溶けてゆっくり減って大気は浄化されてきたのだ。

太陽から離れた木星型の四つの惑星は地球の一〇倍以上もの重さがある巨大惑星である。これらの大惑星の中心部には地球と同じくらいの重さの岩石コアがあり、その周辺を何倍もの重さの水素とヘリウムのガスが取り巻いている。太陽に近い惑星では太陽からの熱や光のために、これらの軽いガスは吹き飛ばされてしまったが、遠い場所ではそのまま残されていて惑星に取り込まれたというわけである。そのために、いずれも巨大な惑星になったのだ。

二〇〇六年、国際天文学連合は、これまで曖昧であった惑星の定義を明確にし、太陽系の惑星は水星から海王星までの八個とすることを決定した。

最終的に採用された定義によれば、惑星とは、㈠太陽の周りを回り、㈡自らの重力で固まった球対称の天体で、㈢その軌道を単独で独占していて他の天体が存在しない、ということになった。

㈠は当然として、㈡は他の天体からの重力効果によって壊されにくいことを意味する。永続することが念頭にあるのだ。㈢の条件は、軌道上の微惑星のほとんどが合体して一つの惑星が形成され、もはや他の天体が残っていないことを要請している。惑星の決め手となる条件と言える。

その結果、冥王星が惑星から外れることになった。冥王星は、月より小さく、他の惑星とは軌道が大きくずれており、その組成も木星型とは異なっていて、そもそも惑星に含めてよいかどうか議論になっていた。海王星より遠くには惑星になり損ねた断片が多く（一〇〇〇個以上）漂っていて、それらは発見者に因んでエッジワース＝カイパー・ベルト天体（ＥＫＢＯ）と呼ばれている。冥王星もＥＫＢＯの仲間であると考えられ、その上冥王星の軌道には他の天体もあって惑星に加えないことになったのだ。これら海王星より遠くにある小天体は「矮惑星」という呼称が当てられ、惑星と区別することにした。

この十年くらいの間で、太陽系以外の惑星の存在を間接的に証明する観測結果が発表されている。太陽と似た星をリストアップし、その星の位置を精確に測定するのだ。その近くに惑星が存在していれば、小さいとはいえ万有引力を及ぼしているのだから、星の位置が少しずれる。惑星がその星の周りをぐるぐる回れば、星の位置は揺れて見えるだろう。

そこで高精度で星の動きを測定するという観測が行われ、これまで一〇〇個以上の星について、惑星が周りを回っているという確かなデータが得られたのである。これらのデータのいずれもが、水星軌道くらいの位置に木星くらいの重さの惑星が回っていることを示唆している。これまでの惑星系形成の理論からは、このような巨大惑星が星の近くに存在すると予想されておらず、さてどのように考えるべきか模索中である。

ともあれ、そのうちに、第二、第三の太陽系の発見も真近いものと思われる。さて、地球のような惑星は見つかるだろうか。

40 宇宙の生命

この宇宙において、私たちだけが唯一の生命体なのだろうか、それとも生命は宇宙にありふれた存在なのだろうか。

この問題については、現時点においては明確に答えることはできない。天文学的には地球のような生命を宿す惑星は見つかっておらず、生物学的には生命の起源について理解が及んでいないから、考える具体的な材料に事欠いているからである。

しかし、惑星上で生命が誕生する条件や地球における生命の進化を順を踏んで考えれば、銀河系でどれくらい生命が存在しそうかを、おおざっぱに推定することができるとして、宇宙人方程式を提案した人がいる。その方程式は提案者の名にちなんで「ドレイクの式」と呼ばれている。

ドレイクは、銀河系の中に存在すると期待される、私たちと同時代に生きている知能を持った文明世界の数Nは、次の七つの要素の積で表されると考えた。

(1) R_*：一年あたりに誕生する太陽のような星の数。生命は惑星上に誕生し、惑星は星とともに誕生するが、太陽のような長い寿命を持つ星でないと生命が生まれる時間が足りなくなるから、まず必要なのが太陽のような星が誕生する割合である。銀河系には約一〇〇〇億個の太陽のような星があり、一〇〇億年の年齢とすると、ほぼ一年にほぼ一〇個太陽が誕生している。

(2) f_p：太陽のような星の中で惑星を持つものの確率。八〇%以上の星は連星になっていることから、星は単独では生まれないことがわかる。そこで、一〇%程度の確率で単独に存在している星が惑星を持つとしよう。

(3) n_e：惑星の中で生物が生まれうる環境条件を備えた惑星の数。惑星は、太陽からほどよい距離にあって、ほどよい重さを持っていなければ地球のように生命の揺りかごである海が保持できない。太陽系では九つも惑星が生まれたから、ちょうど生命を宿しうる軌道に地球が位置することができた。これを典型とすると、惑星は多数が同時に誕生し、地球のような惑星は必ず一個は存在するとして n_e は一個としよう。つまり、惑星を持つ星には地球のような惑星が一個存在すると推定する。

以上の天文学的な考察から、銀河系では、およそ一年あたり一個地球のような惑星が生まれている計算になる。一〇〇億年の間では一〇〇億個と膨大になる。天文学的には地球はありふれていると言えそうである。

次に、生物学的な条件を考えねばならない。

（4）f_l：生命が発生する確率。原始地球を模したさまざまな実験や隕石に含まれるアミノ酸成分の分析から、

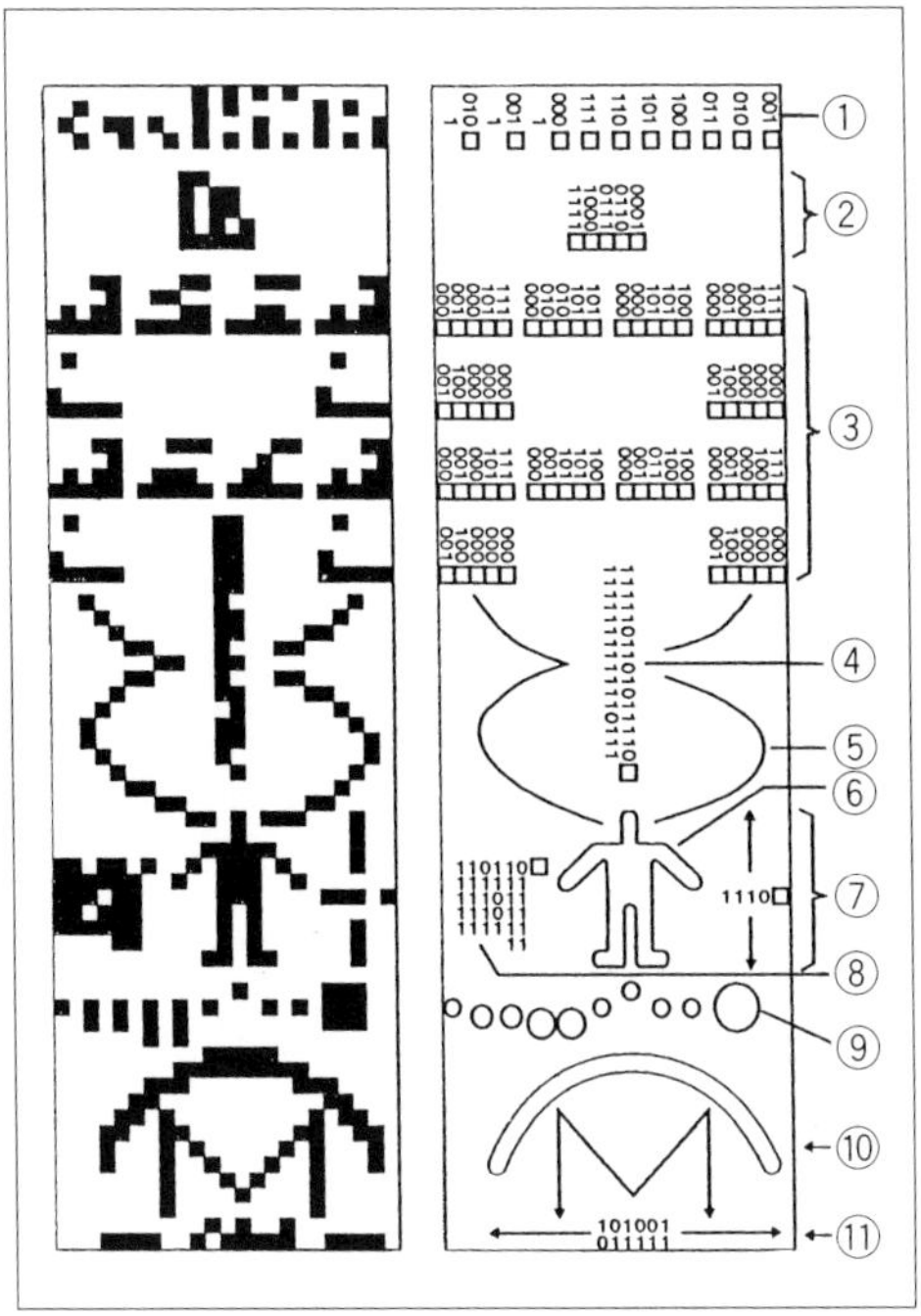

宇宙の生命

1974年にアレシボの電波望遠鏡から宇宙に送り出された電波のメッセージ。丸数字部分①から⑪までの意味は以下の通り。

①数字の１～10
②水素、炭素、窒素、酸素、硫黄の原子番号
③ＤＮＡのヌクレオチド中の糖と塩基の化学式
④ＤＮＡのヌクレオチド数
⑤ＤＮＡの二重螺旋
⑥人間
⑦人間の身長
⑧地球の人口
⑨太陽系（人間の近くにあるのが地球）
⑩メッセージを発するアレシボの電波望遠鏡
⑪望遠鏡の口径

地球のような環境が作られれば生命は誕生しやすいと考えられている。そこで生命誕生の確率を一〇%としよう。

(5) f_i:単純な生命体からホモサピエンスのような知的生物にまで進化する確率。いったん生命が生まれると必ず知的な生物まで進化するのか、それとも偶然の積み重ねがあったからこそ地球では知的生物まで進化できたに過ぎないのか、のいずれの立場をとるかで数値は大きく異なってくる。一般に生物学者は慎重で非常に小さく見積もり、天文学者は楽天的で大きく見積もる傾向がある。私は天文学者なので大きめにとり一~一〇%の間にあるとしよう。

(6) f_c:知的生物が、私たちと同じように宇宙人と交信する能力を獲得するまで進化する確率。地球上では、ホモサピエンスになってから数万年で近代文明にまで進んだことを考えると、一〇〇%としていいだろう。

以上の生物学的な条件では、地球のような惑星が生まれると、〇・一~一%の確率で近代文明を持つ生物に進化するという計算になる。上の天文学的な考察と組み合わせると、銀河系内で、一年あたり〇・〇〇一~〇・〇一個(一〇〇〇年で一~一〇個)の割合で近代文明が生まれていると推定できる。

問題は、私たちと同時代にこのような宇宙人が生きていなければ、交信のようなコンタクトをすることができない。そのためには、

(7) L:現在私たちが持っているような文明が継続する時間を右の数にかける必要がある。もし、私たち人類がこのままの大量消費生活を続ければ、一〇〇年くらいで絶滅しかねないだろう。その場合は、〇・一~一個しか存在しない。私たち程度の人類で終わるのなら、この銀河系にたかだか一個、つまり私たちだけしかいないことになる。しかし、人類が現在の生き方を反省して地球との共生を目指すようになれば、一万年も生きるかも知れない。言い換えると、私たちよりもっと知的な生物なら、一〇~一〇〇個が私たちと同時代の今銀河系に存在しているだろう。

こう考えると、宇宙人が私たちと同時代に存在するとすれば、格段に私たちより進んだ知的生命であろうと想像できる。核兵器も環境問題も見事に解決して生き長らえているのだから。

宇宙人の地球侵略や宇宙戦争は、未熟な地球人の妄想であると言えそうだ。

V

宇宙論の歴史

41

宇宙創世神話

神話とは、「原古つまり世界のはじめの時代における一回的な出来事を語った物語」のことである（『世界神話事典』角川書店）。そのなかで、宇宙・人類・文化の起源を語るのが創世神話で、この宇宙がどのように生まれてきたかはほとんどの神話に共通する重要な主題なのである。（しかし、メラネシアの大部分や東南アジア農耕民のあるものでは、この宇宙がすでに存在していることを前提として神話が始まっており、宇宙の起源には触れられていない。）

いずれの宇宙創世神話にも共通している観念は、宇宙は混沌（カオス）から秩序（コスモス）への転回と捉えられていることである。その転回の契機にはさまざまなパターンがあり、以下のような主要な六つに分類されている。

（1）創造神のような、宇宙が存在する以前に「存在する意志」の力で宇宙が創造されたと考えるタイプである。聖書の『創世記』では混沌が支配する暗闇に向かって神が「光あれ」と言って宇宙が開闢した。また、神のような存在を仮定せず、混沌とした天地に開闢の気配が現れて空と地が分離し、やがて地には山が盛り上がり、空から雨が降って万物が生まれ、空には星が輝くようになったという済州島の神話は、いわば「無」からの宇宙の誕生神話である。

（2）原人（あるいは世界巨人）の死体から宇宙が誕生したと考えるタイプがある。宇宙を生き物と同じように考え、古い者の死が新しい者の生へ受け継がれていく、という観念が背景にあるようだ。インドの『リグ＝ヴェーダ』では、原人プルシャは千の頭と眼と足を持つ巨人で、その心臓から月、眼からは太陽が生まれ、頭から天界、足から地界、耳から方位が生まれたと語られている。

(3) やはり宇宙を命あるものとみなし、宇宙卵のようなものから生まれてきたと考えるタイプもある。フィンランドの『カレワラ』では、鷲が自然の娘を意味するレオンノタルの膝に卵を産みつけ、その卵が壊れると、破片の半分から大地が、残り半分から天が、黄身から太陽が、白身から月がというふうに、宇宙の諸々が創造されてくる。ギリシャでも黒い翼の夜が一人で卵を産み、卵からエロスが生まれ、エロスがあらゆるものを交わらせて空や大洋や大地を生じさせたと語られている。

(4) 世界両親からの宇宙創世タイプがあり、日本の『古事記』のイザナギとイザナミが世界両親となって国を産んでいくのは、このパターンに属する。平原インディアンのポーニー族は、原初に大酋長のティワラと妻アティラが宇宙を作っていったと語られている。

(5) 自然に次々と宇宙の要素が整っていく進化あるいは出現タイプでは、洪水の後に草木や生物が自然に出現することから類推されたものと思われる。エジプトの天地創造説では、始まりはヌンという原初の海で、そこから原初の丘が立ち上がり、その後女神ヌトが立ち上がって空となったと語られる。スマトラ南部のレジャング族の神話では、原初の虚無から水が流れだし、大地が現れ、天が出現し、それから九羽の鳥が来る。この展開は、まさに洪水の後に似ている。そして、それぞれの鳥が卵を産み、卵が割れて宇宙の万物が生まれてきて、右の(3)のタイプに合流する。

(6) 海の底から持ち帰った泥からの宇宙創造タイプは、水の底には土があること、泥をこねてさまざまな人形のようなものを作ったことなどが混じり合って作られた神話だろう。シベリヤのブリヤート族は、野鴨が水中に潜って嘴に泥を挟んで来、この泥から創造神が大地ウルゲン、その上に植物と動物を造ったという神話を持っている。カリフォルニアのインディアンのモノ族やマンドウ族の神話では、カイツブリや亀が水に潜って土をとって来、その土から陸地が造られてきたと語っている。

これら以外のパターンの宇宙創世神話もあり、太陽や月が宇宙を創造したり、蛆虫が意志によって人間となり大地を創造した神話がある。古代の人々にとっては、宇宙は永遠不変なものではなく、生命と同じように誕生し成長する存在であったのだ。

42 古代の宇宙論

宇宙創世神話に端を発しつつ、やがて、古代の人々は、宇宙という全体世界がどのような形をしているかを考えるようになった。周辺世界の姿を観察しつつ、星や月などの天体が、どのように配置され、どのような運動をしているかを考えるようになったのだ。そこに宗教的あるいは倫理的要素が加わると、死者や神々や悪魔の世界の配置まで想像する。いわば宇宙構造論であり、当時の人々の世界観をそこに読み取ることができる。以下では、エジプト・メソポタミア・中国・インドの四大文明での宇宙論を紹介しよう。

古代エジプト人たちは、「深淵、無限、暗黒、不可視性」という四つの特性を持った「原初の水」であるヌン神が、この宇宙を創造したと考えた。始まり以前からすでに存在し、永遠にあり続けるものがヌン神であり、この世界は、その無限の広がりの中に浮かぶ気泡のようなものであった。具体的な描像としては、世界は中央をナイル川で分けられ、「大いなる流れの大海」と呼ばれる水に取り囲まれた平たい島であるとし、空は大地の四隅にある柱によって支えられた巨大な天蓋として描かれている。この天蓋に紐でつるされた星が輝き、太陽はそれらの間をぬって運行していく。水と太陽と星が、かれらにとって宇宙の重要な素材であった。作物を育むナイルの水、夜の寒さのために待ちこがれた太陽の熱、ナイルの洪水を知らせるシリウス(犬狼星)がエジプトの人々の生命を育んだのだ。これらは、破壊されず、恒久的な、変化のない宇宙の存在であるが、それとともにかれらは、成長とともに死滅する、生成とともに消滅する、誕生と死がある宇宙の存在にも併せて気づいていた。それら全体が生きた統一体を成しているのがエジプト人が空想した宇宙なのである。

メソポタミア地方のシュメールやバビロニアの人々は、アプスーと呼ばれる地下の巨大な淡水を、平らな円盤である大地が覆っており、地の上方に天が広がっていると考えた。このような宇宙の三層構造は世界に共通するイメージだが、やがて、上方の天にはアヌ(天の最高神)、中間の天にはイギギ(天の神々)、下方の天は星々が住む天の三層構造へと複雑化され、人間の住まい、アプスー、地下界に分かれた地の三層構造を含め、全体として六層構造へと変化してきたことに特色がある。横から見れば、同じ寸法と同じ形の層が空間を隔てて積み重ねられているように見える。これらの層を支えるために「宇宙の綱」が掛けられており、それらが漂い出すのを防いでい

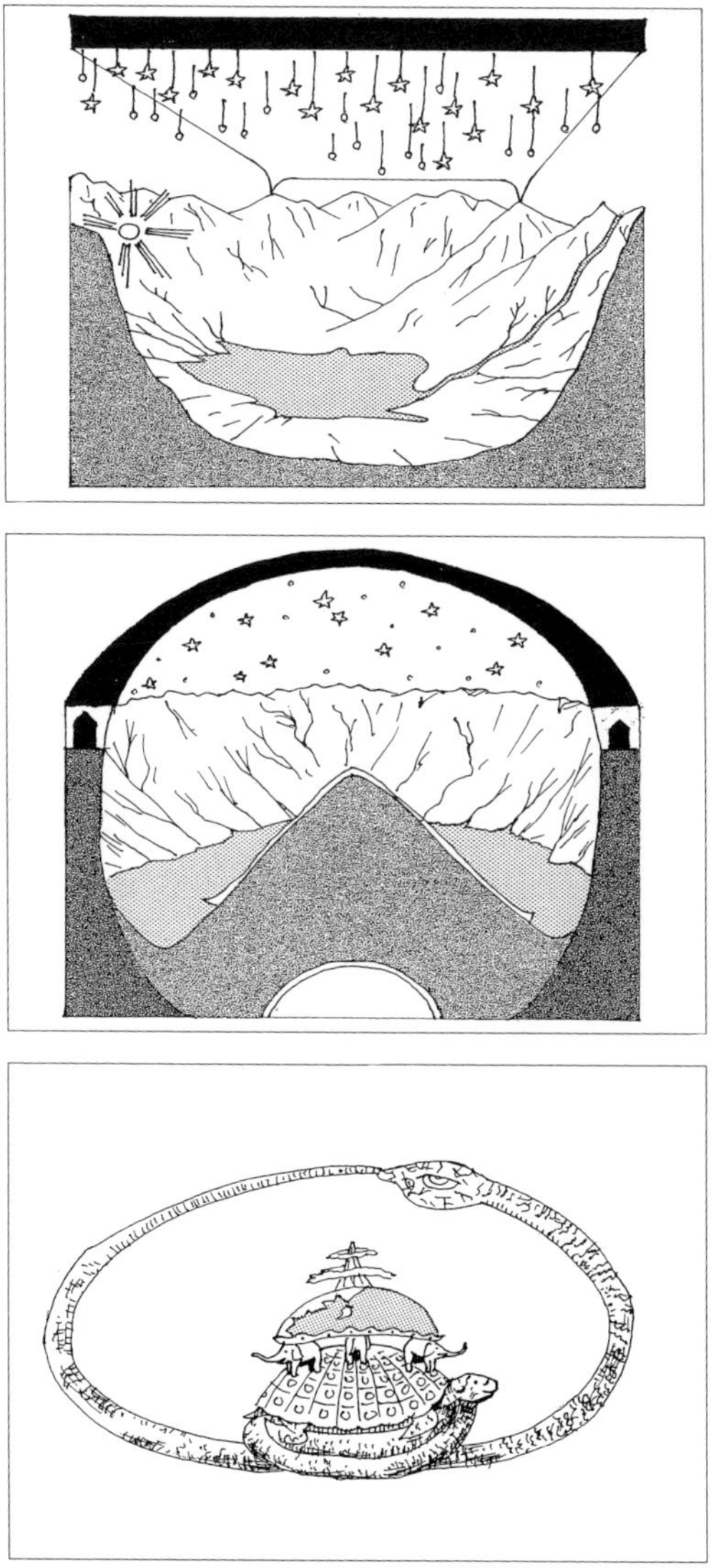

古代の宇宙論
上／エジプト人が考えた宇宙。大地の周囲に天を支える高山があり，その外をナイル川が流れている。
中／バビロニア人が考えた宇宙。大地を囲んでいるのは海で，その外の絶壁が天を支えている。
下／インド人が考えた宇宙。数頭の象が大地を支え，大蛇に乗った大亀がそれを支える。大地の中央に聳えるのは須弥山。

る。また、神々が各層間を移動するため「宇宙の梯子」でつながっていて、極めて神殿的な宇宙構造であった。

紀元前四世紀から二世紀にかけての前漢・後漢時代の中国では宇宙論が盛んで、三つの代表的な学説が議論されていた。一つは、蓋天説《がいてんせつ》で、天は半球形の蓋、地は椀を伏せた形で、共通の中心を持つ二つのドームを想像すればよい。この二重天井説はバビロニアにもあったそうで、シルクロード経由の説かもしれない。しかし、天は丸く（円）、地は四角（方）としたのは陰陽思想の表れである。天の丸天井は日月を伴って車のように回転するとともに、日と月自身も丸天井の上をゆっくり動くと考えた。渾天《こんてん》説では、天は鶏卵のように丸く（天球）、地は卵黄のように中心に位置するとし、地球は丸いと考えていた。その説から、渾天説の支持者たちは天球環を工夫し、後に星と惑星の位置を測るための機具へと発展させて観測天文学が隆盛する契機を作った。三つ目の宣夜《せんや》説は、天体は無限の空間の中に大きな距離をおいて浮かび運動していると考える、当時としては非常に進んだ説であった。アリストテレスのような天球に星が固定されているとする説に比べ、立体的で躍動的な宇宙を想像しているからだ。時間と空間は無限という仏教の観念を採り入れた形跡がある。この宣夜説が宣教師などによってヨーロッパに伝えられ、ガリレイの無数の星が分布する宇宙像へ連なっていったらしい。

インドでは、ヒンドゥー教・仏教・ジャイナ教によって、少しずつ異なった宇宙論が展開された。共通するのは、宇宙の中央に世界の山があり（サンスクリットでメール山、バーリ語でシネール山（須彌山《しゅみせん》））、その頂上は天に、その底は地獄に達していること、私たちが生きる大地は円盤状に広がり、その周囲を海が取り巻いていることである。異なっているのは宇宙的な時間の捉え方で、仏教は時間は初めも終わりもないとし（但し、永遠なるものは何一つない）、ジャイナ教は昇りの時代と降りの時代を繰り返すとし、ヒンドゥー教は大火と洪水を周期的に繰り返した後に宇宙の空虚が来るとする。やがて、これらの考えが混交して、世界は収縮と発展を周期的に繰り返しつつ、いつか現れる七つの太陽にシネール山も焼き尽くされ地火水風も消滅してしまうという、転生輪廻と世界の消滅（ハルマゲドンの到来）に集約されていった。

43
占星術

紀元前六世紀頃、バビロニアのカルドニア人は羊を追って草原を旅する牧畜遊牧民族であった。かれらは、仕事を終えた夜、星空を眺めてはその動きを詳しく観察し、五つの惑星が星座の間をどのように動いていくかを記録していた。カレドニア人たちは、これら五つの惑星には神が住んでいて人間世界を支配していると考えた。さらに、太陽には正義と律法をつかさどる太陽神シャマシュ、月には時をつかさどる月神シンが住んでいるとし、人間の生まれた瞬間にこれら七つの星がどのような位置関係にあるかによって、その人の運命が決まっているという信仰を持つようになった。これが「占星術」の起源で、後にギリシャに伝わり、ヨーロッパ中世に受け継がれて「ホロスコープ占星術」となって大いに広まり、現在まで生き長らえている。

カルデア人たちは、黄道（見かけ上、太陽が天球上を動く軌道）を割り出し、その付近の星座を一二に分けてそれぞれに名前を付けた。かれらは羊の遊牧を開始する春分を一年の開始と考え、その星座を「牡羊座」と名付け、以下、牡牛座・双子座・蟹座・獅子座・乙女座・天秤座・蠍座・射手座・山羊座・水瓶座・魚座と星座が移って一年になる。これが「黄道一二星座」である。このように星座を定めると、各瞬間に太陽と月と五つの惑星がどの星座にあるかが決まることになる。

しかし、星座の大きさや間隔がまちまちでは、人間の運命に不平等が生じる。そこで紀元前一五〇年頃、ギリシャのヒッパルコスは、地球の赤道を天球にまで広げて黄道との交点を春分点と定め、黄道上を三〇度ずつ一二等分して、牡羊宮以下に「宮」の名前をあてはめた。これが「黄道一二宮」である。獣の名が多いことから「獣帯一二宮」とも呼ばれており、さまざまな図柄で描かれている。

　中国では、これらを白羊宮・金牛宮・双子宮・巨蟹《きょかい》宮・獅子宮・処女宮・天秤宮・天蠍《てんかつ》宮・人馬宮・磨羯《まかつ》宮・宝瓶《ほうへい》宮・双魚宮と名付けたので、日本ではこの呼び方も使われているようだ。

　通常の占星術では、なお星座の名が用いられ、七つの星のうち太陽がもっとも影響力を発揮するとして、生まれた日に太陽が位置する星座名で「射手座生まれ」などと呼んでいる。

　ところで、ヒッパルコスが黄道一二宮を定めたとき春分点は牡羊宮にあったが、地球の歳差運動（自転軸の首振り運動）のために現在では三〇度西へ移動し春分点は魚座に入っている。つまり、かつての占星術の時代からは一星座分ずれているのだ。そのため、黄道一二宮と天文学上の一二星座とは対応していない。だから、占星術では「射手座生まれ」になっていても、実際には「蠍座生まれ」なのである。

　さらに、その後に天王星・海王星・冥王星の三つの惑星も発見されたから、それらも加えた八つの惑星の位置から占わなければならない筈である。さすが商売上手なカルデアン（占星術師）は、この部分の修正も行っているらしい。

　占星術でいう二人の「相性」とは、各々の星座の位置関係「アスペクト」で決まっている。アスペクトとは、二つの星座間の角度によって、合（角度ゼロ、つまり同じ星座）、六分（角度六〇度）、矩（角度九〇度）、三分（角度一二〇度）、衝（角度一八〇度、つまり反対側の星座）の五つのパターンのことで、合または三分のとき最高に相性が良く、六分のときは良く、矩と衝のとき悪いとする。

　従って、最高に相性が良いのは、同じ星座か、四つ前か四つ後ろの星座にある場合で、相性が悪いのは、反対側の星座か、三つ前か三つ後ろの星座にある場合ということになる。

　さらに、各星座に支配星を割り当て、その星に人為的に付与した性格を、その星座生まれの人の性格とみなす方式もある。

　各々の支配星は、牡羊座は火星、牡牛座は金星、双子座は水星、蟹座は月、獅子座は太陽、乙女座は水星、天秤座は金星、蠍座は冥王星、射手座は木星、山羊座は土星、水瓶座は天王星、魚座は海王星で、太陽は創造・生命、月は変化・願望、水星は才能・伝達、金星は愛情・調和、火星は活力・災難、木星は幸運・成功、土星は努力・忍耐、天王星は進歩・独立、海王星は神秘・秘密、冥王星は更正・変動という性格に富むとする。

さて、みなさんは、これだけの知識で立派な占星術師になれるでしょう。

占星術

1620年頃に書かれたロバート・フラッドの『両宇宙誌』IIより、ホロスコープ作成中の占星術師を描いた図。背景には星、月、太陽が同時に出現している。J・ファブリキウスによればこの占星術師は錬金術師でもあり、ペンが指す双魚宮のサインにより、錬金作業＝オプスの完成（月と太陽の結合）が示されているという。

44

太陽暦の歴史

暦とは、時間の流れに刻みをつけて生活の指標としたものだが、太陽の動きから一日、月の満ち欠けから一月、星座の移り行きから一年を定めている。いずれも、天体の動きや変化を目印にして、私たちの生活のリズムを作っているのである。ここでは暦にまつわる興味深い歴史をまとめることにしよう。

一週間は、なぜ七日になったのだろう。人間は働きづめであっては能率は上がらない。適当に休みの日を入れる必要がある。かつては、指の数の一〇日ごとに安息日があったが、それでは間隔が長すぎる。そこに登場したのが「聖」なる数の七である。夜空に見える五つの惑星に太陽と月を加えて、天を動く七つの星が代わる代わる世界を支配すると考えた天動説宇宙論がその背後にある。実際に、暦に週の単位が入ったのは五世紀頃であった。

一年が三六五日と発見したのは、古代エジプト人である。まず、ノーモンという棒を地面に立て、太陽が作る影の長さと方向から季節と時間を知る日時計を発明し、正午の影がもっとも短くなる日を夏至とした。その夏至から夏至にいたるまでの日数が三六五日だったのである。さらに、月の満ち欠けから一ヵ月を三〇日と数え、一年を一二ヵ月とし、残り五日を付加月として一年を数える「エジプト暦」を作り上げた。この暦では一年の始まりは夏至であり、シリウスが日の出とともに東から昇り始める日、ナイル川が氾濫を開始する日でもあった。

やがて、一年は三六五日と六時間足らずであり、四年に一回ずつ三六六日の年を作らねばならないことに気づき始めた。夏至の日の予言とシリウスが昇り始める日がずれてきたからだ。そこで、シリウスの出る日が合うように改められたのが「シリウス暦」である。つまり、四年に一回閏年を入れるようになったのだ。紀元前一六〇〇年の頃である。

紀元前四七年、エジプトへ遠征したユリウス・カエサル（ジュリアス・シーザー）は、美女クレオパトラとともにシリウス暦も手に入れ、ローマに持ち帰って交付したのが「ユリウス暦」である。古代ローマには、建国者ロムルスが作った「ロムルス暦」があったが、一年が三〇四日で一〇ヵ月に分割されていた。むろん、これでは暦日と実際の季節がずれてしまうから、一年が三五五日で一二ヵ月から成る「ヌマ暦」、さらに二年ごとに二二日と二三日の閏月を交互に加える「タルキニウス暦」と改められていった。紀元前六〇〇年の頃である。しかし、暦を司る政治家が勝手に閏月を加えたり加えなかったりしたので、カエサルの時代には、暦日と季節が三ヵ月以上もずれてしまっていた。そこでカエサルは紀元前四六年にシリウス暦を交付し、これを「ユリウス暦」と呼んだのだ。

ところで、ロムルス暦では、一年はマルティウス（現

古代ローマ暦

月　名		ロムルス	ヌ　マ
1月	Martius	31日	31日
2月	Aprilis	30	29
3月	Maius	31	31
4月	Junius	30	29
5月	Quintilis	31	31
6月	Sextilis	30	29
7月	September	30	29
8月	October	31	31
9月	November	30	29
10月	December	30	29
11月	Januarius	—	29
12月	Februarius	—	28
計		304	355

ユリウス暦

月　名		ユリウス	アウグストゥス
1月	January	31　日	31　日
2月	February	29(30)	28(29)
3月	March	31	31
4月	April	30	30
5月	May	31	31
6月	June	30	30
7月	July(Quin.)	31	31
8月	August(Sex.)	30	31
9月	September	31	30
10月	October	30	31
11月	November	31	30
12月	December	30	31
計		365(366)	365(366)

太陽暦の歴史

上／古代ローマ暦。左は一年が304日、十ヵ月しかないロムルス暦、右が355日のヌマ暦。
下／ユリウス暦。7月はカエサル（ユリウス）のときにキンティリスからジュライに、8月はアウグストゥスのときにセクストゥリスからオーガストに改名された。

在の三月、英語でマーチ）から始まっており、七月はセプテンブル、八月はオクトーベル、九月はノヴェンベル、一〇月はデケンベルというふうに、ラテン語のセプテム（七）、オクト（八）、ノヴェム（九）、デケム（一〇）を意味する名前と対応がついていた。現在と月名が二ヵ月ずつずれていたわけだ。それには次のような経緯があった。まず、一年が一二ヵ月となったヌマ暦で、一一月のヤヌアリウス、一二月のフェブルアリウスが付け加えられた。ヤヌアリウスはローマの門神ヤヌスに因んで名付けられ、フェブリアリウスは戦死者の霊を慰める月として贖罪の神フェブルウスから採られている。そして、タルキニウス暦で、ヤヌアリウスを一月に、フェブルアリウスを二月にと、年の初めに動かされた。ヤヌス神は「はじめ」を司る神でもあるから、年の初めに持ってくるのがふさわしいと考えられたのだ。そのために、月の呼び名が二ヵ月ずれることになったというわけである。

カエサルは、自らの功績や名声を後世に残すため、自らの誕生月であるキンティリス（ロムルス暦の五月で、ラテン語の五のキンクに由来）を「ユリウス」と改名した。これが七月を英語でジュライと呼ぶ起源である。さらに、カエサルの養子のアウグストゥスは、皇帝となってユリウス暦の徹底を図るとともに、トラキアの戦いに勝った記念月としてセクスティリス（ロムルス暦の六月で、ラテン語の六のセックスに由来）を「アウグストゥス」と改めた。これにより八月を英語でオーガストと呼ぶようになった。

他の月の名は、ギリシャ・ローマ神話の神々の名がついている。三月マルティウスは戦いの神マルス、四月アプリリスは愛と美の女神アプロディテー（ヴィーナス）、五月マイウスは農耕の神マイア、六月ユニウスは結婚を司るユノー（最高神ユーピテルの正妻）である。カエサルもアウグストゥスも、これらの神々の仲間入りをしたかったのだろう。

ユリウス暦は一年を三六五・二五日としたが、正確には三六五・二四二一九八七九日である。その差は一年で約一一分一四秒で、一二八年経てば一日分の誤差になる。これを補正したのが「グレゴリウス暦」で、「西暦年で四で割り切れる年を閏年とし、一〇〇で割り切れても四〇〇で割り切れない年を平年とする」と定められ、現在もこれを使っている。

45 曜日の由来

一日は地球の自転による太陽の運行、一月は月の地球周りの公転による満ち欠け、一年は地球の太陽周りの公転による季節の移り変わりというふうに、天体の運動をもとに私たちは時間に刻みを入れている。それを暦として生活の指標としている。では、一週間はどのように定められたのだろうか。

人間は働き続けていてはかえって効率的ではない。適当に休みの日（安息日）を入れる必要がある。月の満ち欠けを基準に暦（太陰太陽暦）を作っていた時代では、朔（新月）と望（満月）の日を安息日というふうに月の形から決めていたり、両手の指の数である一〇日ごとに安息日を取っていたりした。しかし、一五日や一〇日の間隔では疲れをとるにはやや長い。そこで選ばれたのが「聖」なる数、七であった。

古代バビロニアの人々は、星空を眺めていると、他の星に比べて明るく、瞬かず、不規則な動きをする五つの星に気がついた。それらを「惑星（ギリシャ語の「さまよう」という意味のプラネット）」と呼んだ。さらに、光と熱を与えてくれる太陽と、夜を照らし出してくれる月を加えて、七つの星が地球の周りを回っており、代わる代わる時間と空間を支配していると考えた。天動説宇宙論が聖数七の背後にあったのだ。

これら七つの星は、地球からの距離順で月・水・金・太陽・火・木・土と並んでいるとした。この並び方は曜日の順とは異なっている。曜日の順は、以下のような手続きに従って定められた。まず、もっとも遠い土星が最も気高く、第一日の第一時の地位にある。第二時は次に遠い木星、第三時は火星と交代していき、一日の終わりの第二四時は火星になる。すると第二日目の第一時は太陽から始まり、同じように第二時に金星、第三時に水星と交代していくと終わりの第二四時は水星となり、第三日の第一時は月から始まる。このように並べると、第一日から第七日の第一時に来る順は、土星・太陽・月・火星・水星・木星・金星になる。この並び方はエジプトで始まったそうだが、週は土曜日から始まるとされていたのだ。

ところが、エジプトから脱出したヘブライ人は、長い間ヘブライ人を差別してきたエジプトへの憎しみから、エジプト人が週の最初に置いた土曜日を週の最後に置き換えた。正式に週が暦に採り入れられたのは、紀元四二九年のローマ帝国のテオドシウス二世の時代、つまりキリスト教世界で実用化したのだから、週が安息日の日曜日から始まる風習が定着した。むろん、光と熱によって生命を育む太陽こそ至高として、太陽の日である日曜日が週の第一番になるのには何の異存もなかっただろう。もっとも、日曜日を「太陽の日」とするのは英独語系で、旧教の仏伊語系では「主の日」、スラブ語系では「復活の日」と呼ばれ、中国では「星期天（天の日）」、イスラム暦では「第一日の日」と呼ばれている。月曜日は、夜を照らし出してくれる「月の日」と呼ばれることが多いが、スラブや中国では「第一の日」、イスラムでは「第二の日」という呼称となっている。むろん、日本語の日・月は太陽・月を表している。

火曜以下土曜日までの呼び方は、惑星の名前や神話の英雄や順序数など、民族や言語や神話によって異なっている。

北欧神話圏に属する英語では、火曜日は戦いの神「ティルの日」、水曜日は最高神「オーディンの日」、木曜日は雷の神であり農業を司る「トールの日」、金曜日は春と愛の神「フレイアの日」と、それぞれ北欧神話の神が呼称の起源となっている。ただし、土曜日にローマの農業神「サトゥルヌスの日」が紛れ込んでいる。直接に惑星との関係を持っていないことがわかる。

ギリシャ・ローマ神話圏に属するフランス語では、火曜日は火星の神「マルスの日」、水曜日はローマの水星の神であり使者の神である「メルクリウス（ギリシャ語でヘルメース）の日」、木曜日はローマの最高神「ユーピテル（あるいはジュピター）の日」、金曜日は金星の神であり愛と美の女神である「ヴィーナスの日」となっており、惑星との対応がついている。ただし、土曜日は

古代エジプトの暦

テーベの王家の谷から出土したセティ1世の墓の天井に描かれていた暦。紀元前12世紀ごろのもの。

「七番目の日」と呼ばれている。

スラブ系や中国やイスラムでは順序数で呼ばれているが、月曜日が中国のような「第一の日」か、イスラムのような「第二の日」かによって、数字が一つずつ違っている。ただし、イスラム圏のアラビア語では土曜日は「安息日」と呼ばれる。実際には、金曜日が安息日なのだが。

日本語の呼称では、「木火土金水」の五行が万物を構成する原素であり、その組み合わせで万物を無限に変化させるとする「五行説」が基礎になっている。天地万物を五行の現れと考え、例えば惑星には、歳星《さいせい》（木）、熒《けい》惑星《ごくせい》（火）、塡星《てんせい》（土）、太白星《たいはくせい》（金）、辰星《しんせい》（水）が割り当てられたのだ。そして、明治時代に入ってグレゴリウス暦が採用され、そのまま曜日と惑星名が一致しているというわけである。

46 星座と星の名

夜空に見える星を線で結んで、何か具象的な形と似ていると想像し名付けたものが「星座」である。従って、世界中のあらゆる場所で異なった星座名が付けられていた。

天文学にとっては、星座名を統一していないと天体の位置がすぐにわからないから、一九二八年の国際天文学連合総会で、八八の星座名とその境界が定められた。

その標準星座名は、バビロニアに発し、ギリシャ時代に神話と結びつけられた名前が多い。星座の正式学名はラテン語で示されており、その星座の方向に見える個々の星を表す場合は、ギリシャ文字またはローマ文字の後に星座名のラテン語属格を付けることになっている。最近は、このラテン語属格を三文字に省略した略符がもっぱら使われている。例えば、おとめ座の学名は Virgo、属格は Virgoinis、略符は Vir である。

星座は、天の川の近くの星が、たまたま同じ方向に、ある形をとるように並んで見えているもので、星の距離は異なっていることが多いから、実際の空間分布を表しているわけではない。星の運動には、銀河系中心の周りを回る回転運動成分とランダムに動く固有運動成分があり、そのような運動のために数十万年も経つと星座の形は変わってしまう。恐竜が見ていた星座、北京原人たちが見ていた星座、現在の私たちが見ている星座は、みんな違っているのである。

以下に、季節ごとに見える有名な星座名と代表的な星の名前をまとめておこう。

〈春の星座〉

大ぐま座（北斗七星、日本ではヒシャク）

小ぐま座（ポラリス＝北極星、日本ではネノホシ）
しし座（二等星デネボラ〔尾〕、一等星レグルス〔小さな王〕）
かに座（星団プレセペ〔かいば桶〕、中国では鬼宿）
うみへび座（二等星アルファルド〔孤独なもの〕、中国で柳宿）
コップ座
からす座（日本ではホカケボシ）
おとめ座（一等星スピカ〔麦の穂〕、日本ではシンジュボシ）

うしかい座（一等星アルクツールス〔クマの番人〕）
かみのけ座
りょうけん（猟犬）座（三等星コール・カロリ〔チャールズの心臓〕、四等星カーラ〔犬の名〕）
かんむり座（日本ではクルマボシ）

〈夏の星座〉

りゅう座（三等星ツバーン〔竜〕、二等星エルタニン〔竜の頭〕）
ヘラクレス座（中国では帝座）

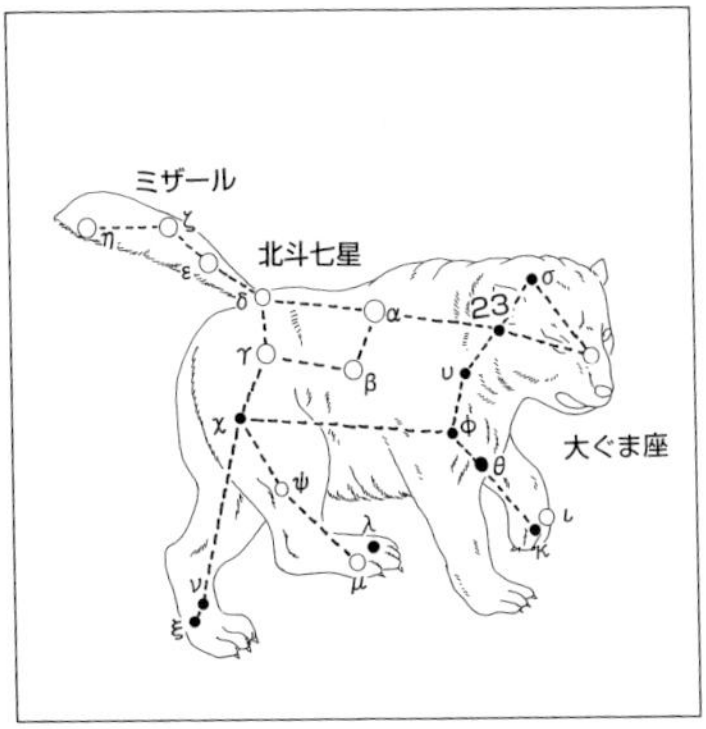

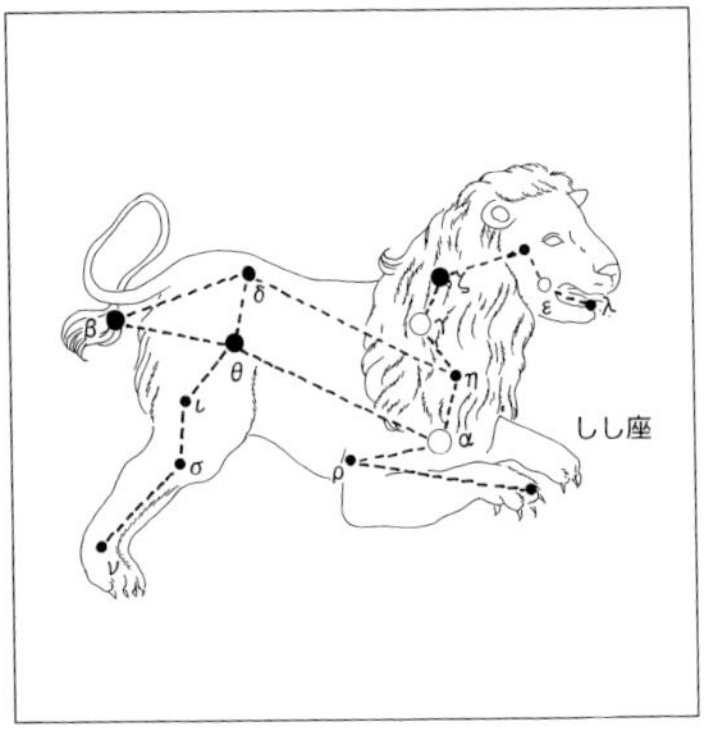

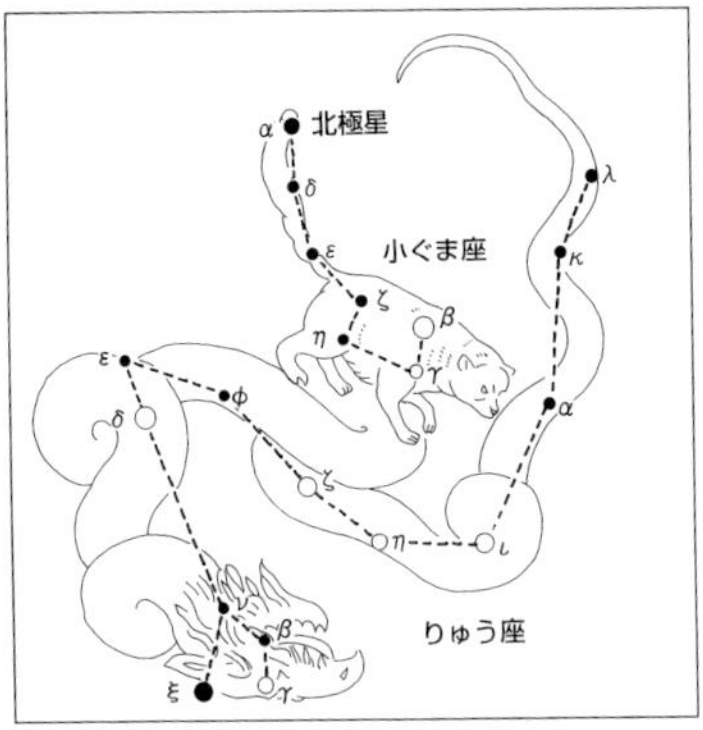

星座と星の名
上／大ぐま座
中／しし座
下／りゅう座、小ぐま座

へび座
へびつかい座
てんびん座
さそり座（中国では天の青龍、日本ではウオツリボシ：一等星アンタレス〔火星の敵〕、日本ではカゴカツギボシ）
ケンタウルス座（アルファ・ケンタウリ＝地球にもっとも近い星）
おおかみ座
南十字座
こと（琴）座（一等星ヴェガ〔落ちるワシ〕、中国では織女、日本ではオリヒメ）
わし座（一等星アルタイル〔空飛ぶワシ〕、中国では牽牛、日本ではヒコボシ）
たて（楯）座
はくちょう座（一等星デネブ〔尾〕、三等星アルビレオ〔嘴〕）
や（矢）座
いるか座（日本ではヒシボシ）

〈秋の星座〉
いて座（南斗六星）
みずがめ座
やぎ座
みなみのうお座（一等星フォーマルハウト〔魚の口〕、中国では北落師門）
こうま座
とかげ座
アンドロメダ座（三等星アルマック〔くつ〕：大星雲＝銀河）
ペガスス座（日本ではマスガタ星）
さんかく座（日本ではサンカクボシ）
おひつじ座（二等星ハマル〔羊〕、三等星シェラタン〔合図〕）
カシオペア座（日本ではイカリボシ、ヤマガタボシ：二等星カーフ〔手〕：カシオペアA＝超新星残骸）
ケフェウス座（デルタ星＝セファイド）
ペルセウス座（二等星アルゲニブ〔横腹〕、二等星アルゴル〔悪魔〕）
うお座

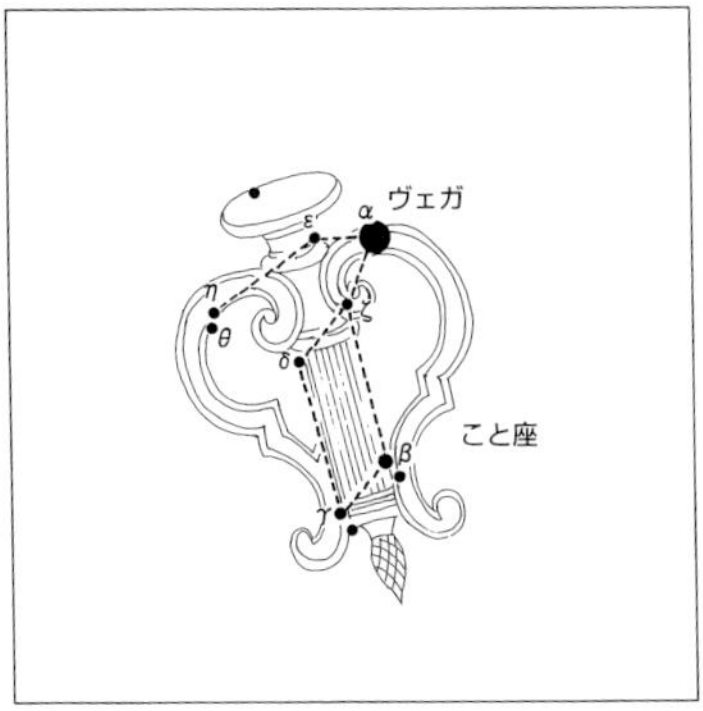

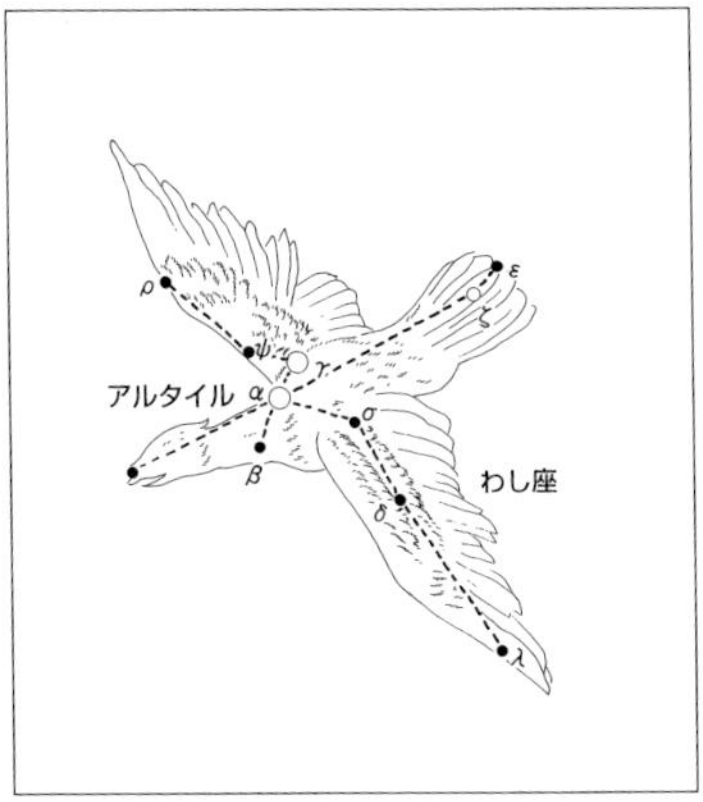

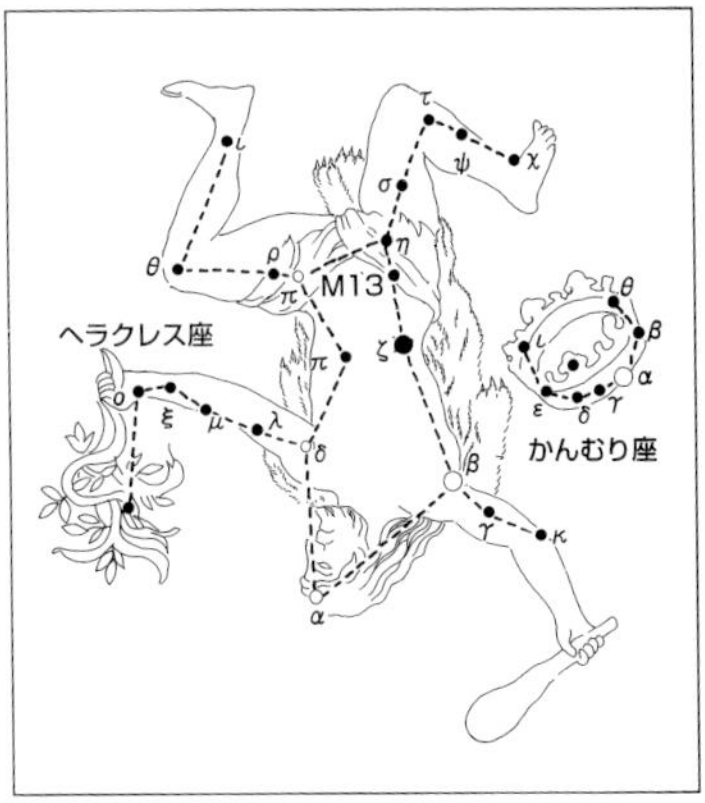

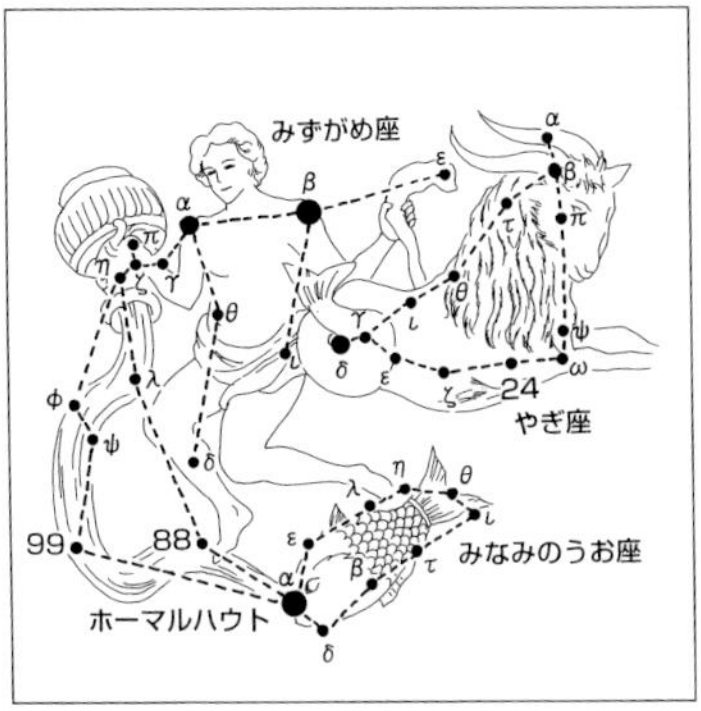

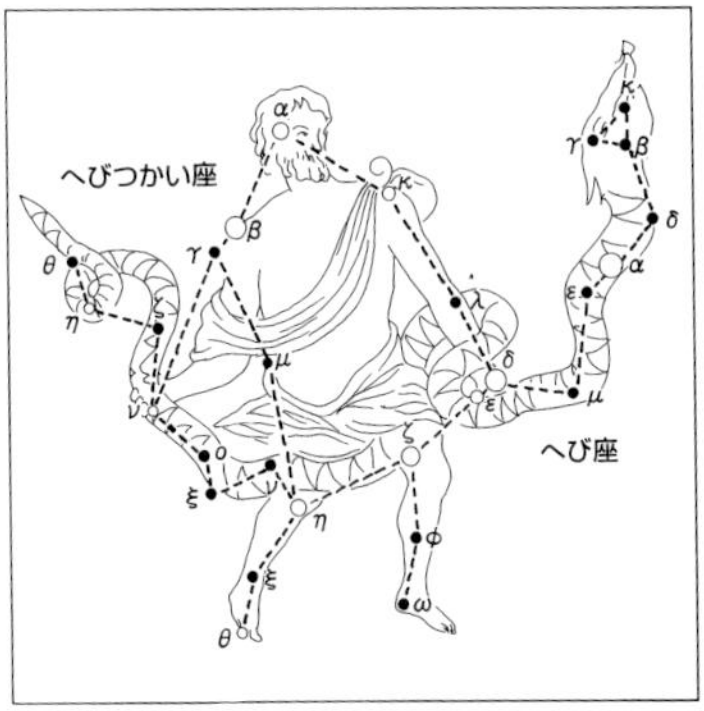

右上／いて座、さそり座　右中／ヘラクレス座、かんむり座　右下／へび座、へびつかい座
左上／こと座　左中／わし座　左下／みずがめ座、やぎ座、みなみのうお座

くじら座（二等星ミラ〔不思議なもの〕）

〈冬の星座〉

おうし座（プレアデス星団、日本ではスバル：ヒヤデス星団、日本ではツリガネボシ：一等星アルデバラン、日本ではスバルのアトボシ：カニ星雲＝超新星残骸）
オリオン座（日本ではミツボシ：一等星ベテルギウス〔巨人の腋の下〕、日本ではヘイケボシ：一等星リゲル〔巨人の左足〕、日本ではゲンジボシ：二等星ベラトリックス〔女兵〕）
ふたご座（日本ではメガネボシ：二等星カストール、日本ではギンボシ：一等星ポルックス、日本ではキンボシ）
ぎょしゃ座（日本では五カクボシ：一等星カペラ〔小さい牝山羊〕）
大いぬ座（日本ではサンカクボシ：マイナス二等星シリウス〔焼きこがすもの〕、日本ではアオボシ）
うさぎ座
小いぬ座（一等星プロキオン〔犬の前〕）
はと座
エリダヌス座
りゅうこつ座（一等星カノープス：中国では南極老人星）
とも（船尾）座

〈南半球の星座〉

インディアン座・がか（画架）座
かじき座・カメレオン座
きょしちょう（巨嘴鳥）座・くじゃく座
コンパス座・じょうぎ（定規）座
テーブルさん（山）座・つる座
とけい座・とびうお座
はえ（蠅）座・はちぶんぎ（八分儀）座
ふうちょう（風鳥）座・ぼうえんきょう座
ほうおう（鳳凰）座・ほ（帆）座
みずへび座・さいだん（祭壇）座
みなみのかんむり座・みなみのさんかく座
レチクル座

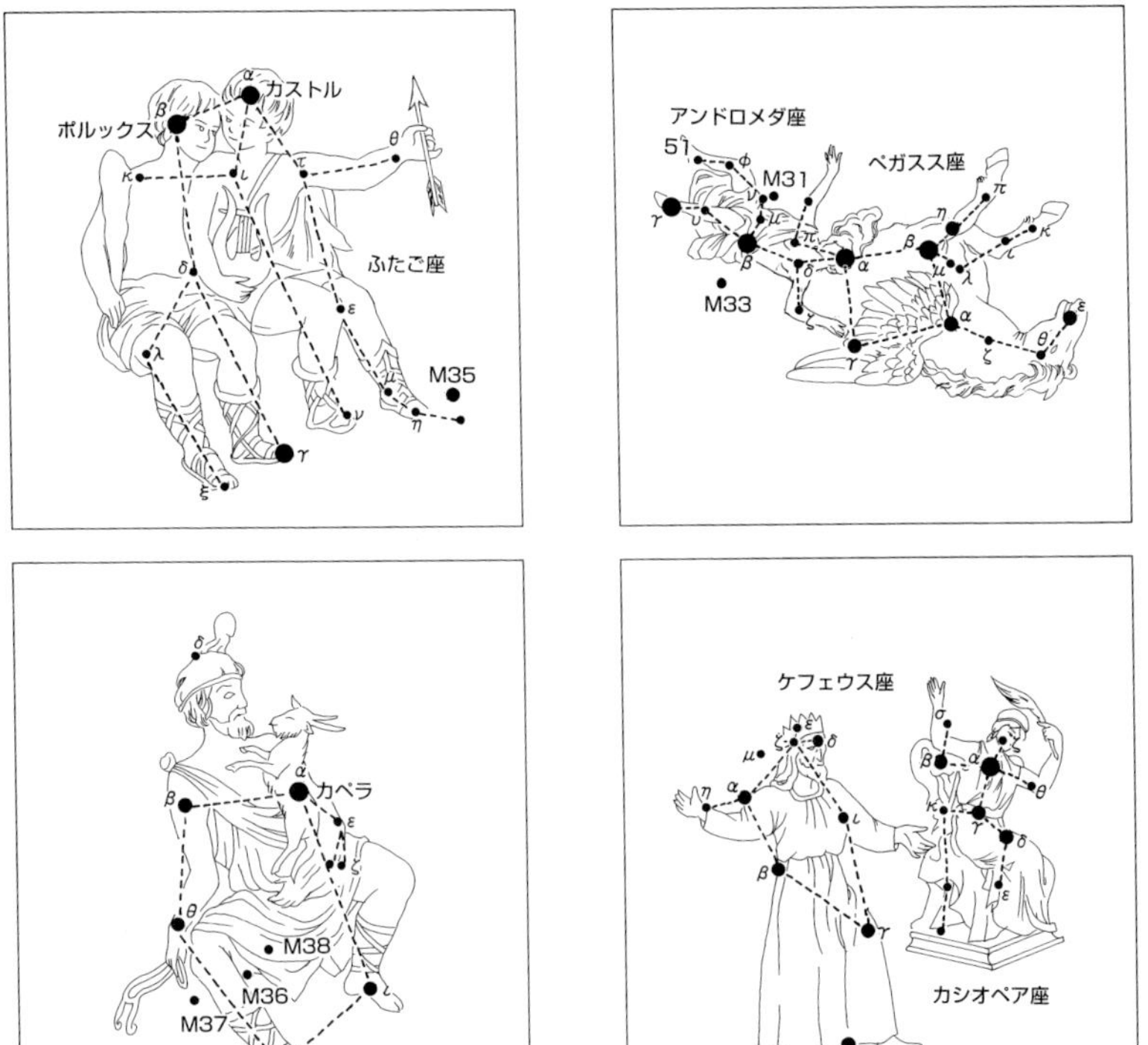

右上／アンドロメダ座、ペガスス座　右中／カシオペア座、ケフェウス座　右下／オリオン座
左上／ふたご座　左中／ぎょしゃ座　左下／大いぬ座

47 光学望遠鏡

望遠鏡がいつどこで発明されたかについては諸説があるが、最初に天文観測に使ったのはガリレイで一六一〇年のことだった。凸レンズを対物レンズに使って光を屈折させ、焦点に像を収束させて明るい像を得るよう工夫している。これを「屈折望遠鏡」という。

ガリレイは、接眼レンズに凹レンズを使って正立像を得たが、視野が狭く倍率も小さいという欠点がある。接眼レンズも凸レンズにしたのがケプラー式で、倒立像になるが倍率を高くできる。問題は凸レンズを通った光は波長（色）ごとに屈折率が異なることで、そのために像がぼけてしまう。これを「色収差」という。そこで、対物レンズや接眼レンズに凹レンズを組み合わせて色消しする工夫がさまざまになされてきた。しかし、完全に色収差が除去できないのと、大きな口径のレンズを加工するのが困難なため、現在では屈折望遠鏡は大型望遠鏡には使われていない。

一六六六年、ニュートンは自ら磨いた放物面の凹面鏡を対物鏡として、光を反射させてから収束させる「反射望遠鏡」を発明した。鏡で反射された光は入射方向に戻るので、その光をどう取り出すかの方式がいくつかある。「ニュートン式」は四五度に傾いた平面鏡で直角に光を取り出す方式、「カセグレン式」は主鏡の焦点の直前に双曲面の凸面鏡を置き主鏡中央に開けた穴から光を取り出す方式、「グレゴリオ式」は主鏡の焦点直後に長軸回転楕円面の凹面鏡を置いて反射させ主鏡に開けた穴から光を取り出す方式、「ハーシェル式」は主鏡を少し傾けて焦点を斜め外に取り出す方式である。口径が三メートル以上の望遠鏡では、主鏡の焦点に観測者が入るケージを取り付け、そこで直接、検出器に光を入れることもできる。

また、望遠鏡を乗せる架台には、「赤道儀式」と「経緯台式」の二通りがある。赤道儀式は、地軸に平行な極軸とそれに直角な赤道軸を持ち、極軸の周りを自動回転させて天体の日周運動を追いかける方式である。これによって何時間も同じ天体に望遠鏡を向け続けることができる。経緯台式は、垂直・水平の回転軸のいずれの周りにも回転させることができる方式で、この方式の方がより大きな重量を支えることができるので、超大型望遠鏡では経緯台式が採用されている。コンピューターで精密な制御ができるようになったためである。

観測装置は大型になるにつれ、望遠鏡に直接取り付けることが困難になっている。そこで、カセグレン式で取り出した光をいくつかの平面鏡を使って極軸上に導くことによって、望遠鏡がどの方向を向いていても同じ所に焦点を結ぶようにしたのが「クーデ焦点」である。経緯台式の場合、極軸に垂直な水平軸上にも重いものを置くことができるので、その方向に焦点を結ぶように鏡を配置するのが「ナスミス焦点」である。

通常の反射望遠鏡の視野は一度以下と狭い。そこで、天球の広い領域の写真を撮るために数度の大きな視野をもつ望遠鏡が「シュミット・カメラ」で、一九三〇年ドイツのベルンハルト・シュミットによって発明された。主鏡は球面鏡で、その曲率中心に特殊な曲率を持った補正レンズをおいて、空の広い領域を歪みなく撮れるように工夫されている。広角カメラに対応するものである。

現在稼働している最大の反射望遠鏡は、ハワイ・マウナケア山上に建設された口径一〇メートルのケック望遠鏡である。その一号機は一九九三年、二号機は九六年に完成した。いずれも一・八メートルの六角鏡を組み合わせた複合鏡である。

単一の鏡で世界最大の望遠鏡は、ケック望遠鏡のすぐ隣に建設中の日本の「すばる」望遠鏡で口径八・二メートルである。また、ヨーロッパ南天天文台では、チリに口径八・一メートルの望遠鏡を四台建設中で、集合望遠鏡として使う予定である。さらに、アメリカはイギリスやカナダと共同して、ハワイとチリに一台ずつ口径八メートルの望遠鏡を建設しており、双子座のジェミニという名を付けている。

このように、二一世紀は、口径八〜一〇メートル級の超大望遠鏡が活躍する時代となるだろう。

48 電波望遠鏡

宇宙から波長の長い電磁波である電波がやってきていることを最初に発見したのはベル電話会社研究所（当時）のジャンスキーで、一九三一年のことであった。残念ながら会社の理解が得られず、その後ジャンスキーは宇宙電波の研究を続けることができなかった。

実際に、一九四〇年頃に世界初の電波望遠鏡を製作し、電波源の強度分布を測定していたのはG・レーバーであった。彼はアマチュア天文家であったが、世界最初の電波天文学者と言うべきだろう。しかし、電波天文学が本格化するのは第二次世界大戦後で、戦時中に開発された無線技術やレーダー探査技術が宇宙観測に生かされたためである。

電波望遠鏡には単一開口型と干渉計型の二通りがある。単一開口型は一基のパラボラアンテナのもので、口径を大きくすることによって多量の電波を集めるとともに、口径に逆比例する空間分解能(解像力)を上げている。

世界最大の電波望遠鏡はアレシボの口径三〇五メートル鏡で、地面に穴を掘って設置してある。ドイツのボンに建設されている一〇〇メートル鏡、日本の野辺山の四五メートル鏡などが、単一開口型電波望遠鏡の代表的なものである。

干渉計型は、いくつかのアンテナをつなぎ合わせて同じ天体を同時に観測し、一つの望遠鏡として働かせる方式で、アンテナの間隔分の口径と同じ分解能が得られる。いわば、個々の望遠鏡が巨大望遠鏡の一部となっていることになる。

アメリカのVLA（very large array の略）では、一辺が二一キロメートルのY字形の上に、口径二六メートルのアンテナ二七台が配置されている。各望遠鏡が受けた電波を干渉させて像を合成してゆくので、開口合成型と呼ばれる。日本では野辺山に、口径一〇メートルのアンテナが六台、五〇〇メートルの直線上に配置された電波干渉計が建設されている。

さらに空間分解能を上げる干渉計がVLBI（超長基線干渉計）で、アンテナはつながっておらず、各々が独立の時計を持ち、独立の磁気テープに電波信号を記録し、後でそれを持ち寄って再生・干渉させる方式である。このやり方だと、何千キロメートルも離れた望遠鏡を組み合わせることができるので、その距離の大きさの口径の望遠鏡と同じ分解能が得られることになる。さらに、日本は一九九七年に口径一〇メートルの電波望遠鏡を人工衛星として上空に打ち上げ、これと地上の望遠鏡を組み合わせて口径三万キロメートルの電波望遠鏡とすることに成功した。

ところで、電波とひと口に言っても、波長が一センチより長いマイクロ波、一センチより短いミリ波やサブミリ波があり、それぞれの波長帯で異なった宇宙の姿が見えることになる。

波長の長い電波は、高エネルギーの電子が磁場と相互作用したときに放射される場合が多く、星が超新星爆発を起こした残骸や活動的銀河核と呼ばれる銀河の中心部での巨大なエネルギー放出が観測されている。ビッグバンの残光である宇宙背景放射は、絶対温度が約三度の熱放射で、波長が一ミリメートルより長い電波領域で観測されている。

波長が短いミリ波領域では各種の分子が放射する電波輝線が強い。従って、ミリ波では、密度の高い雲のように星間ガスが集まった領域の観測ができ、星や惑星系の形成現場を観測することができる。

現在までに、OH や SO のような二個の元素が結合した分子から、HC_9N のような一一個の元素が結合した分子まで、一一一種の星間分子が発見されている。

特に、一酸化炭素（CO）が放射する波長二・六ミリメートルの電波が強く、これによって多数の分子雲が発見されている。分子雲は星間ガスの主成分である水素が分子となっている雲で、ここから若い星が多数生まれていることが目撃されている。

さらに波長が一ミリメートルより短いサブミリ波は、大気の吸収が強いので人工衛星による観測が不可欠で、現在残されている天文観測の唯一のフロンティアである。

49 天文衛星

巨大な推進力をもつロケットが開発されたおかげで、人工衛星を大気外に打ち上げることが可能になった。世界初の人工衛星は、一九五七年に旧ソ連が打ち上げたスプートニク一号だが、アメリカのアポロ計画が終了した後、一九七〇年代から多数の天文観測衛星が打ち上げられ、地上では観測できない波長での宇宙観測がアメリカのNASA（アメリカ航空宇宙局）やヨーロッパのESA（ヨーロッパ宇宙局）によって急速に進められた。トップは、紫外線観測を主目的にしたOAO（軌道天文台）シリーズで、一九六八年に総重量が二トンもの第一号衛星が高度五〇〇キロメートルの上空へ打ち上げられた。その第三号衛星が一九七二年打ち上げの「コペルニクス」衛星で、口径四〇センチのものをはじめ一一個の望遠鏡が搭載されており、地上には到達しない波長一〇〇〇〜三〇〇〇オングストロームの紫外線観測を行って、天の川には温度が一〇〇万度もの熱いガスが広がっていることを明らかにした。一九七八年に高度三万六〇〇〇キロメートル上空の静止軌道に打ち上げられた「IUE（国際紫外線探査衛星）」は、なんと二〇年以上も紫外線観測に活躍し続けた。

次は、X線天文衛星のSAS（小型天文衛星）シリーズで、一トン以下の比較的軽量のX線検出装置を高度五〇〇キロメートルに打ち上げるプロジェクトで、一九七〇年、第一号衛星「UHURU（スワヒリ語で「万歳」の意味）」が打ち上げられ多数のX線源を発見した。その二号機は、よりエネルギーの高いガンマ線を観測する専用衛星である。SASシリーズに続いて、X線ではHEAO（高エネルギー天文台）シリーズ（その第二号機が「アインシュタイン」衛星で、一九七八年打ち上げ）、ガンマ線ではCOSシリーズへと発展していった。日本では、ＡＳＴＲＯシリーズとして一九七九年に「はくちょう」が打ち上げられて以来、「ぎんが」「てんま」「あすか」「すざく」と四〜五年ごとにＸ線天文衛星が打ち上げられ、優れた成果を挙げてきた。

開発が遅れたのは赤外線天文衛星である。というのも、望遠鏡や検出装置自身が発する赤外線雑音を抑えるために全体をヘリウムで冷やさねばならないからである。

本格的な衛星は一九八三年に打ち上げられた「ＩＲＡＳ（赤外線天文衛星）」で、口径六〇センチの望遠鏡を搭載しており、一万個以上の赤外線源を発見した。その

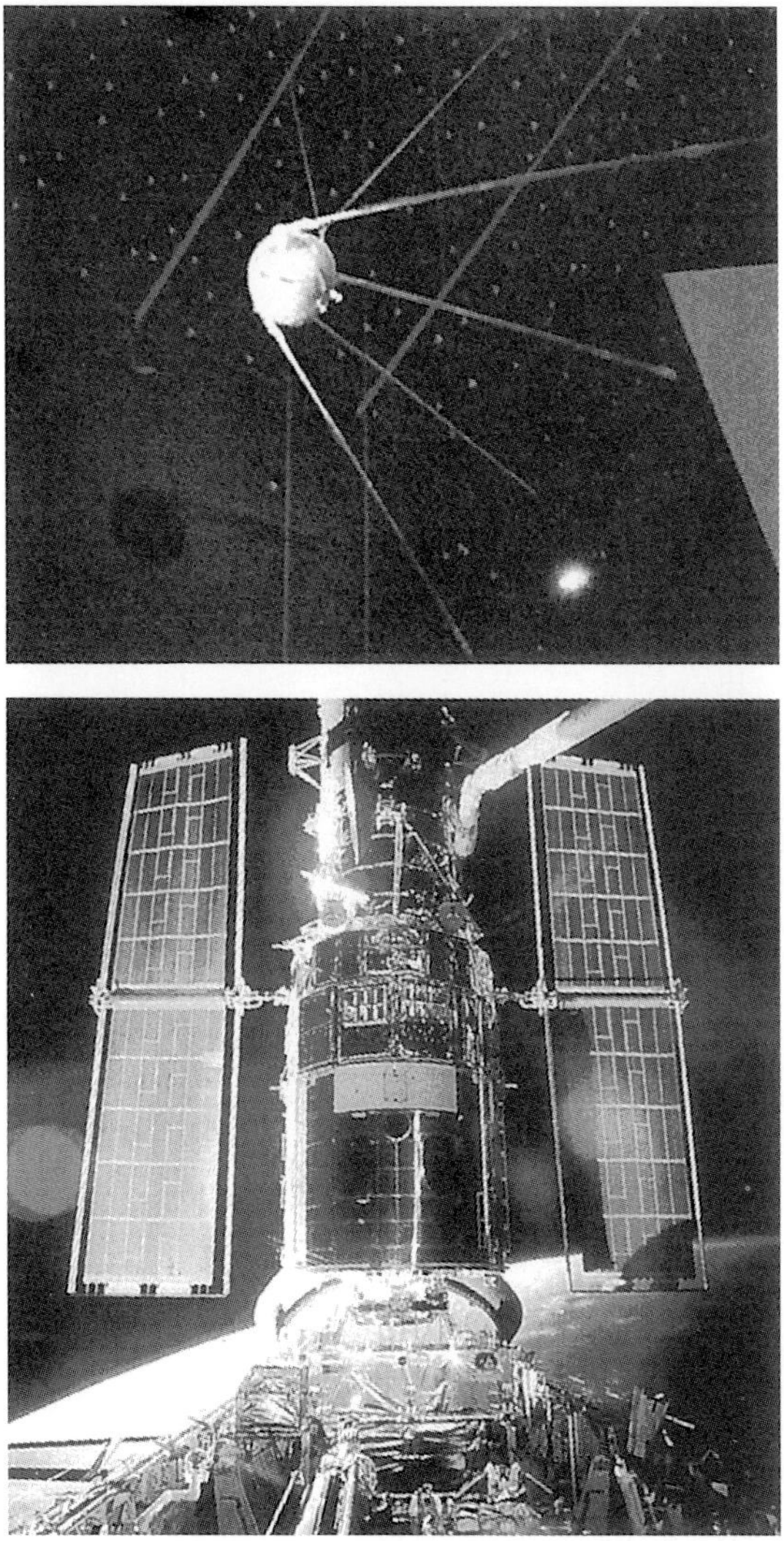

天文衛星

上／世界最初の人工衛星、スプートニク1号。
下／1993年、主鏡の修理のためにスペース・シャトルに収容されたハッブル宇宙望遠鏡。（NASA提供）

後継機が「ISO（赤外線探査天文台）」である。また、ミリ波から赤外線領域の波長帯で宇宙背景放射を専用に観測する「COBE（宇宙背景放射探査機）」は一九九〇年に打ち上げられ、その小さなゆらぎを検出するのに成功した。また、「WMAP（ウィルキンソン・マイクロ波異方性探査機）」は、宇宙背景放射のゆらぎを精度よく観測し、宇宙の骨格を確定した。日本では、サブミリ波領域での観測衛星や、赤外線で撮像とスペクトル観測を行う「あかり」が二〇〇六年に打ち上げられた。

可視光は地上から観測できるが、大気のゆらぎによって像がボケる欠点がある。そこで、光学望遠鏡を大気外に打ち上げて鮮明な画像を得るとともに、併せて紫外線や赤外線でも観測しようというのが「宇宙望遠鏡」で、NASAは、一九九〇年に口径二・四メートルの望遠鏡の打ち上げに成功し、「ハッブル宇宙望遠鏡（HST）」と名付けた。初め、望遠鏡の主鏡の研磨に間違いがあって、焦点ボケを起こしていたが、一九九三年にスペース・シャトルで宇宙飛行士が修理に出かけ、鏡の後ろに補正レンズを装塡して当初の性能通りの鮮明な像を得ることができるようになった。

ハッブル宇宙望遠鏡は、広視野カメラで遠宇宙のきれいな画像を送ってきているとともに、紫外線域でのスペクトル観測も行って、比較的近くにあるクェーサーと銀河との関係を明らかにするのに素晴らしい能力を発揮している。HSTには四〜五年ごとにスペース・シャトルで宇宙飛行士が出かけ、修理したり装置の取り替えを行ってから高い軌道に打ち上げるので、長く使うことができる。予定では、二〇一一年までは現在のHSTを使い、その後継の「NGST（次世代宇宙望遠鏡）」では、口径四メートルの望遠鏡が搭載される予定である。

天文衛星以外に、地球の磁気圏や電離層を調べる地球高層探査衛星、地球の気候や海流を調べる地球探査衛星、太陽活動を調べる太陽衛星、核実験を探知するガンマ線衛星、地上の位置決め衛星（GPS）、放送・通信衛星、スパイ衛星など、さまざまな目的の人工衛星が上空を飛び交っている。

また、火星・木星・土星など太陽系の惑星とその衛星の大気や磁場を調べる探査機も多く打ち上げられている。二一世紀には、月や火星から岩石を持ち帰るサンプル・リターン計画が進められるだろう。

50 宇宙開発

宇宙開発の鍵は、まず推進力の大きなロケットの開発が不可欠である。化学ロケットでは酸化剤と燃料（推進剤）が積み込まれており、それを燃焼させて高温ガスとし、ノズルから高速で噴出させることによって推進させている。

燃料には、アルミニウムを合成ゴム（ポリウレタン、ポリブタジエン）で固めた固体燃料と、ケロシン（液酸）やヒドラジンなど液酸液水を用いる液体燃料がある。酸化剤には、通常、過塩素酸アンモニウムが使われている。固体燃料は、非常に大きな推力が得られるが、燃焼温度が高いので高い圧力に耐えられるような耐熱材を使わねばならない。これに対し、液体燃料はタンクに入れて燃焼室に送り込めばいいので取り扱いやすいが、推進力に問題がある。いずれにしても、人工衛星を打ち上げるロケットの重量の九〇％以上が燃料なのである。

高速ガスを噴射することによってロケット本体を加速するが、ガスが噴出する速さは本体に対し秒速三〜五キロメートル程度である。人工衛星を打ち上げるなら秒速八キロメートル（対地速度）、地球の重力を脱するためには秒速一一キロメートルにまで加速しなければならないので、通常は多段式ロケットになっている。ロケットが大きくなるにつれ、推進剤の入れ物の質量や体積も大きくなる。そこで、推進剤の入れ物を細かく分割して、使いきった端から捨てていくのだ。

アメリカは、人工衛星の打ち上げを安くする工夫として、地上と衛星軌道を結ぶ有人輸送機のスペース・シャトルを開発した。大ロケットで打ち上げられるのは他の人工衛星と同じだが、人間が乗ったオービターを、固体推進剤を使った二本の補助ロケットで一定の高さにまで押し上げると切り離して再利用できることが第一の特徴である（補助ロケットは二〇回くらい再使用できる）。オービターは自らの液体推進燃料で衛星軌道に入り、そのタンクは切り離して捨てる。オービターには最大七人が搭乗でき、オービター内での実験、新しい衛星の打ち出しや古い衛星の回収、衛星の修理などを行うことができる。仕事を終えたオービターは、大気圏再突入を行って、通常の飛行機と同じように滑空して地上に戻ってくる。オービターは一〇〇回くらい再使用できることが第二の特徴になっている。こうして、一九八一年からスペース・シャトルがアメリカの宇宙開発の主役になった。しかし、一九八六年にチャレンジャーが、そして二〇〇三年にコロンビアが空中爆発を起こして安全性が問題となり、また一回の使用でのオービターの損傷が激しいため、当初見積もっていたほど安上がりにはならないことがわかってきた。そのため、現在では、ロケットによる直接の人工衛星の打ち上げとスペース・シャトルを使う方式を併用している。

　スペース・シャトルは地上と衛星軌道を結ぶ人員輸送機だが、途中の比較的低軌道に恒久的なステーションを飛ばし、それを地上と人工衛星との間の中継基地とするのが、「宇宙ステーション」である。さらに、そこに理工学実験室を作って各種の無重力実験を行ったり、人工衛星の保守や回収をしたり、太陽光を利用した宇宙発電所や天文観測を行う天文台を設置するなどが考えられている。現在は、アメリカ・ロシア・カナダ・日本が宇宙ステーション建設に参加しているが、膨大な費用がかかるのに対し、どれだけメリットが期待されるかについて不定要素が大きく、計画は遅れがちである。実際、スペース・シャトルを使っても、一トンの物資を低軌道に打ち上げるのに四億円もかかるので、巨大な宇宙ステーションを建造するための費用は莫大となり、現在まだ実験段階と言える。

　宇宙ステーションをさらにスケールアップして、地球と同じ環境を宇宙空間に作り出そうという構想が「宇宙コロニー」である。一万人が収容でき、一気圧の空気、回転による地球と同じ重力、太陽エネルギー発電による電力供給など、さまざまな夢が描かれたが、資源の輸送など巨大なコストの問題があって、現在ではほとんど議論されていない。

51 人々の宇宙の拡大

人々が認識しうる宇宙の大きさは、宇宙を観測する技術によって決まっている。技術は時代とともに発達してきたから、人々が知りうる宇宙も時代とともに拡大してきたのである。

望遠鏡が発明されるまで、宇宙の観測は眼で天球を観察する以外に方法がなかった。いわゆる「裸眼観測」である。各星の位置を、標準とする星に対する角度で測ったり、その動きを天球の座標に図示したりするための、六分儀や天球儀などが発明されたが、あくまで裸眼で星の位置を確認していたのである。

このような裸眼観測の最高の天文学者はデンマークのティコ・ブラーエで、国王より贈られたフヴェーン島の天文台で、惑星の動きや恒星の位置を詳しく観測した。眼で見ている限りでは、惑星の動きはわかっても、遠くの恒星の遠近はつかない。つまり、裸眼観測の時代では、人々の宇宙は太陽系に閉じていたと言える。天動説と地動説宇宙の相克は、あくまで太陽系宇宙での中心争いであったのだ。

ガリレオ・ガリレイが発明されたばかりの望遠鏡を改良し、太陽系の天体だけでなく、天の川にまで望遠鏡を向けたことが宇宙を一気に拡大するきっかけとなった。ガリレイは、かに座のプレセペ（かいば桶）に望遠鏡を向け、そこに多数の星が群れていることを発見した。これによって、天の川は無数の星の集団であること、つまり宇宙は太陽系に閉じたちっぽけなものでなく、太陽と同じような星が無数に群れている世界こそ全体宇宙であると考えたのだ。

この、無数の星が連なる宇宙をより拡大させたのがウィリアム・ハーシェルであった。彼はいくつかの大望遠鏡を自作した。その最大のものは口径一二〇センチもあったが、光を一点に結ばせることが難しかった。そのための鏡の研磨や光軸を一直線上に乗せるような、ソフトにあたる周辺技術がまだ開発されていなかったからだ。当時の主鏡は金属製で重く、かつ曇りやすかったことも問題であった。そのため、彼が妹のカロラインと協力して天球の星分布を詳しく観測して「星雲宇宙」を提案したときに使った望遠鏡は、口径四五センチの使い馴れたものであった。彼は、この望遠鏡を使って多数の星雲や恒星を記録していったのだ。

望遠鏡を使うようになっても、まだ困難があった。星の明るさや色は眼で観測するだけの「眼視観測」であったから、人によって、あるいは天候によって、結果が異なってしまうのだ。望遠鏡に集められた光を客観的に記録する方法、つまり写真技術の発展が次のステップでは非常に重要であった。

一八四〇年代に発明された写真は、初め湿式で一枚しか撮れなかったが、やがて乾式となってネガから何枚も複製できるようになり、天文観測を飛躍的に発展させることになった。全天数万個の星を写真に撮って星図を作ったり、シリウスの伴星を像に撮って連星であると証明したり、星の固有運動や視差を検出して距離を決定したりと、銀河系の観測が急速に進んだのだ。

併せて、星の光を分光器で波長ごとに分けて乾板に焼き付ける（スペクトルを撮る）ことにより、多数の暗線（フラウンホーファー線）や輝線が発見された。当初は、それが何に由来するかわからなかったが、室内実験から各元素が特有の波長の輝線を発しており、また星と私たちの間にあるガス中の元素によって暗線（吸収線）が生じることが明らかにされて、「天体物理学」という新しい分野が開けてきた。スペクトルを調べることによって星の表面の化学組成や温度などがわかるから、それまでの星の位置と明るさを決めるだけの天文観測から、星の物理状態を調べる新しい学問が開拓されたのだ。

これによって、天と地が同じ化学組成であることが明確に示され、地上の物理学が宇宙にも適用できる確信が得られたのである。むろん、スペクトルを原子構造から解釈する量子力学の成立が背景にあった。また、反射望遠鏡の主鏡にガラスを使うことが可能になり、口径を一気に大きくする道が開かれた。

このような写真技術と物理学理論の発達の下に、星の色と絶対光度による分類（ＨＲ図）、星の構造に関する理論モデル、変光星の周期・光度関係など、人々の宇宙の飛躍的な拡大のための基礎データが積み上げられたのが今世紀の前半部であった。つまり、恒星のさまざまな物理量が決定されるにつれ、その知識を足場にしてアンドロメダ星雲が銀河であると発見されて銀河宇宙像が確立し、銀河が互いの距離に比例する速さで遠ざかっていることから膨張宇宙が発見されたのだった。

望遠鏡の口径を大きくすること、光検出装置における半導体素子の応用、人工衛星による大気外からの宇宙観測などが、今世紀後半の技術的な進歩の核を成しており、ほとんど宇宙の果てにまで観測の眼が及ぶようになった。私たちが認識しうる宇宙は、ほぼ理論的な限界に近づきつつあるのだ。

人々の宇宙の拡大

上／16世紀後半の裸眼観測の最後の人、ティコ・ブラーエのフベーン島・ウラニボルク天文台での天文観測の様子。手前の巨大な四分儀のほか、背景に種々の天文器具が見える。

下／1789年、ハーシェルが製作した最大の望遠鏡。口径は120cm、焦点距離は12m。

Ⅵ

物理の基礎理論

52 ニュートン力学

物体の空間内に占める位置が時間的にどのように変化するかを記述するのが「運動学」であり、ガリレイによって斜面を滑り落ちる物体の運動の実験がその出発点であった。いわば運動の現象論的な記述であり、ケプラーの惑星の運動に関する三つの法則（惑星は太陽を一つの焦点とする楕円軌道をとっている、惑星は面積速度が一定となるよう軌道上を動く、公転周期は楕円の長半径の二分の三乗に比例する）は、その代表的な例である。

しかし、運動学だけでは、なぜそのような運動となるかが理解できない。運動学に、新たに「慣性」という概念と運動を変化させる「力」を導入し、それらの間の関係をつける必要があった。それが「力学」なのである。

ニュートンは、一六八七年、『プリンキピア（自然哲学の数学的原理）』において、運動の三法則を提唱した。

〈第一法則〉「慣性の法則」物体に力が働かない限り、静止し続けるか、等速直線運動を続ける。逆に言えば、そのような座標系が存在すると主張し、これを「慣性系」と呼ぶ。

〈第二法則〉「運動の法則」物体の運動の変化は、運動量の時間変化が外力に比例するという形で表現される。運動量は、慣性質量と速度の積である。

〈第三法則〉「作用・反作用の法則」二物体間の相互の作用（力のこと）は、大きさが常に等しく、方向は常に正反対向きである。

以上が、ニュートン力学のエッセンスだが、そこには二つの原理が暗黙のうちに仮定されている。

一つは、物体の運動は三次元のユークリッド空間内の位置の時間変化として記述され、運動の状態に関わりなくすべての物体に共通する「絶対時間」の存在を仮定していることである。

もう一つは、宇宙に対し静止した絶対空間で等速直線運動をする座標系も慣性系であり、どの慣性系でも物体の運動は同じ形式で表現されるとする「ガリレイの相対性原理」を仮定している。

ニュートンの運動の法則に万有引力を導入すれば、ケプラーの三法則を過不足なく説明することができる。これにより、地球が動いている直接の証拠が得られる前に地動説が確立した。

また、ニュートンと同時代のエドムンド・ハリーは、観測によって得られた彗星の軌道要素からニュートン力学を用いて軌道計算を行い、それが七八年周期で太陽を巡る彗星であることを示し、次の回帰年を予言した。残念ながらハリー自身はそれを目撃できなかったが、見事予言通り回帰しニュートン力学の威力を示したのであ

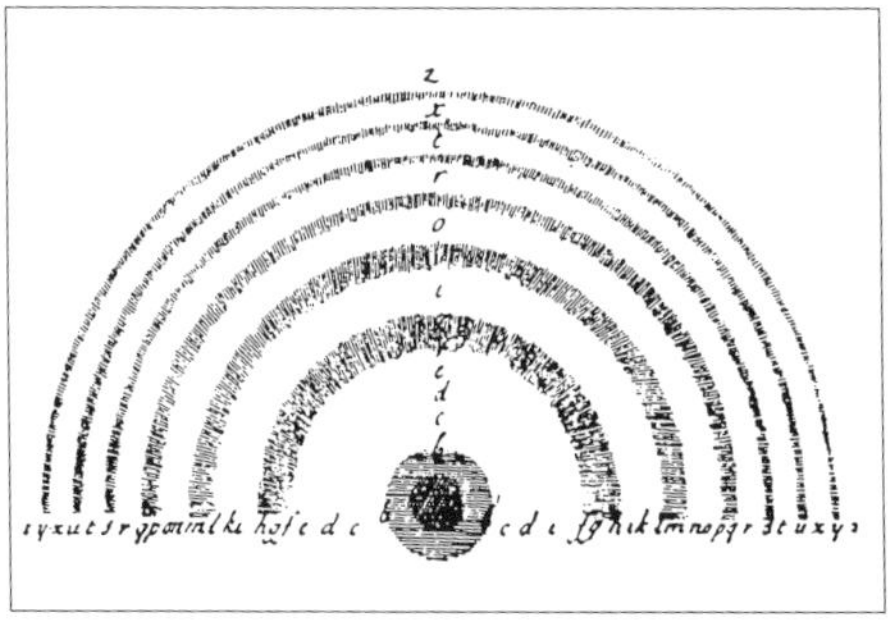

ニュートン力学

上／『光学』の中でニュートンが説明した光学現象。この半円は「ニュートン環」と呼ばれる。

中／ニュートンの運動の第三法則（作用・反作用の法則）の実験。

下／1986年に回帰したハリー彗星。

る。以来、この彗星は「ハリー彗星」と呼ばれるようになったが、中国や日本の古記録によれば紀元七世紀には目撃されていた。

運動の第一法則である慣性の法則は、アリストテレスの「力が働かない限り物体は停止する」という言明を否定するため、ガリレイが斜面を転がる球の運動から導いていたものである。

また、運動の第二法則は、外力が働いていない場合は運動量が保存される（等速直線運動をする）ことが導かれるが、この運動量保存則は以前にデカルトが予言していた。ニュートンは偉大な天才であるが、やはり先人の研究の積み重ねがあったのだ。

さらに、力が中心力（力が働く方向が物体間を結ぶ線に平行な場合で、万有引力がこれにあたる）であれば、角運動量が保存されることも運動の法則から導かれる。ケプラーの面積速度一定の法則は、角運動量保存則の別の表現になっているのである。

地球重力場のように、物体の位置変化によってエネルギーが生み出される場合、空間が仕事をする能力を持っているとみなし「位置（ポテンシャル・）エネルギー」として表される。物体の運動エネルギーと位置エネルギーの総和を力学的エネルギーと呼ぶ。

力学的エネルギーの保存則は運動の法則から導き出せるが、外力によって物体に仕事をしてAからBへ動かしたとき、仕事の量がAB二点間の通路によらない場合に成立する。このような力を「保存力」といい、力はポテンシャルから導くことができる。摩擦や空気抵抗があるような場合は、仕事の量は経路によるから力学的エネルギーは保存しない。実際、運動エネルギーは摩擦や空気抵抗によって熱エネルギーになって失われてしまうためである。（但し、熱になる量まで含めると全エネルギーは保存される。）

ニュートン力学は、マクロな物体の、光速より十分小さい速度の運動については正しい予言を与える。逆に言えば、原子のようなミクロ物体の運動や、光速に近い高速度で運動する物体については、ニュートン力学は破綻する。前者には量子力学が、後者には特殊相対性理論が、ニュートン力学に取って替わる正しい力学理論である。

物体の量子効果を考慮しないニュートン力学・特殊相対性理論・電磁気学などを「古典物理学」と呼ぶ。

53 特殊相対性理論

一般に、物理法則は、どのような座標系においても同じように成立しなければならない。これを「相対性原理」という。

座標系が異なれば、物体の位置や運動量やエネルギーなどの物理量の値は異なってくるが、それらの物理量を結びつける方程式で表された物理法則は同じ形で書けねばならない。地上に静止している人、電車に乗って移動している人、飛行機に乗って空中を運動している人、そのいずれから見ても物理法則は普遍的に成立しているからである。

数学的に表現すれば、Aという座標系からBという座標系に移っても（「座標変換」という）、物理法則は「不変（同じ形に書ける）」である。

外力の働かない物体が等速直線運動を続けるような座標系を「慣性系」と呼ぶ。ニュートン力学は、慣性系を移り変わって（変換して）も運動の法則は変わらないという「ガリレイの相対性原理」を仮定している。言い換えると、ニュートンの運動の法則はガリレイ変換に対し不変である。

一方、マクスウェルが完成した電磁気学の方程式にガリレイ変換を施すと、光の速さは座標系によって異なることが予言される。ならば、地球が公転する方向とそれに垂直な方向では、光の速さが異なるはずである。

それを確かめようとしたのがマイケルソンとモーレーの実験で、結果、光速は方向によっては変化しないことが明らかになった。このことは、電磁気学ではガリレイの相対性原理が成立していないことを意味する。慣性系の間の変換で、光速度を不変にするような変換を「ローレンツ変換」と呼ぶ。このことから、アインシュタインは、一九〇五年、いかなる物理法則も、どの慣性系から見ても不変であるという「特殊相対性原理」を採用して、ニュートン力学の運動の法則を書き換えた。それが「特殊相対性理論」で、いかなる慣性系においても光速度が不変（あるいは、ローレンツ変換に対し不変）となっている。ニュートン力学では、すべての慣性系に共通する絶対時間と三次元のユークリッド空間は分離していたが、特殊相対性理論では、時間と空間は光速度が一定という条件で結びついており、時間とユークリッド空間からなる四次元時空（これをミンコフスキー空間と呼ぶ）内で物理法則が記述される。そして、時間と空間が入り交じったローレンツ変換に対して方程式は不変となっている。

特殊相対性理論によれば、いかなる物体も光速以上に加速できないこと、高速度で運動する物体を静止した慣性系で測定すると時間の歩みは遅くなり、物体の長さは進行方向に収縮すること、座標系によって同時刻や時間の順序が異なることなど、一見奇妙な現象が予言される。これらはすべて実験によって確かめられており、特殊相対性理論は実験によって明確に実証されている。

もっとも後世に影響を与えた予言は、エネルギーと質量は等価であるという $E=mc^2$ の関係である。星のエネルギー源が熱核融合反応によるためで、太陽が四〇億年以上輝き続けえたことがこの関係から導かれた。地上では、不幸にも原子核分裂を使った原子爆弾によって実証されることとなった。現在では、原子力発電で核分裂に伴う質量のエネルギーへの転化、水素爆弾で核融合に伴う質量のエネルギーへの転化が起こっている。

「双子のパラドックス」が特殊相対性理論と矛盾しているのではないかと言われることがある。ある双子の弟は地球に留まり、兄は光速の四〇％ものロケットに乗って宇宙旅行に出かけて戻ってきたとする。戻ってきたとき年齢を比べると、宇宙旅行に出かけた兄の方が地上にいた弟より若いという問題である。この場合、兄から見れば弟が地上にいるまま宇宙旅行をしたことになるから、弟の方が若いことになる。弟は兄が若いと言い、兄は弟が若いと言う。これが双子のパラドックスである。確かに、運動の相対性からだけでは差がないからパラドックスが生じているように見えるが、二人の間には大きな差がある。地球に留まった弟にはいっさい力は働かず慣性系のままであるが、兄には地球からロケットが飛び立つときや地球に戻ろうとロケットが向きを変えるときに、ロケットに力が働いて加速度(減速度)が加わり慣性系でなくなっているからである。この加速度系になった時期に兄の時計の歩みが遅くなるのだ。

特殊相対性理論が提出されて九〇年以上経ち、粒子加速器のような大型装置によって光速の九九%以上にまで加速した場合だけでなく、電子レンジのような身近な電気製品でも相対論的効果を考慮して設計されており、特殊相対性理論は揺るぎなく確立している。にも拘わらず、相対性理論は間違っていると主張する人たちは世界中にいて、多くの本が出版されている。そのほとんどは、物理学の概念を正しく理解していないか、見かけの現象に騙されて理論を正しく適用していないのである。くれぐれも、これらの似非科学に騙されぬようにして頂きたい。

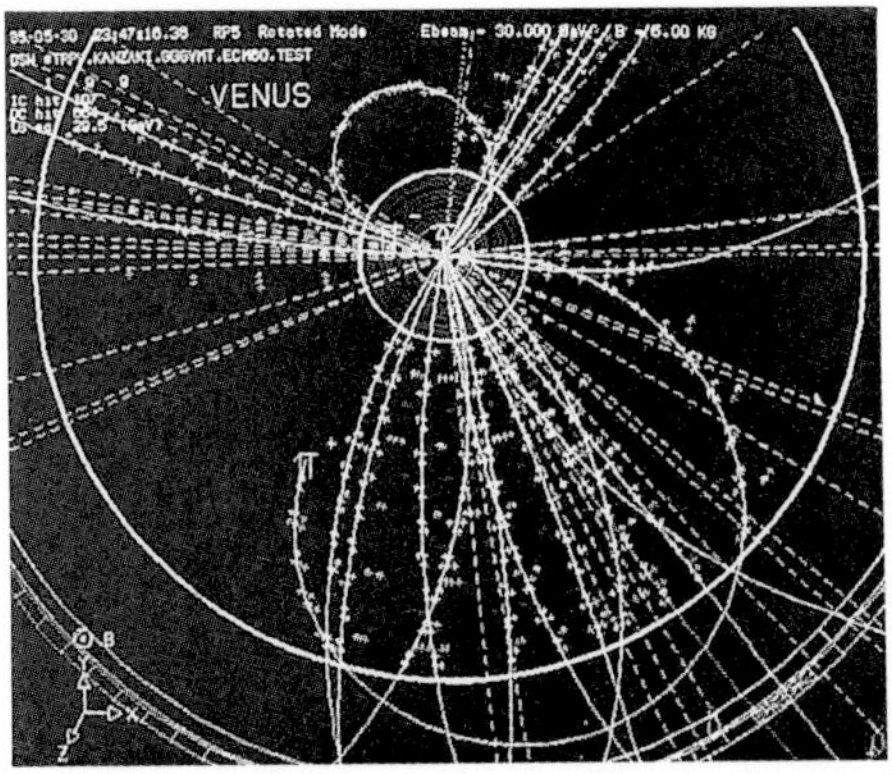

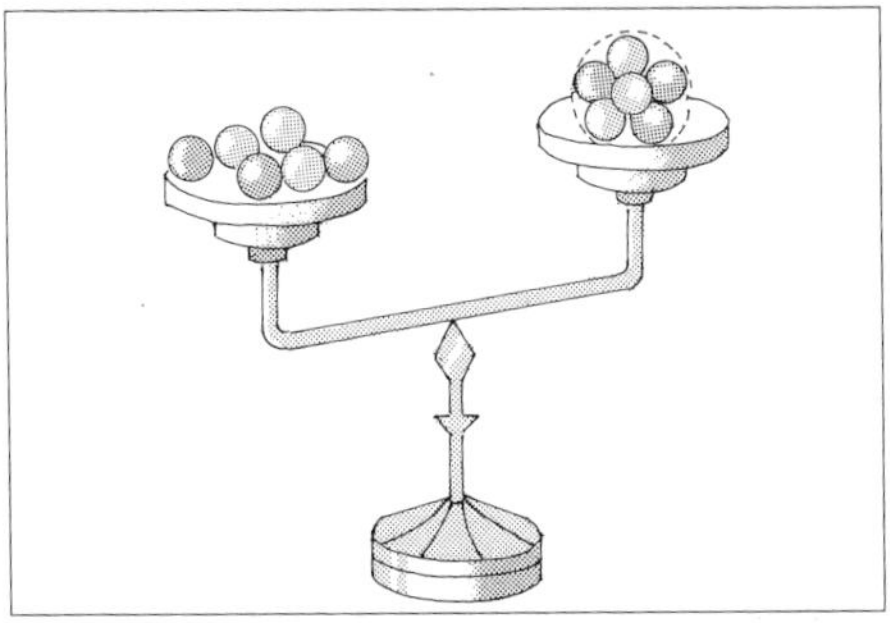

特殊相対性理論

上/加速器を使って陽子と反陽子を衝突させると、粒子は消え、かわりに莫大なエネルギーが発生する。

中/バラバラの陽子と中性子よりも原子核が軽いのは、結合したときに質量の一部がエネルギーに変わったためとされた。

下/ウランの原子核の質量は、分裂前よりも分裂後の方が軽くなっていた。分裂によって大量のエネルギーが放出されていたのだ。写真は1945年8月9日に長崎に投下された原爆のきのこ雲。

54 一般相対性理論

特殊相対性原理は、慣性系の間の光速度を不変に保つような変換に対し、物理法則は不変であることを要請している。これを、加速度運動や回転運動をする非慣性系の間の変換にまで一般化し、すべての座標系で物理法則が同じ形に書けることを要請するのがアインシュタインの「一般相対性原理」である。

さらに、ニュートンの万有引力は一瞬のうちに無限遠にまで伝播できるが、これが特殊相対性理論を満たさない（光速以上で伝わる信号はない）欠点を解決するために、重力の伝播を場の性質に帰着させる工夫をしたのが、一九一六年に発表されたアインシュタインの一般相対性理論である。

アインシュタインは、重力を空間の性質に帰着させるために「等価原理」を持ち込んだ。一つの重力場が、ある適当な加速度運動をしている座標系と同じと仮定したのである。よく考えてみると、質量の定義には二種類あることに気づく。

「慣性質量」は、ニュートンの運動の第二法則から、加えられた一定の外力から生じた加速度（速度の時間変化）の大きさで定義する。加速度が大きいほど動きやすく、慣性質量が小さい。逆に、加速度が小さいほど動き難く、慣性質量が大きい。あるいは、玉突きの衝突のように、互いにぶつからせて反発する速度から質量の比を決めることができる。このように、運動を通じて決めるのが慣性質量である。

一方、バネ秤や天秤のような道具を使って、物体にかかる重力の大きさから決める質量が「重力質量」である。私たちが「重さ」と呼ぶ量は、正確には重力質量のことである。

この二つの質量は、まったく異なった決め方だから同じ値になるべき先見的理由はない。これら二つの質量を等しいと仮定するのが等価原理なのである。そう仮定すれば、重力が働いている状態を、局所的に適当な加速運動をしている状態に置き換えることができる。例えば、ある局所的に一様な重力場を、その重力と同じ大きさと方向を持つ慣性力を生み出す加速座標系で置き換えるのである。そして、そのような非慣性系の間の変換の一般則を定めれば、重力場での物体の運動を、次々座標系を変換していく関係として記述できることになる。

一般相対性理論は、以上のような思想で組み立てられており、座標系の変換則はリーマン空間内で与えられる。

ニュートン力学はユークリッド空間でのガリレイ変換、特殊相対性理論はミンコフスキー空間でのローレンツ変換に関する法則の不変性を要請したが、一般相対性理論はリーマン空間での一般座標変換に対する物理法則の不変性の要請、ということができる。リーマン空間は、一つの直線に対し、そこから外れた点を通る平行線が一本も存在しないような、閉じた空間になっている。重力場が存在すれば、曲がった空間となることを意味し

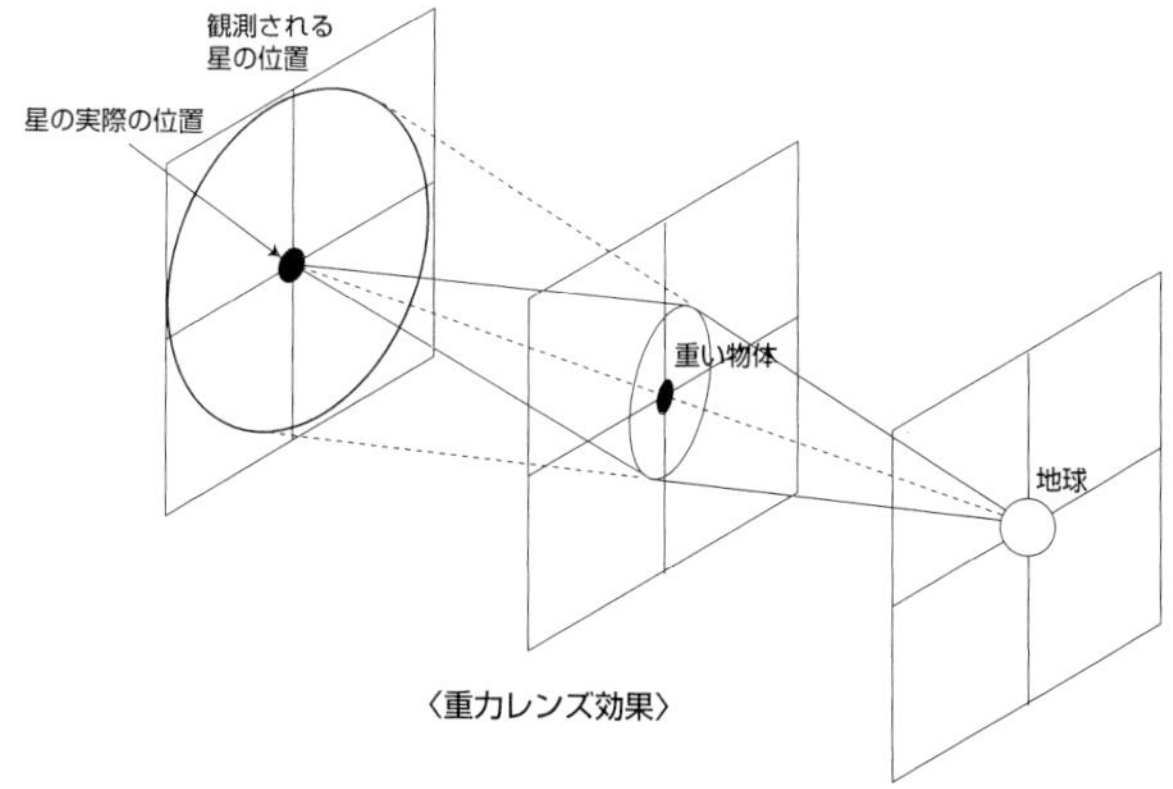

〈重力レンズ効果〉

一般相対性理論

質量を持つ天体の近くを光が通り過ぎると、光の通路は天体に引かれるように曲げられてしまう。光が凸レンズを通ると光が曲げられて集められる現象と似ているので、重力レンズ効果と呼ばれている（78頁参照）。一般相対性理論を証明する最初の実験に利用された。

ている。

一般相対性理論から予言される、新しい（他の理論では予言できない）物理現象がいくつかある。

一つは、重力場が存在すれば空間が曲がり、その結果遠くから見れば光の通路が曲がって見える「重力レンズ」効果である。この効果は、一般相対性理論が発表されてすぐに確かめられた。皆既日食のときに太陽周辺の星の写真を撮り、半年後の夜に同じ星の写真を撮って比較したのである。日食のとき星の光は太陽の近くを通ってくるから太陽の重力場で曲げられるが、夜の星は太陽重力の影響を受けていないから真っ直ぐに来る。その差は角度にして一・七秒と小さいが、実際に検出できたのである。

その後、一九七九年になって、遠くの銀河の光が途中にある別の銀河の重力場で曲げられ、ちょうど凸レンズのような効果で後ろの銀河が明るくなったり、複数の像が作られている現象が発見され、以後一〇個以上重力レンズ効果が確認されている。

二番目は「水星の近日点移動」である。水星が太陽にもっとも近づく点は、楕円軌道が動いて行くにつれゆっくり移動するが、金星や地球の重力場の効果と考えられてきた。ところが、観測されている一〇〇年に五七四秒角の移動に対し、そのうちの四〇秒は説明しきれずに残っていた。一般相対性理論で計算するとピタリ四〇秒を説明することができたのである。

三つめは、「重力による赤方偏移」効果で、重力場の強い場所から弱い場所に光が移動すると、その重力エネルギーの差の分だけ光の波長が伸びる（赤い方へずれる）現象である。この効果は地上でも実験することができ、実際に確かめられている。この効果の極端な場合が「ブラックホール」で、赤方偏移が無限大になってしまう場合、つまり光のエネルギーがゼロになって重力場から出てくることができなくなる。ブラックホールは一般相対性理論が予言するユニークな天体である。

他に、重力場が時間的に変動したとき、周辺に「重力波」が放射される効果がある。実際に、二個の中性子星が連星系となって互いの周りを回っているときに、重力波が放出されていることが確かめられている。

さらに、膨張宇宙は一般相対性理論によって予言されたことは言うまでもないだろう。

55 電磁気学

ギリシャ時代から、絹の服や琥珀をこすれば髪の毛やチリを引きつけやすくなることや、鉄を引きつける奇妙な石が存在することが知られていた。はじめは、この二つの現象は同一のものと考えられていた。中国では、すでに紀元前三世紀に、磁石が鉄片を引きつけるようすが乳飲み子を慈しんで抱く母親を連想させるので「慈石」と表記されている。また、一一世紀には、天然磁石で針をこすり、それを糸でぶら下げると常に南を指すことに気づき、やがてそれが羅針盤の発明につながっている。地磁気と羅針盤を組み合わせて方向を測りつつ航海を行うようになったのは一三世紀以後であった。

一七世紀になってギルバートが、丁寧な実験によって、琥珀（ギリシャ語で「エレクトロン」）がチリを引きつける作用は摩擦電気、磁石が鉄を引きつける作用を磁気として別々の現象と考える画期的な著書を著した。摩擦電気の原因として電気（エレクトルム）の運動を考え、磁気にプラス（N極）とマイナス（S極）があることを明らかにしたのもギルバートである。一八世紀になって、摩擦電気にも、琥珀のような樹脂の摩擦によって発生する「樹脂電気」と、ガラスの摩擦によって発生する「ガラス電気」の二種類があることがわかってきた。プラスの電気とマイナスの電気があることに気付くようになったのだ。フランクリンが、雷は摩擦電気の放電現象であることを明らかにしたのは一七五二年である。雷雲が大気とこすれあったために雲の下側がマイナスに帯電し、それによって地上がプラス電気に帯電したことを、フランクリンは凧の実験で確かめたのだ。フランスのクーロンが電気力と磁気力に関する「クーロンの法則」を発表したのは一七八六年で、点電荷・点磁荷の概念が芽生えてきたことがわかる。この限りでは電気力と磁気力は別々の力と考えられていたのである。

やがて、ガルバーニの動物電気の発見、ボルタによる電池の発明によって、「電流」という概念が明らかになってきた。電荷が動くことにより電流が発生することがわかってきたのだ。そしてエルステッドが、電流が流れるとそばの磁針が動くことを発見してから、電気と磁気が互いに関連し合っていることが明らかになり、電流の磁気作用を記述した「アンペールの法則」に結実した。その結果、鉄の棒にコイルを巻いて電流を流すと電磁石が作られることがわかってきた。

一方、ファラデーは、逆の発想をとり、磁気から電流が作られないかとさまざまな実験を繰り返した。有名なのは「ファラデー環」の実験で、ドーナツのような丸い鉄心に二つのコイルを巻き付け、一方のコイルに電流を通すと他方のコイルに電流が流れることを発見した。コイルに電流が流れると、鉄心が磁石になり、その磁場の変化によって二次側のコイルに電流が流れることを明らかにしたのだ。「電磁誘導」の発見である。さらに、二本の導線を接触させた銅板を磁界中に置いて回転させると電流が取り出せることを示し、これが直流発電機の基になった。

このように、電荷→電流→磁気→電流というつながりが明らかになってきた。電気と磁気は互いに関係し合っているのだ。この関係をまとめあげたのがマクスウェルで、四本の微分方程式で電気と磁気を統一することができた。これが電磁気学の基本方程式である。この方程式では、電荷はプラスとマイナスが単独で存在しうるが、磁荷は必ずプラスとマイナスが対になって現れること、従って、電荷の流れである電流は存在するが、磁荷の流れである磁流は存在しないことが、電気の場（電場）と磁気の場（磁場）の差である。それ以外は電気と磁気はまったく対等である。

電磁場の方程式から導かれる重要な事柄は、光は電磁場が振動しつつ伝播する「電磁波」であることが明らかになったことである。実際に電磁波を実験室で発信させたのはヘルツで、一八八八年のことであった。X線も可視光も電波もすべて電磁波で、単に波長（エネルギー）が異なっているのみなのだ。また、真空にしたガラス管に電極を付けて放電させることにより、J・J・トムソンが電子（陰極線）を発見し、その電子がX線を放射していることをレントゲンが発見した。このように、一九世紀末には、電磁気学の完成を足場にミクロな世界への研究が及ぶようになったのである。

電気と磁気の統一は、二〇世紀に新しい産業革命をもたらすことになった。一八〜一九世紀の産業革命は蒸気の圧力で大きな動力を得る「熱機関」が主役を演じたが、二〇世紀は、蒸気の圧力で電磁石を回転させて電気に変え、その電気を送電線で運んで照明・電気モーター・冷暖房などに使ったり、電磁波を使ってラジオやテレビによる通信をする「電気の時代」がやってきたからだ。

また、半導体と新素材の磁石を組み合わせた「エレクトロニクス革命」がもたらされたのは二〇世紀後半であった。

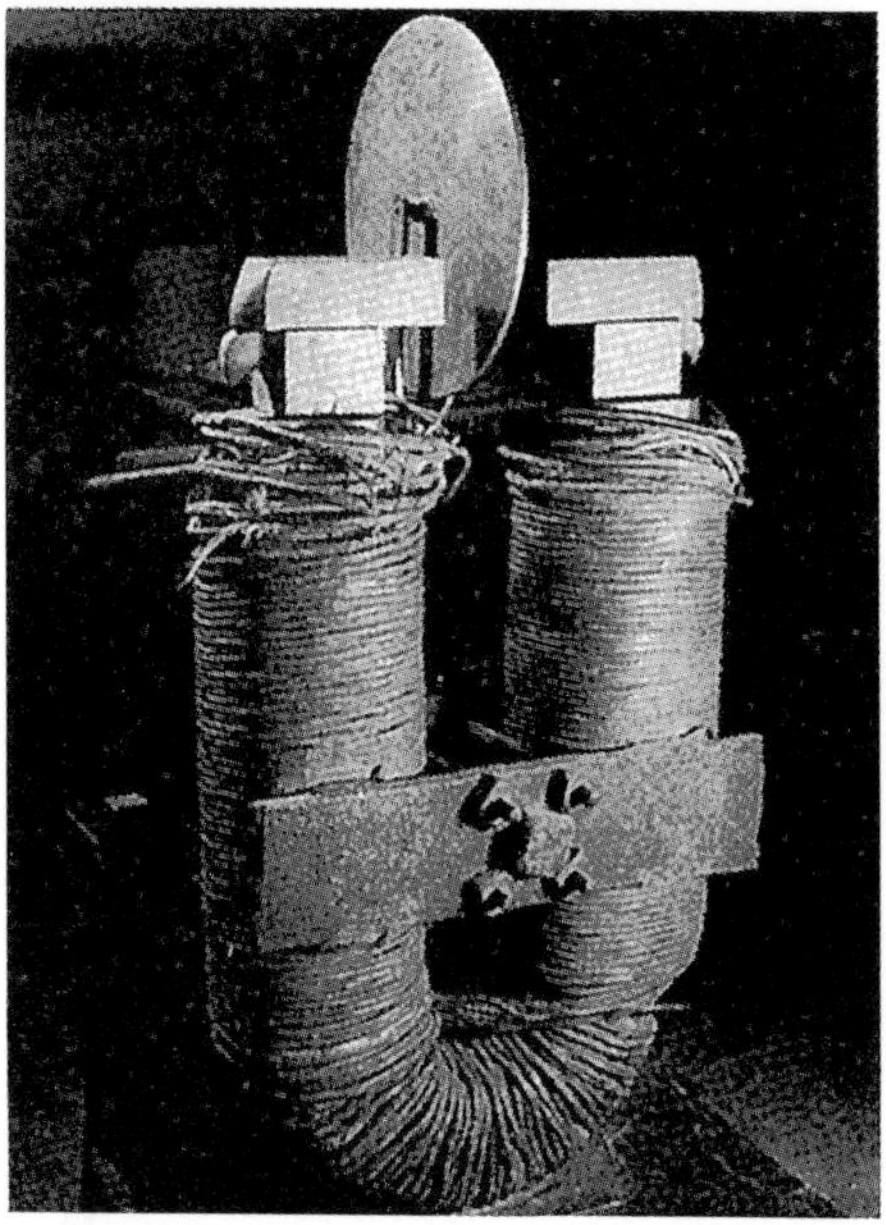

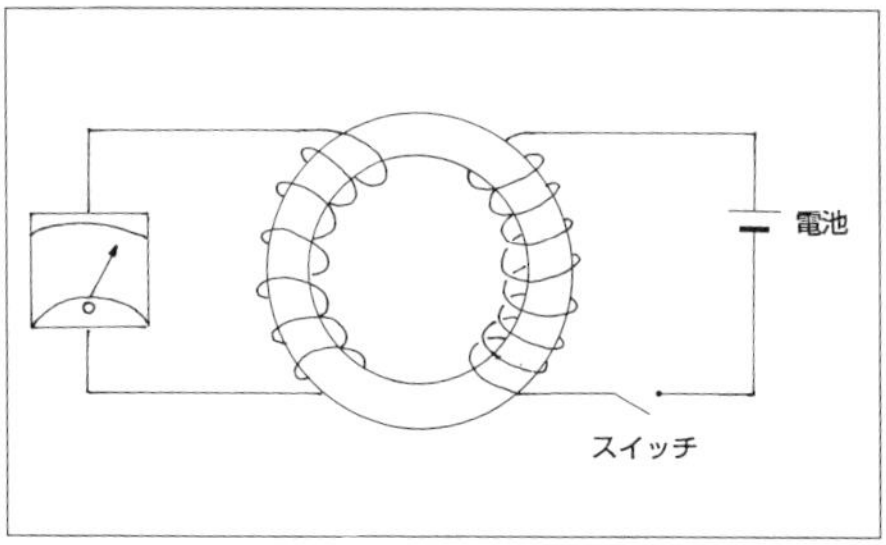

電磁気学

上／1831年，ファラデーによる世界初の発電機。
下／電磁誘導の実験装置。右のコイルに電流を繋いた瞬間と切った瞬間だけ、左のコイルに電流は流れる。

56 原子物理学と原子核物理学

一九一一年、イギリスのラザフォードは、アルファ粒子（ヘリウムの原子核）を薄く引き伸ばした金箔に当てると、ときどきアルファ粒子が金箔を通り過ぎずに反射されて戻ってくることに気が付いた。このことから、金の原子には中心にプラスの電荷が小さく固まった「原子核」が存在すると予想した。アルファ粒子がこの原子核に正面衝突したとき、入射方向に戻っていくと考えたのだ。そして、マイナスの電荷の電子は原子核の周りを回っているとした。この原子模型は、長岡半太郎が提案していた「原子の土星モデル」とよく似ている。しかし、長岡の土星モデルでは、電子はエネルギーを放出しながら原子核に落ちてしまうので原子は安定でない、という困難があった。

原子の安定性や化学的性質の差異を説明したのが「ボーアの原子模型」で、量子力学を切り開く重要なステップとなった。ボーアは、プラスの電荷の原子核の周りにマイナスの電荷の電子がクーロン力で結合されており、電子は飛び飛びの（量子的な）軌道上にいるときは安定でエネルギーは放出せず、軌道を移るときに光のエネルギーを放射したり吸収したりすると仮定したのだ。この「量子仮説」から、電子は実際には軌道運動をしているのではなく、原子核の周りのある軌道上に広がっていると考える方が正しい。こうして、原子が放射する特有の光に関するスペクトル理論を調べる原子物理学の端緒が拓かれ、天文学と結びついていった。つまり、星からの光も地上の原子からの光と同じであることから、地上の物理学を天体の世界に適用する天体物理学への道を歩んでいったのだ。原子はクーロン力の世界なのである。

ところで、アルファ粒子が戻ってくる確率から、原子核の大きさは、わずか一〇兆分の一センチでしかないことがわかってきた。原子の大きさは一億分の一センチだから、これを甲子園球場の大きさとすると、原子核の大きさは一ミリの砂粒でしかない。ところが、原子の重さのほとんどは原子核が担っていることも実験からわかってきた。後に、原子核は「核子」と総称される陽子と中性子から成り立っており、そのプラス電荷は陽子の数に等しく、これが「原子番号」となっていること、原子番号の数だけ電子が周囲に回っており、それが原子（元素）の化学的性質を決めていることなど、原子と原子核の関係も明らかにされた。一方、原子核全体の重さは陽子数と中性子数の和で決まっており、これが「原子量」と呼ばれる。同じ原子番号でも原子量が異なる場合が「同位元素」で、原子核中の中性子の数が異なっているだけだから電子の数は変わらず、それらの元素の化学的

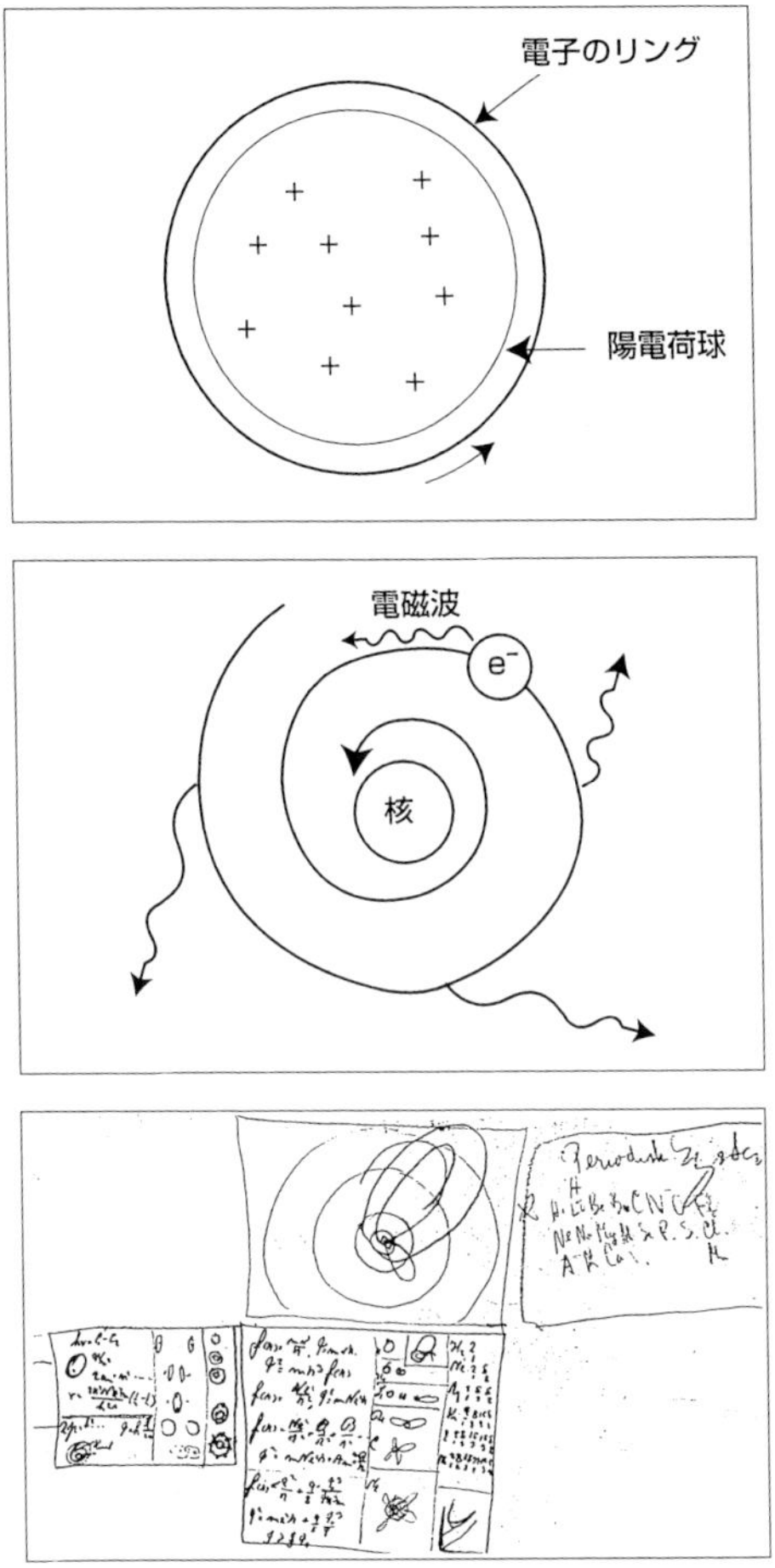

原子物理学と原子核物理学
上／長岡半太郎の「原子の土星モデル」。正の電荷が原子の中心であるとする。
中／ラザフォードによる原子モデル。原子核のまわりをマイナス電荷の電子が回っている。
下／ボーアの自筆ノートより。電子は軌道運動をせず、軌道上に広がっている。

な性質は同じであることがわかる。

さて、問題は、こんなに小さい領域に陽子と中性子を閉じ込めるためにどのような力が働いているかである。これを明らかにしたのが湯川秀樹で、一九三五年、核子間に中間子と呼ぶ粒子が交換されて働く「強い力」が原子核を結合しているという中間子理論を提案した。湯川が予言した中間子は一九四七年パウエルによって発見され、一九四九年湯川秀樹はノーベル賞を授与された。強い力は「電荷の間に働くクーロン力に比べて強い」という意味である。同じ頃、フェルミは、中性子が陽子に換わる反応には「弱い力」が働くとする理論を発表した。これも「クーロン力に比べて弱い」という意味である。こうして、自然界には、重力（万有引力のこと）・クーロン力・強い力・弱い力の四つの力が存在することが明らかになった。

原子核が分裂したり融合したりすると莫大な「原子力エネルギー」が放出されるが、それは強い力で結合された陽子や中性子の組み替えが起こるためである。原子核の中では鉄がもっとも強く結合しており、軽い核から鉄までの核は互いに融合するとエネルギーが放出される。太陽は、陽子（水素の原子核）が高温度状態でヘリウムに転換する熱融合反応で輝いており、水素が無くなるとヘリウムから炭素や酸素の原子核への反応が進む。太陽より重い星では、炭素や酸素からマグネシウムやシリコン原子核、そして鉄になるまで核融合反応が進んでいく。

一方、鉄より重い元素は分裂して軽い元素に換わったときにエネルギーが放出される。そのような核分裂反応がもっとも起こりやすい元素で、天然に存在しているのがウランである。このウランは、星が超新星爆発を起こした際の急速な核反応で形成されたもので、不安定だが寿命が宇宙年齢に匹敵するくらい長いから、現在もなお地上に存在しているのだ。また、核分裂を起こしやすいプルトニウムは、寿命が短いので天然に存在しないが、原子炉中でウランの同位元素に中性子を吸収させると形成される。核反応を暴走させたのが核兵器で、ウランやプルトニウムの核分裂反応を利用するのが「原子爆弾」、水素の同位元素である重水素の核融合反応を利用するのが「水素爆弾」である。核分裂反応を制御してゆっくりエネルギーを出させて発電しているのが原子力発電で、制御した核融合反応にはまだ成功していない。

57 量子力学

一九世紀末、古典物理学と呼ばれるニュートン力学と電磁気学の理論では解決できない問題が指摘されるようになった。一つは「光電効果」と呼ばれる、光を金属に当てると電子が飛び出してくる現象で、(1)光の波長が長ければいくらその強度を上げても電子は出てこず、(2)逆に波長が短い光なら強度が弱くても電子は飛び出し、(3)飛び出す電子の数はその強度に比例するが電子のエネルギーは強度に関係しない、ということが知られていた。電磁気学では、光のエネルギーは強度で決まっていると考えられていたから、これら三つの実験事実は理解できないものだった。

アインシュタインは、光は電磁波というより、波長に反比例するエネルギーの塊である「光量子」だとして光電効果を説明することに成功した。波長が長ければエネルギーが小さいから電子をはぎ取ることができず(上記(1))、波長が短ければエネルギーが大きいから電子をはぎ取ることができ(上記(2))、光の強度は光量子の数とすれば(3)も理解できる。こうして、光は波長で決まったエネルギーをもつ粒子の流れと考えざるを得なくなったのだ。ところが、光は電磁波という波であることも確かで、この二重性をどう考えるかが問題となった。

もう一つは、物質と熱平衡になったときの熱放射の波長と強度関係(スペクトル)で、波長の短い領域では急速に強度が落ちてしまうことが知られていた。この事実を、プランクは、放射はエネルギーの塊として放出・吸収されるという「量子仮説」を導入して説明した。アインシュタインの光量子と同じ考えで、光量子のエネルギーは、振動数(波長の逆数)とある定数との積で表されるとした。この定数が「プランク定数」である。このような光量子説では、振動数(または波長)を決めると放射場のエネルギーは飛び飛びの値しかとれなくなることがわかる。飛び飛びのエネルギー単位(量子)がプランク定数なのである。

同様に、ボーアは、原子構造の研究から、電子が取りうる軌道は飛び飛びになると仮定して、原子のスペクトルを説明することができた。ならば、電子も光と同じように粒子と波の二つの性質を合わせ持っていると予想される。こうして、ミクロの世界では物質(電子や素粒子)も光も波動性と粒子性の二重性を持ち、飛び飛びのエネルギーしか取れない量子と考えねばならなくなった。

このような量子世界の物理学を完成させたのがハイゼンベルグとシュレディンガーである。ハイゼンベルグは、粒子的な描像に立ち、しかしその波動性から位置と運動量は同時に決定できないとする「不確定性関係」が成り立つとして行列力学を定式化した。一方、シュレディンガーは、波動的な描像に立ち、しかしその粒子性から位置と運動量の間に関係を付けて(不確定性関係に対応する)波動方程式を書き下した。これら二つの表現は異なっているが、物理的には同じ内容であることが示されて「量子力学」が確立した。

一般には、シュレディンガーの波動方程式が直感的であり取り扱い易いので、その解である波動関数を用いて議論されることが多い。例えば、電子の波動関数は、電子がどの位置に来るかの確率を与えるだけで、個々の電子がどこにくるかを予言することはできない。言い換えると、量子力学は、電子の運動の確率しか与えない法則ではあるが、波動関数の絶対値は完全に決定できるから決定論的法則である。実際、原子のスペクトルなどミクロ物質についてのさまざまな実験と一致する結果が得られている。

電子の波動方程式を特殊相対性理論を満たすように改定したのがディラックで、その方程式から「スピン」と「反粒子である陽電子」が予言された。スピンは、直感的には電子がコマのように自転しているときに生じる角運動量で、実際には自転しているわけではなく電子が固有に持つ性質である。電子のスピンに伴って磁気モーメントが生じること、つまり磁石の性質が自然に出てくる。他方、反粒子は、粒子と電荷は逆だが質量やスピンは同じ大きさを持ち、粒子と反粒子が衝突すると光となってしまうような性質を持っている。すべての素粒子には反粒子が存在するが、光の場合の反粒子は自分自身である。

　一般に、力が働いている量子場を特殊相対性理論を満たすように書き換えたものが「場の量子論」である。光の場である電磁場の方程式は特殊相対性理論を満たしており、量子力学を満たすように書き換えたのが「量子電気力学」で、朝永振一郎・ファインマン・シュビンガーの三人が、それぞれ別々の方法を工夫して完成した。量子電気力学は、一〇桁を越す精度で実験結果と一致していることが証明されている。

　また、弱い力の場を、電磁場の場合と同じ形式となるよう相対論的に書き下すことにより、高エネルギーになるとクーロン力と弱い力は統一されることがわかった。これを「電弱力」と呼び、実際に二つの力が同じ大きさとなることが実験的に証明された。

　強い力の場は「量子色力学」として定式化されているが、重力場の量子化にはまだ成功していない。

量子力学
上／ボーア（左）とマックス・プランク。
中／左はシュレディンガー、右はハイゼンベルグ。
下／ポール・ディラック。

58 素粒子の標準理論

原子核は陽子と中性子が強い力で結合しており、その周辺に電子がクーロン力で結合したのが原子である。私たち周辺の物質は、すべてこれら三種の素粒子から成り立っている。しかし、加速器実験をしたり宇宙からやってくる宇宙線を調べると、寿命は短いが多数の異なった素粒子が存在することが知られており、現在その数は数百種にもなっている。それらの素粒子は、その反応性や役割によって次の三つに分けることができる。

(1) 力を媒介する粒子

物質間に力が働くのは、力を媒介する粒子がやりとりされるためである。これらの粒子はスピンがゼロか整数でボース粒子（あるいはボソン）と呼ばれている。現在知られているボソンは、

電磁力を媒介する光子

強い力を媒介するグルーオン

弱い力を媒介する弱ボソン

重力を媒介するグラビトン

で、このうち光子と弱ボソンは実験で実在が確かめられている。

(2) ハドロン族

電磁力や弱い力でも相互作用するが、強い力を感じ、他の素粒子と強い力で相互作用することで特徴的な素粒子である。ハドロンは、スピンが半整数のフェルミ粒子であるバリオン（重粒子）と、スピンがゼロか整数のボース粒子であるメソン（中間子）に分けられる。

代表的なバリオンは陽子や中性子であり、他に不安定で寿命が短いラムダ、シグマ、グザイと名付けられた粒子がある。一方、代表的なメソンにはパイ中間子やK中間子があり、すべて不安定で短時間で壊れてしまう。メソンは湯川秀樹がパイメソンを予言したとき、核子より

軽く電子より重い、中間の質量を持つ素粒子として「メソン（中間子）」と名付けられた。現在では、バリオンより重いメソンも見つかっている。

（3）レプトン族

強い力を感じない電子のような粒子で、すべてスピンが半整数のフェルミ粒子である。パイメソンが壊れてできるミューオンや、中性子が陽子に換わるときに放出されるニュートリノもレプトンの仲間である。レプトンとは「軽粒子」の意味だが、タウ粒子はバリオン（重粒子）である陽子の二倍の質量を持っていることがわかっている。

さて、素粒子の標準理論とは、以上の素粒子のうち、力を媒介する粒子は別として、ハドロンはより基本的な素粒子であるクォークから成るとし、クォークとレプトンの対応的な関係を基にしてすべての素粒子の存在と反応を説明しようという理論である。

まず、バリオンは三種のクォーク、メソンはクォークと反クォークから成るとして整理すると、次のような対

	第一世代	第二世代	第三世代
クォーク	アップ(u)	チャーム(c)	トップ(t)
クォーク	ダウン(d)	ストレンジ(s)	ボトム(b)
レプトン	電子(e)	ミュー粒子(μ)	タウ粒子(τ)
レプトン	電子ニュートリノ(νe)	ミュー・ニュートリノ(νμ)	タウ・ニュートリノ(ντ)
ボース粒子	光子（電磁力を媒介）	グルーオン（強い力を媒介）	弱ボソン（弱い力を媒介）
ハドロン	〈バリオン（重粒子）〉 核子（陽子・中性子） デルタ粒子 ラムダ粒子 シグマ粒子 グザイ粒子 オメガ粒子	〈メソン（中間子）〉 K中間子 エータ中間子 パイ中間子 反K中間子	

素粒子の標準理論
粒子の大きさはそれぞれの粒子の質量をイメージしたもの。ボース粒子の波形は場のイメージを波動として表したもの。

となった三世代のクォークが存在すれば、すべてのハドロンを説明できることがわかった。

第一世代（u、d）

第二世代（c、s）

第三世代（t、b）

これらのうち、上の（u、c、t）の電荷は基本電荷の三分の二で、下の（d、s、b）は基本電荷のマイナス三分の一である。物質の基本的な単位である陽子は、p＝（uud）の組み合わせ、中性子は、n＝（udd）の組み合わせであることがわかる。つまり、物質世界はuとdクォークから成っており、それ以外のc、s、t、bクォークは不安定で、最終的に安定なu、dクォークに換わってしまう。ただし、現在まで、個々のクォークを単独に取り出すことに成功していない。この「クォークの閉じ込め」問題は、強い力が働く世界を解く重要な鍵である。

一方、レプトンも三世代から成っており、

第一世代（e、ν_e）電子

第二世代（μ、ν_μ）ミュー粒子

第三世代（τ、ν_τ）タウ粒子

となる。上の（e、μ、τ）の電荷はマイナスの単位電荷を持っており電磁力と弱い力で相互作用し、下のニュートリノ（ν_e、ν_μ、ν_τ）の電荷はゼロで弱い力でしか相互作用しない。ニュートリノは中性微子の名の通り、質量が非常に小さいか、厳密にゼロである。ここでも、第二、第三世代のμ、τは不安定で、最終的に電子eとニュートリノに換わってしまう。（ニュートリノが質量を持てば、ν_μ、ν_τは不安定で最終的にはν_eになってしまう。）

以上から、強い力を特徴づける素粒子はクォーク、電磁力は電荷を持つレプトンに代表され、弱い力はニュートリノで代表されることがわかる。このようなクォークとレプトンの美しい対応関係がなぜ成り立っているのか、その理由はまだわかっていない。また、基本粒子が、クォーク六個、レプトン六個、それらの反粒子を入れると全部で二四個存在していることになり、さらに力を媒介する粒子まで考慮すると、基本粒子が多すぎるという意見がある。そこで、さらにクォークとレプトンも何らかのもっと単純な基本粒子から成る複合粒子とするモデルが模索されている。

59 大統一理論

一九世紀末、それまで別物と思われていた電気と磁気が統一されることがわかってきた。見かけ上まったく異なって見える現象でも原理的につながっており、コインの裏表のように同一物を異なった観点から眺めていた、というわけである。このように物理学者は、多様な世界を、単純で美しい原理の下に統一して理解しようとしてきた。物理学者は、須《すべか》らく「原理主義者」なのである。

現在、物質間に働く力は四つ知られている。万有引力（広義には重力）・クーロン力（広義には電磁力）・強い力・弱い力である。なぜ力は四つあるのだろう。これらは原理的な世界では一つの力で、それを異なった側面から見ているだけではないのだろうか。素粒子の標準理論のところで述べたように、素粒子の種類によって各々の力を感じるかどうかが異なっている。従って、ここでいう原理的な世界とは、個々の素粒子の区別がつかない世界、「対称性の高い」世界であり、すべての力が対等の強さで作用し、すべての力に感じる物質しか存在しない世界である。そのような普遍的な、いわば一つの世界から、さまざまな「対称性が破れ」て、個々の力や個々の素粒子の区別がつく多様な世界が作られてきたのではないだろうか。

といって、対称性が破れた世界から、一気に全体が統一された対称な世界に到ることは困難である。まず部分を共通の要素で束ねつつ、それらを依り合わせて全体を貫く論理を見つけねばならない。アインシュタインが晩年を捧げたのは、重力と電磁力を一つの理論の枠内に統一することであったが、残念ながら成功しなかった。二つの力を統一するための明快な原理が見いだせなかったからである。

一九六〇年代後半、一つのヒントが手に入った。素粒子間に力が働くのは力を媒介する粒子を互いにやり取りするためであり、力を記述する方程式は、このプロセスに対し対称でなければならない（いかなる座標系でも同じ形式で書けねばならない）。これを「ゲージ原理」という。電磁場に働く力は光をやり取りしており、ゲージ原理を満たすのが量子電気力学であった。

同様に、弱い力の場をゲージ原理を満たすように書いてみることにより、非常に質量の大きな弱ボソンをやり取りすることがわかり、その質量を無視できるくらいの高エネルギー状態では、電磁力と同じ強さになることが証明できた。弱い力と電磁力が統一されたのだ。これが「電弱力」で、実際、加速器実験によって弱ボソンが発見され、統一理論の正しさが証明された。

私たちは低エネルギー世界に住んでいるから、二つの力を別々の力として認識しているが、高エネルギー世界では二つの力は区別できないのである。

ならば、さらに強い力も電弱力と統一できないだろうか。ゲージ原理を満たす強い力の理論が量子色力学だから、電弱力の場とうまく接合すれば三つの力を統一する理論ができるかもしれない。これが「大統一理論」で、英語の頭文字をとってGUTsと呼ばれている。最後のsは複数の理論があることを意味しており、まさにガッツ溢れるさまざまな理論が試みられている状態を示している。複数の理論があるということは、まだ大統一理論に成功していないことと同義である。

その理由の一つは、三つの力が統一されるのは、地上での加速器実験では実現できないくらいの超高エネルギーで、実験によって理論を修正するフィードバックが効かないことがある。通常の科学で行っている理論と実験の相互作用が不可能なのだ。このような極限の科学はいかに進められるべきなのだろうか。

もう一つの理由は、「クォークの閉じ込め」問題と絡んでいる。いくら高エネルギーで粒子をぶつけても、クォークを単体で取り出すことができないという問題である。高エネルギー状態になると素粒子の存在様式が異なっていることを意味する。通常の質点のイメージでは理解できないのだ。素粒子の運動モードを記述するのに、ゲージ原理以外の新たな原理を見いだす必要がある。現在なお模索中の重大課題である。

現在提案されているのは、素粒子は質点ではなく、紐のような形状だとする「紐理論」がある。紐の振動や伸縮や切断を、素粒子の運動モードと対応させて考えようというモデルである。また、観測されている素粒子世界は、フェルミ粒子（スピンが半整数）とボース粒子（スピンがゼロか整数）について対称ではない、つまり同じ数だけ存在していない。これは低エネルギー世界だからで、超高エネルギーになるとこれらは対称であるという「超対称性理論」が提案されている。さらに最近では、これら二つを合体させた「超紐理論」へと進展している。

　大統一理論の最終目標は、重力まで含め四つの力を統一した「量子重力理論」で、これによって時間・空間・物質の起源が明らかにできると期待されている。いわば、「究極の理論」あるいは「万物の理論」である。もっとも、実験手段のない理論が完成可能なのかどうか、私には何とも言えない。

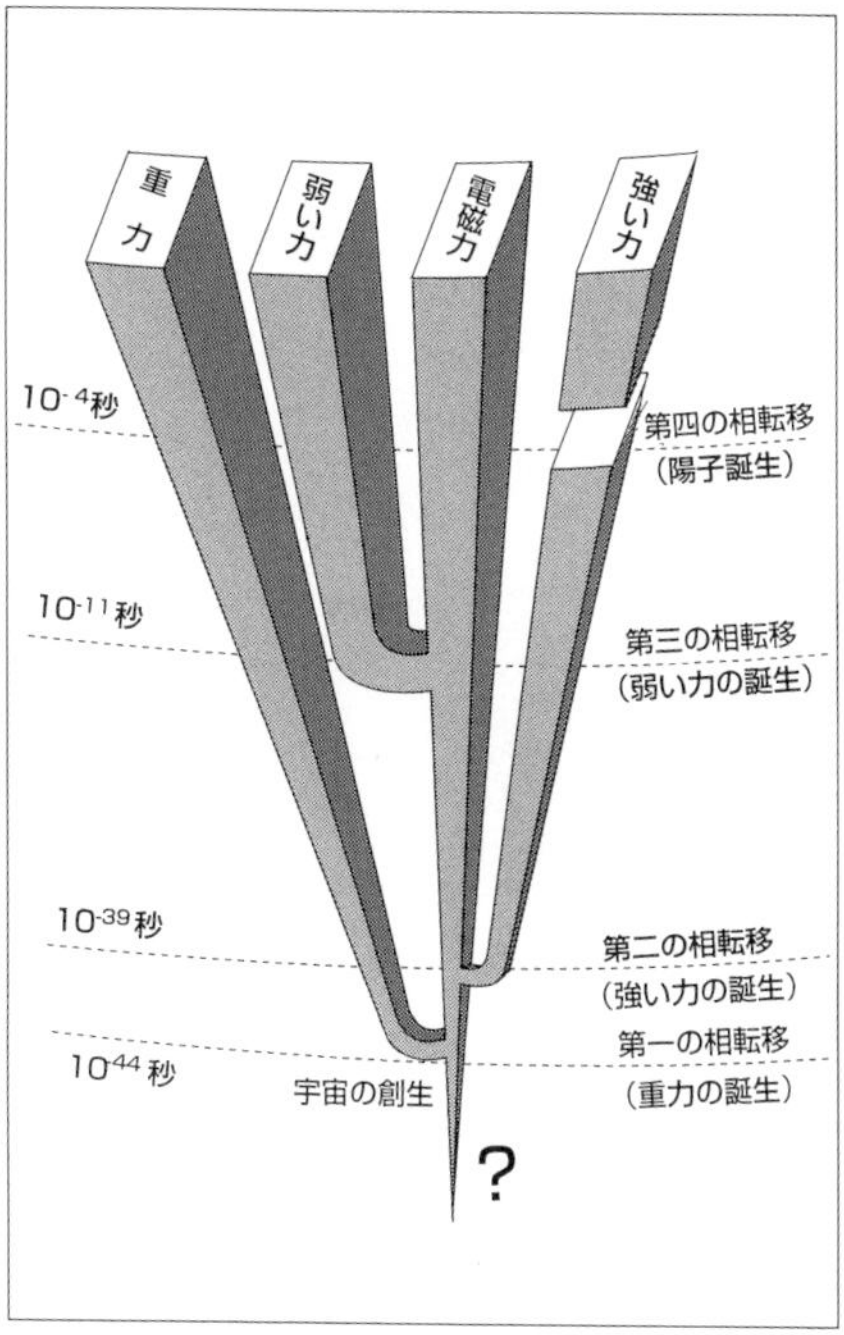

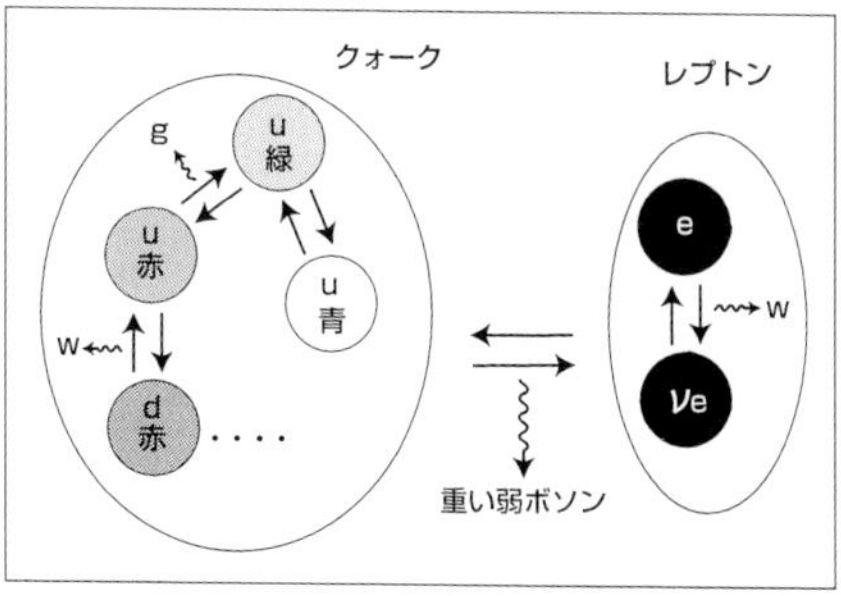

大統一理論

上／重力は質量を持つ物質に働く力、電磁力は電気をもった粒子に働く力、強い力はクォーク同士を結び付け原子核を作る力、弱い力は中性子を崩壊させ、電子、ニュートリノなどを放出して陽子に変える力。ビッグバンが起こる前の宇宙ではこの四つの力は一つにまとまっていたと考えられている。

下／弱い力の場を描いた図。クォークとレプトンは質量の大きな弱ボソンをやり取りするが、この質量を無視できるほどの高エネルギー状態（20億電子ボルト）では電磁力と区別できなくなる。これを統一理論（1967年提唱）という。これに強い力を加えたものがＧＵＴｓ（大統一理論）、重力を加えたものが「量子重力理論」。

60 熱力学

一八世紀に熱機関が発明され、産業革命が達成された。高温にした水蒸気によって重い物体を動かし仕事を取り出す熱機関は、それまでの人力や家畜の力を利用したり、風車や水車によって自然の力を取り出す方式に比べると、圧倒的に効率的であり、取り出せる仕事量も格段に増えたからである。そこで、さらにどのように機械を工夫すれば、より効率的で無駄なくエネルギーを取り出せるかを調べる必要が出てきた。このような現実的な要請から作り上げられたのが「熱力学」である。

水蒸気のような気体の温度・圧力・熱エネルギーが何に由来するのか、それらの間の関係はどうなっているか、どのような熱的な過程があって、それはどのような法則に従っているかなど、物質の熱的性質が詳しく調べられたのだ。

すべての物質は巨大な数の原子（あるいは分子）からできている。それらは、各々熱運動をしており、また互いにぶつかり合って、ある決まった速度分布になっている。「熱平衡状態」とはこのような状態を指し、熱運動の一粒子当たり平均の運動エネルギーから温度が定義され、ぶつかり合ったときの衝撃が圧力となり、それらの全運動エネルギーが熱エネルギーである。このように、気体を巨大な数の分子の集合と考え、個々の分子の運動ではなく、全体の平均量で議論するのが「分子運動論」であり、熱力学の理論的基礎となっている。

問題とする熱力学的な系に対し、分子運動論の立場から温度や圧力や熱エネルギーが定義できる。これらを「状態量」とよび、これらの間に成り立つ関係を「状態方程式」と呼ぶ。状態方程式は、分子の種類や性質で決まっているから、扱う対象ごとに異なっており、それをきちんと知っておくことが最重要である。もっとも、基本法則を調べる段階では、分子は内部構造を持たない単純な質点とする「理想気体」を考えるのが通常である。

　次に、さまざまな熱的過程を考える。系に熱の出入りがない場合を「断熱過程」と呼ぶ。宇宙は、それ自身で閉じていて熱の出入りがないから「断熱系」の代表である。また、温度が一定の熱浴に接触させて系を変化させる「等温過程」がある。高温のボイラーから熱を供給させて、温度が一定の水蒸気でタービンを回すような場合である。こうすれば、タービンの回転数は一定に保たれるというわけである。また系の体積が一定のままの「等積過程」も考えられる。しっかりした容器に気体を入れてどんどん熱すれば温度や圧力が上がっていく場合がこれに相当する。

　このような熱的過程によって、温度や圧力や熱エネル

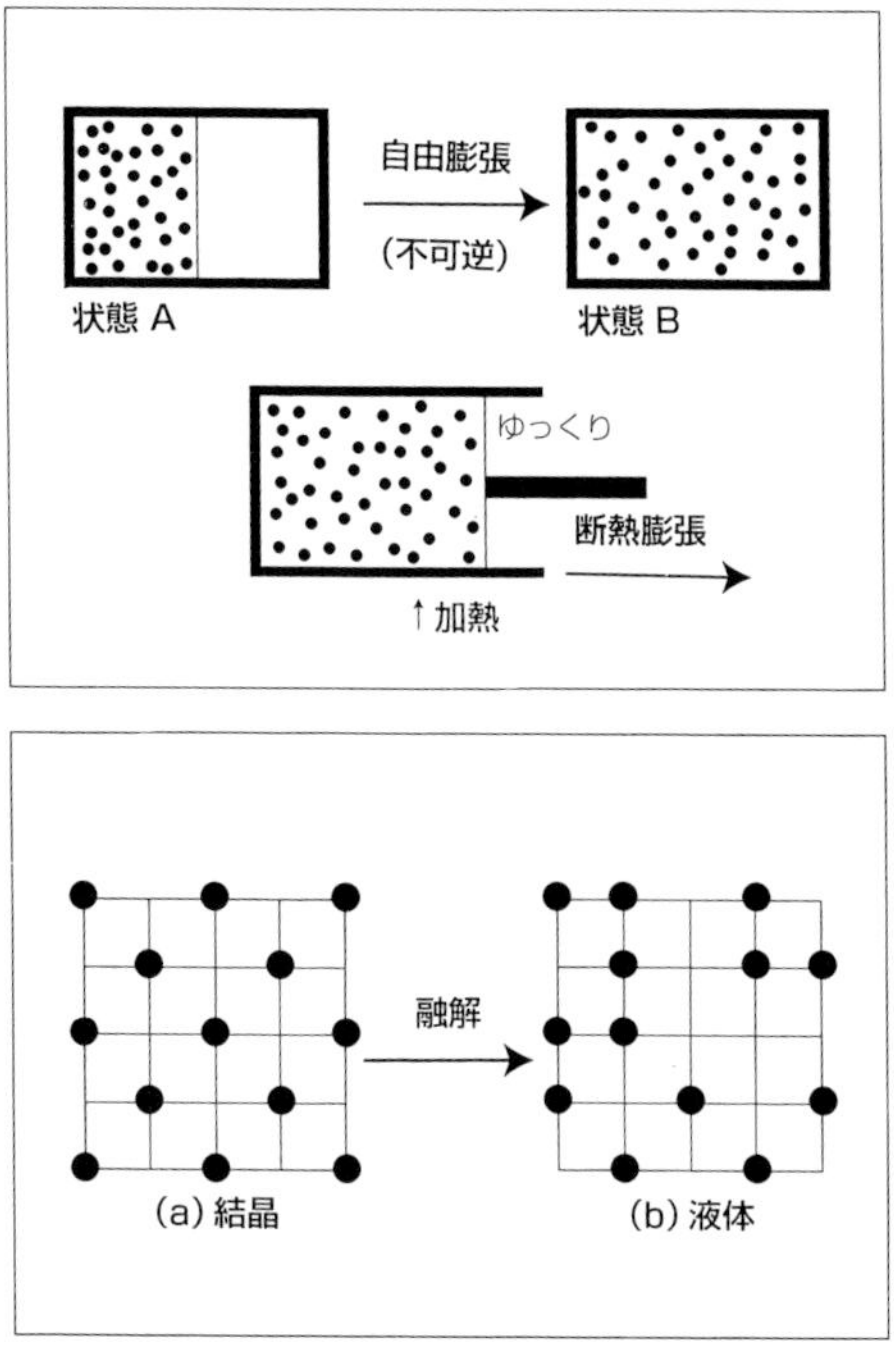

熱力学
上・下とも熱力学の第二法則（エントロピー増大則）を表した図。上は気体の自由膨張（エネルギーは保存）を示しているが、不可逆である。断熱膨張ではエントロピーは変わらない。下は固体を液体化した場合のモデルで、エントロピーは上昇している。

ギーや体積がどう変化するかを調べることにより、「熱力学第一法則」が発見された。加えられた熱量は気体が持つ熱エネルギーと気体が外部に成した仕事の和に等しい、というエネルギー保存則である。この法則によれば、加えた熱量のすべてを仕事として取り出すことはできないことがわかる。必ず、一部は内部の熱エネルギーに転換するためである。そこで、内部エネルギーに転換する量を少なくすれば、仕事が多く取り出せ熱効率が高い熱機関となることがわかる。そのために、熱源から熱量を供給しつつ、熱機関そのものを冷やして内部エネルギーに転換する量を小さくできる工夫をすればよい。エンジンの冷却剤は、エンジンが過熱して壊れないためだけでなく、熱効率を上げるためにも必要なのである。

ところが、熱力学第一法則のエネルギー保存則を満たしていても、ある方向には進むが、その逆方向には進まない熱的過程があることを、私たちは経験的に知っている。例えば、熱い湯と冷たい水を二つの箱に入れておいて接触させると、やがて二つの箱の温度は同じになるが、いったん同じになると逆に温度差がついた状態には決して戻らない。この場合、温度が高い箱から低い箱へと熱エネルギーが流れただけだからエネルギーは保存されている。しかし、元の状態には戻らない。このような過程を「不可逆過程」と呼ぶ。どのような場合が不可逆になるかを判定する法則が「熱力学第二法則」で、通常「エントロピー増大則」と呼ばれている。

エントロピーは、系の状態（温度や圧力や体積のこと）を指定したとき、それと同じ状態となりうる微視的な分子の配置の数として定義される。系は多数の分子から成り立っているから、個々の分子の位置や速度のような配置は異なっていても、温度や圧力は同じ値になる。その配置数がエントロピーというわけだ。熱力学的な系は、必ず配置の数が増える方向に進むが、配置数が減る方向には進まない、と主張するのが熱力学第二法則なのである。クリームをコーヒーに垂らして放っておくとクリームはカップ広がっていくが、再び元のクリームの塊には戻らない。クリームが固まっている状態の分子の配置数より、クリームがカップに広がった状態の配置数の方が多いからだ。個々の過程でエントロピーを計算してみればわかるが、外から仕事をしない限りエントロピーは増大するのが自然の摂理なのである。

Ⅶ 人物篇

61 ギリシャの自然哲学者たち

おそらく、ギリシャの自然哲学の元祖はタレスであろう。紀元前六〇〇年頃のミレトス（現在のトルコ西海岸）の人で、自然現象を神話によらず、合理的な解釈をしようと努めた。彼は、宇宙は何から作られているかを自問し、すべての物質の根源は実在する水であり、水が形を変えてさまざまな物質を形造っていると考えた。いわば、物質の成り立ちと運動を問いかけ、それをより基本の物質から説明しようとしたのである。

また、地球は大海に浮かぶ扁平な円盤または円柱のようなものと考え、天然磁石が鉄を引きつけることに気がついていた。

エジプトに旅したときバビロニアの計算法を学び、紀元前五八五年五月二八日の日食を予報したとされている。空を見上げて歩いているうちに井戸に墜落し、「遠くの星のことはわかるのに、自分の足下のことはわからない人だ」とからかわれた逸話がある。

ピタゴラスの定理で有名なピタゴラスは、紀元前五〇〇年頃のクロトン（南イタリア）に宗教結社を作り、万物の原理に数が存在するとして、すべてを数量化する試みを行った。音の調和と弦の長さの比の関係を明らかにし、惑星の周期も調和数にあるとして天上の音楽を唱えた。宵の明星と明けの明星は同じ星であることに気づき、ギリシャの愛と美の女神にちなんでアフロディテ（ローマのヴィーナス）と名付けた。地球は平らではなく球形であると唱えた最初の人でもあった。

弟子のピロラオスは、宇宙の中心に火があり、地球は太陽や他の惑星とともに、その周りを回っていると考えた。地球は動いており、宇宙の中心にいるのではないことを述べた最初の人で、コペルニクスに影響を与えたと言われる。

タレス

紀元前五世紀の頃のヘラクレイトスは、世界の根源は火であるとし、水から土に変わって世界が生まれ、それがまた水から火に戻るという過程が、一定の周期で繰り返されるとした。「万物は流転する」とする運動変化を続ける世界観の提唱者である。

　同じ紀元前五世紀の頃のレウキッポスは、あらゆる出来事には原因があると断定し、超自然的な力の介入をいっさい拒否する科学的な考え方を主導した最初の人である。物質の根源は原子であるという考えを抱いたが、その考えは弟子のデモクリトスが受け継いだ。

　デモクリトスは、原子（アトム）は同質・不可分・不変不滅の小さな粒子で、無数の原子が無限の空虚な空間を永遠に運動し、その結合や分離・配列や位置の変化を繰り返して万物が生成・変化・消滅するとした、唯物論

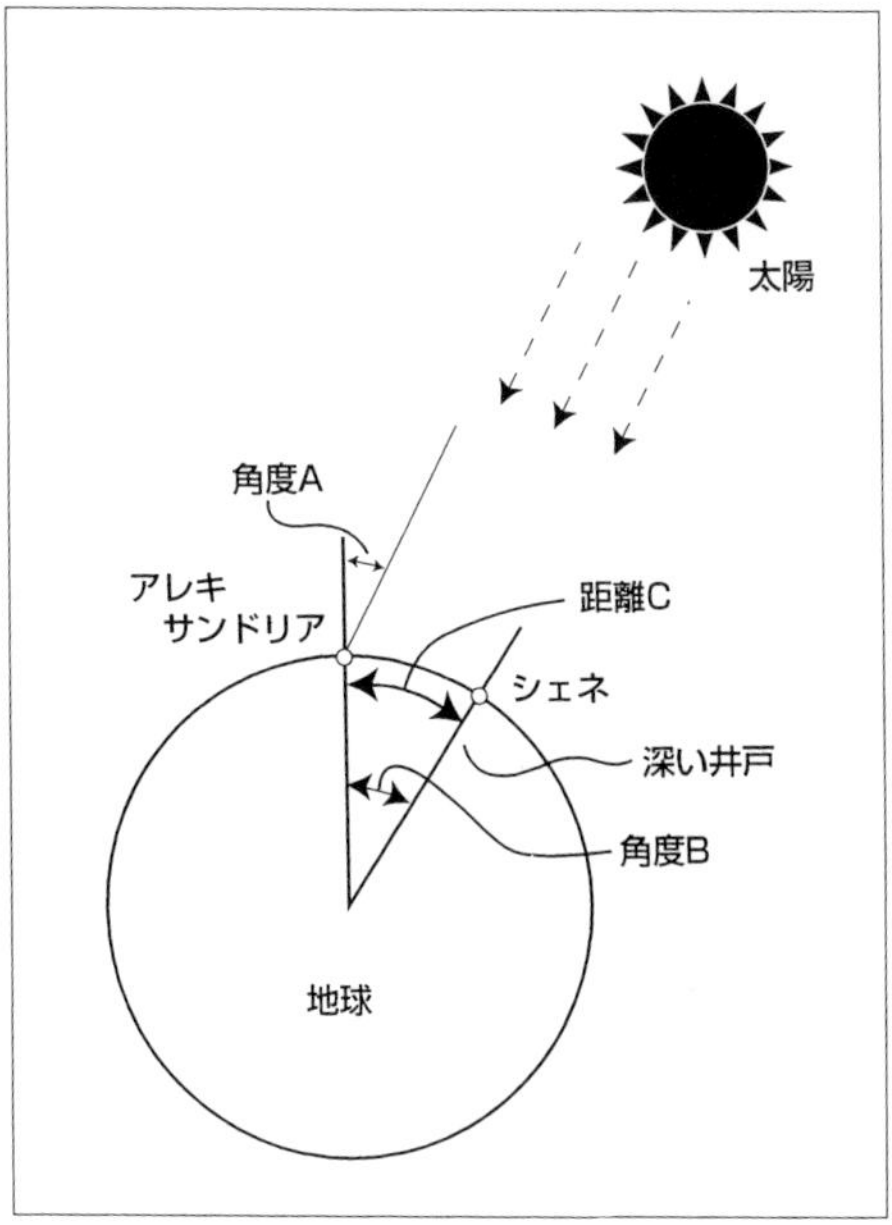

ギリシャの自然哲学者たち
エラトステネスがエジプトで行った実験を表した図。シェネの井戸に光が差し込む同時刻に、同じ経度上のアレキサンドリアの塔の作る影の角度を計るもの。角度Bは角度Aに等しく、すなわち地球の全周は360度を角度Bで割った値に距離Cを掛けたものになる。

哲学の創始者である。その博学さから「ソフィア」と呼ばれたが、人の世の空しさを常に笑っていたので「笑う哲学者」とも呼ばれたらしい。天の川が無数の星の集まりであろうと予想したことも知られている。

紀元前四世紀の頃、プラトンに学んだエウドクソスは、カノープスを初めて観測した人で、天球に仮想上の緯度と経度の線を引いて目印をつけ、星が見える位置をそこにプロットしていった。つまり、彼は星図を初めて作った人なのである。彼は、星や惑星の動きを説明するために地球を中心とする同心天球説を唱え、球面幾何学を創始した。星・太陽・月と五つの惑星の運動を二七個の天球運動の組み合わせで説明できるとした。後に、アリストテレスが、この体系を組織化して天動説宇宙論へと練り上げたのである。

やはりプラトンに学んだポントス（黒海）のヘラクレイデスは、天球が東から西への日周運動する天動説に替わって、天体が静止し地球が西から東へ自転しているとすれば同じようにみられるとして地動説宇宙論の可能性を論じた。しかし、地球中心説は捨てきれず、水星と金星は太陽の周りを回りつつ、太陽は地球の周りを回るという宇宙体系を提案した。

太陽中心の地動説を最初に唱えたのは、紀元前三世紀のアリスタルコスである。彼は、月食のときに映る地球の影の大きさから月の大きさを推定し、半月のときの月と太陽を見込む角度から、月と太陽までの距離の比を求め、それらから太陽がもっとも大きいことを知り、太陽より小さい地球の周りを太陽が回っているとは考えられないと推論したのだ。しかし、この説は支持が得られず、コペルニクスが地動説を復活させるまで、アリスタルコスの宇宙像は長い間忘れ去られていた。

地球の大きさを測ったのはアレキサンドリアのエラトステネスで、紀元前三世紀の人である。彼は、夏至の日の正午にシェネ（現在のアスワン）では木の影がなくなることに気づき、そのとき同じ経度上のアレキサンドリアでは影の角度が七度であることとシェネとアレキサンドリア間の距離から、地球の円周の大きさを約四・四万キロメートルと算出した。また、これと似た三角法を使った方法で、冬至(南回帰線)と夏至（北回帰線）の間の距離は地球の全周の一三%とした。これらの値は、当時の技術水準を考えると驚くべき精度と言うべきだろう。

62 アリストテレス

アリストテレス（紀元前三八四年〜前三二二年）はマケドニア生まれで、一八歳のときアテネに出てプラトンのアカデメイアに入学し、二〇年の間過ごした。ギリシャの伝説上の人物アカデマスにちなんだ土地に学校が建てられていたのでアカデメイアと呼ばれるようになった、現在のアカデミーの語源である。その後、アレクサンドロスの家庭教師になってから、アテネに戻って学園リュケイオン（その土地が羊飼いの神アポロ・リュケイオスの神域であったため）を開いて講義を行い、それを一五〇巻にもおよぶ著作集としてまとめた。このうち現存するのは五〇巻だけだが、それでも膨大な数である。

アリストテレスが論じた分野は広いが、ここでは科学に関わる事柄のみをまとめよう。

アリストテレスの「天動説宇宙論」は、原型をエウドクソスの地球中心体系から受け継いだもので、そこにさまざまな意味を付け加えて、まさに壮麗な宇宙体系に仕上げている。まず、地球を中心にして、月・水星・金星・太陽・火星・木星・土星の順で天球が層を成しており、その彼方に恒星天球があって、そこが宇宙の果てである。

また、月より上の世界と月より下の世界を区別した。月下圏は、土・水・空気・火の四元素から成って生成消滅を繰り返しており、直線上の往復運動で象徴される世界である。これに対し、月上圏は、第五の元素であるエーテルからできている完全な世界で、永久に続く円運動で象徴される。これが、惑星は円運動をするという先入観の原因となった。アリストテレスの天動説宇宙を数学的に完成させたのは、紀元二世紀のプトレマイオスである。

アリストテレスは自然をよく観察して考えた人で、い

くつかの論拠から地球が丸いと主張したことで知られている。

一つは、北の方に進んでいくと、それまで見えなかった星が北の地平線上に見えるようになり、南の地平線にはそれまで見えていた星が見えなくなる。逆に南へ進むと、これと反対のことが起こることを挙げている。これによって、地球が丸いと考え、そのため地平線が生じると推定したのだ。

もう一つは、船が沖へ遠ざかっていく場合、まず船体が見えなくなり、やがてマストが見えなくなることを挙げている。これは船がどの方向に進もうと同じであり、逆に船が沖から浜へ近づいてくる場合は、マストから見え始めることも、地球が丸いためだと推論した。また、月食のとき月に映る地球の影がいつも丸いことも指摘している。

これらは、少し注意深く観察すれば気付くことで、そこから地球の形状にまで話がおよぶのは、アリストテレスならではの推理力と言える。

また、アリストテレスは、五〇〇種以上の動物を、いくつかの階層に分けて配列するという「分類学」を創始している。また、五〇〇種におよぶ動物の解剖も行い、分類の基礎資料として使った。これらは極めて近代的な学問の方法であり、彼の観察力が優れていたことを如実に示している。彼の方法が弟子にも受け継がれたことは、アリストテレスの引退後リュケイオンを主宰したテオフラストスが、五五〇種もの植物を記載した書物を著しており、植物分類の創始者となったことからも窺える。

アリストテレスが見誤ったのは「運動学」で、重い物体の方が速く落下するとか、物体は力を加え続けたとき等速運動するなどと述べたのは、余りに経験事実に頼ったためかもしれない。実際、私たちが眼にする運動はこの通りなのである、しかし、これは空気の抵抗や摩擦が原因となって生じていることで、それらの効果をはぎ取って運動の実相を見極めねばならないことを明らかにしたのは、二〇〇〇年後のガリレイであった。

ともあれ、アリストテレスは、非常に広い学問分野で後世に大きな影響を与えた偉大な自然哲学者であったと言えるだろう。アリストテレスの自然学と宇宙論がキリスト教世界の教義となったのは、トマス・アクィナスの『神学大全』からであった。アクィナスは、アリストテレスの自然学のうち、聖書に都合の良い部分、都合の悪い部分をうまく弁別して、超自然たる神と自然の調和、信仰と理性を統一させ、地上権力を持った中世教会の権威を裏付けるのにアリストテレスを利用したのである。

また、ダンテは、『神曲』において天動説宇宙を天国と地獄という形に移し変え、神聖なアリストテレス宇宙とキリスト教の教義を直感的に結びつけた。これらが、現在においてもなお西洋に流れるアリストテレス的世界観の基礎となったのかもしれない。

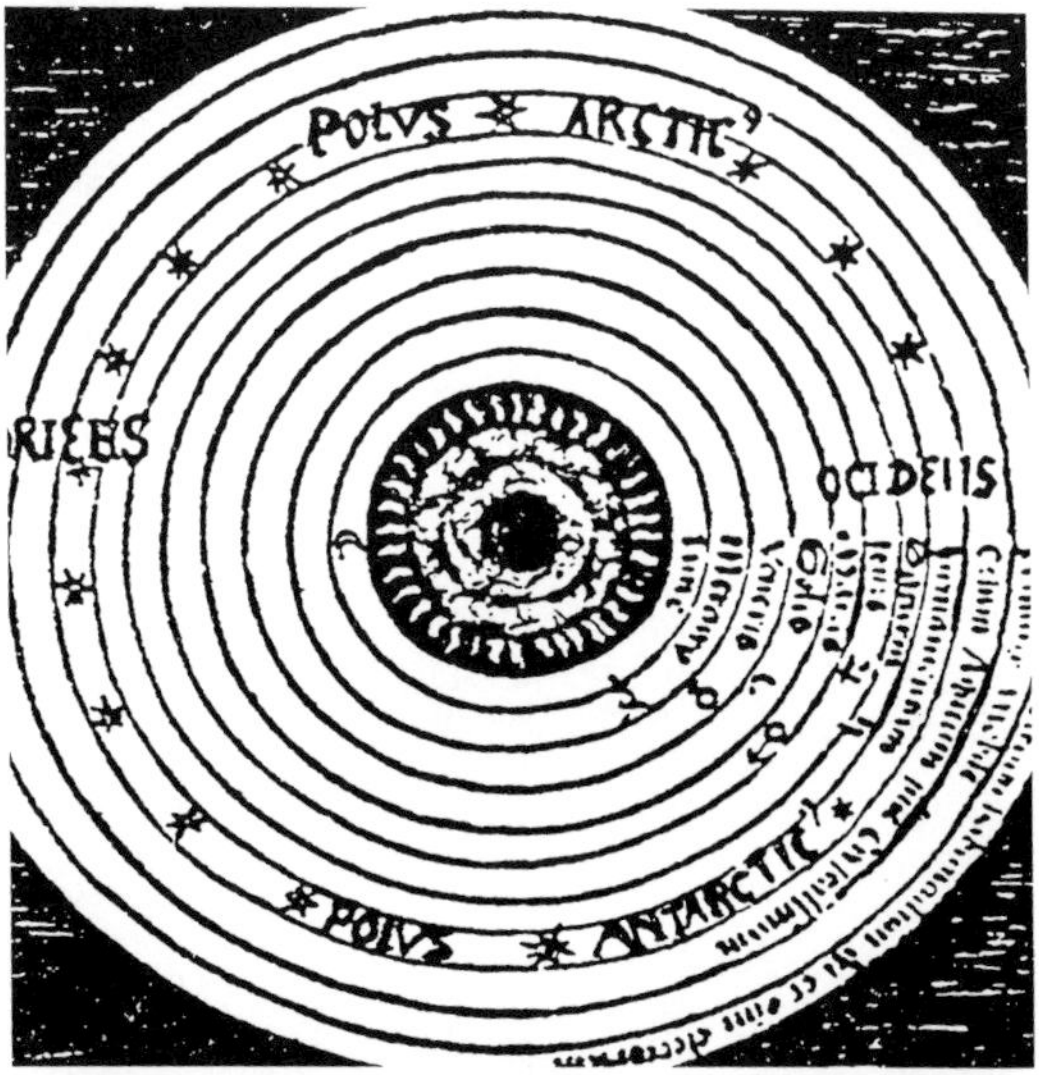

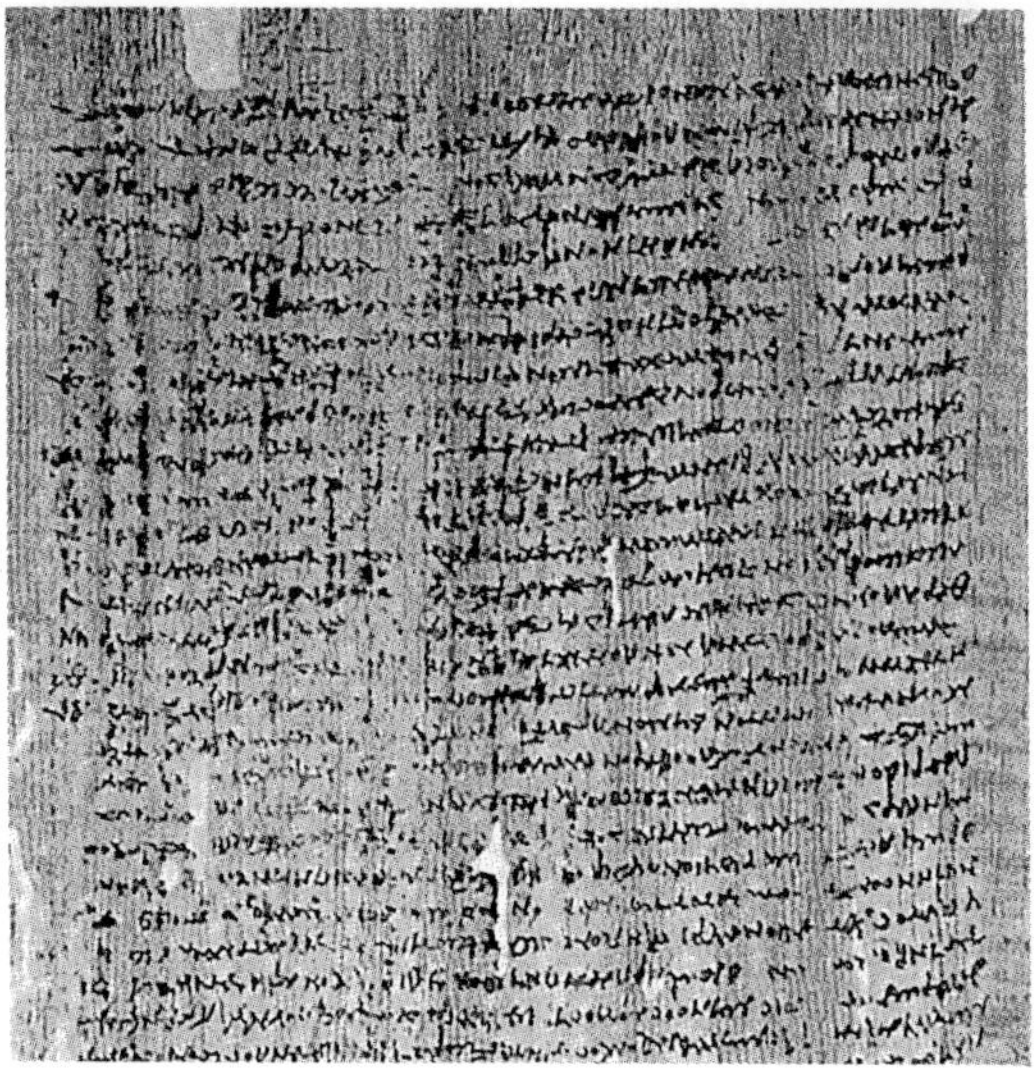

アリストテレス

上／アリストテレスの宇宙モデル「九天説」（地球から順次、月天・水星天・金星天・太陽天・火星天・木星天・土星天・二重の恒星天）。
下／アリストテレスの資料的記録のほとんどは断片だが、これは例外的にまとまって出土したパピルス文書『アテネ人の国制』（写本）。筆写年代は紀元後1世紀末頃。

63 アルキメデス

アルキメデス（紀元前二八七年〜前二一二年）は歴史的に最大の数理科学者の一人であるが、観測や実験も行った実践的な物理学者でもあった。

大きな石の下に棒を差し込み、手前の小石を支点にして棒を下に押せば、重い石でも軽々と持ち上げられる「てこの原理」を発見した。彼の著作には、「不等な重量は、その距離に反比例するとき釣り合う」という言明として残っている。もっとも、てこの原理は、エジプトのピラミッドの建造などで古来から重い物を持ち上げるのに利用されてきたが、それを理論的に明らかにしたのがアルキメデスなのである。

理論的な根拠が明らかになったことにより、てこの原理を積極的に採り入れた道具を作ったり、必要な棒の長さや強度を前もって計算したりできるようになった。原理が理論的に明らかになることにより、技術的な応用範囲が一気に拡大するのだ。「我に立つべき立場を与えられれば、地球すら持ち上げてみせる」という言葉が、この事実を証明している。

有名な「アルキメデスの原理」は、ヒエロン王から王冠を示され、これを壊さずに純金より密度の軽い金属が含まれているかどうかを検証せよ、という命令を受けたことに端を発する。これを考え続けたアルキメデスは、入浴中、フロから湯が溢れて出るのを見て、突然、名案を思いついた。

水に物体を浸せば、物体の水に浸かっている部分に等しい体積分の水を押しのける。その物体の重さを溢れ出た水の量で割れば、物体の密度が求められる。同じ重さの王冠でも、純金だけで作られた王冠の体積の方が、純金より密度の小さい金属を含む王冠の体積より小さいだろう。ならば、王から渡された王冠と同じ重さの純金製

の王冠を作り、各々の王冠を一杯に水を湛えた桶に浸して溢れ出た水の量を比べればよい。

こう思いついたアルキメデスは、「ユーレカ！ ユーレカ！（わかった！ わかった！）」と叫びながら、裸のまま町を走り回ったというエピソードが残されている。

宇宙論に関しては、『砂粒を数える者』の中で、アリスタルコスの太陽中心説を紹介しているが、自らは地球中心説の立場で宇宙の大きさを論じている。地球や太陽の大きさを仮定し、宇宙の中心にある地球から太陽までの距離や恒星天球の直径を求め、これを砂粒で満たしたときの砂粒の数を計算したのだ。当然、莫大な数となるから、そのような数の記数法として「べき」表示を工夫した。

他に、円周率や放物線の面積を求める方法、球や円柱の体積の計算、平面上で一定の間隔で巻いていくアルキメデス螺旋（等差螺旋）など、数々の数理科学上の業績がある。彼の墓石には、「球の体積は外接する円柱の体積の三分の二にあたる」という定理を表す図形が描かれていたが、現在では失われているそうだ。

真偽が不明なエピソードとして、出身地であるシチリア島が敵の艦隊に囲まれたとき、巨大な投石機で沖合いの船まで石を投げつけたり、巨大な球面鏡で太陽の光を集めて船の帆を焼いたという話が伝わっている。当時、そのような球面鏡を製作する技術がありそうにないことから、平面鏡で敵を照らし眼を眩ませたのではないかという説もある。いずれにしろ、これらはアルキメデスが優れた技術家でもあったことを示すエピソードである。

ところで、「原理」とは、本来、物事を成り立たせる根本法則のことで、多くの経験事実から正しいと推察できるが証明できない命題のことである（例えば、光速不変の原理、等価原理など）。ところが、「てこの原理」は、モーメントの釣り合いから、「アルキメデスの原理」は静水平衡から、いずれもニュートン力学によって証明できる事柄で、言葉の厳密な意味では原理ではない。しかし、それらが発見されたのは、ニュートン力学が建設される二〇〇〇年近く前のことであり、証明はできないが良く成立している命題としての原理と考えられたのである。

64 ヒッパルコス

ヒッパルコス（紀元前一六一年〜前一二六年頃）は古代でもっとも偉大な天文学者で、ロードス島で長く天文観測を続け、観測機器を改良したり、球面三角法を体系的に天文観測に応用したりと、多くの業績がプトレマイオスの『アルマゲスト』に記載されている。複雑な仮説を廃して物事を明確にすることを好み、「黄道一二宮」を定めたが占星術を否定したと言われる。

ヒッパルコスの最初の有名な業績は、地上の異なった二点から月の中心部を見て視差を検出し、エラトステネスが求めた地球の円周を用いて月までの距離を計算したことである。彼が得た値は、三八万四千キロメートルで、現在知られている値に非常に近い。

紀元前一三四年に現れたさそり座新星を目撃し、天は永久不変の世界であるかどうかを確かめるために、詳しい星の位置を記載した星図の作成にとりかかった。彼は、エウドクソスと同様、天球上に経度と緯度を定め、各番地に約八五〇個の星を図示していった。さらに、この方法を地球に当てはめ、地上の経度と緯度を引いて地図を描く現在の方法の創始者となった。

この星図を描いていくうちに、ヒッパルコスは重要な事柄を多く発見した。一つは、春分から秋分までの時間の方が秋分から春分までの時間より長いことから、太陽の天球上の軌道（黄道）が正円でないとしたことである。そのため、天動説であった彼は、太陽が地球の周りを回る円の中心が地球から少しずれた「離心円」を提唱した。

もっとも重要な発見は、春分点の位置が一年に角度にして四五秒ずつずれていく「春分歳差（または黄道歳差）」の発見である。彼は、一五〇年にわたるアレキサンドリアやバビロニアの観測記録を詳しく調べ、これが観測誤差でないことを明らかにして、黄道が歳差していると結論したのだ。黄道とは、地球が太陽の周りを回るために太陽の天球上の位置が動いていくように見える現象だから、原因は地球の運動にある。これは、地球の回転軸が「歳差運動」(コマの首振り運動のような回転軸がぶれる運動)しているためである。このため、天の北極がずれていくことになり、その周期は約二万六千年である。併せて、ヒッパルコスは一年の長さが三六五日と四分の一日であることも指摘していた。これを考慮して、四年に一度閏年を入れることにしたのがユリウス暦である。

ヒッパルコスがアリスタルコスの太陽中心説を否定したことが、長く天動説が続いた一つの原因でもあった。彼のような偉大な天文学者が自らの観測結果を下に太陽中心説を否定したのだから、その影響は大きかったのである。彼は、地球や他の惑星が太陽の周りを回っているとするなら、惑星の位置に見られる見かけ上の不規則性が説明できないと判断したのだ。(実際、コペルニクスが太陽を中心として惑星が円軌道上を運動するとした場合にも、同じ困難にぶつかったのである。)ヒッパルコスは、地球中心説の立場で搬送円・周転円・離心円を組み合わせ、惑星や太陽の運動を説明しようとしたのだった。

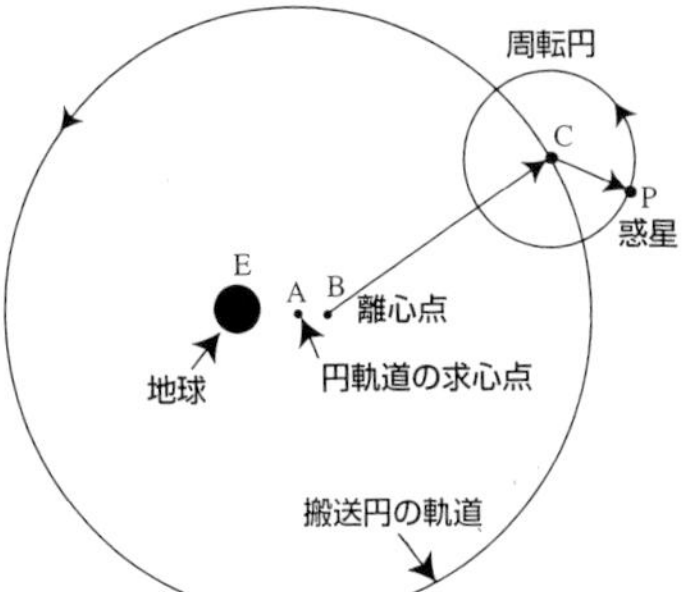

ヒッパルコス
上／アレキサンドリア上空を見るヒッパルコス。(19世紀の版画より)
下／ヒッパルコスの「離心円」説。太陽が地球を回る円の中心を、地球から少しずれた「離心点」とした。

65 プトレマイオス

プトレマイオスは紀元二世紀中ごろに、アレキサンドリアで活躍したギリシャの天文学者で、通称トレミーと呼ばれる。ヒッパルコスの後継者で、精密な天文観測を行い、球面三角法を駆使した数理天文学書の『天文学の数学的集成』の著者である。この書は、後にアラビア語に翻訳されて『アルマゲスト（偉大なる書）』と呼ばれるようになった。

この書でプトレマイオスは、太陽・月・惑星の運動、食、恒星の動きなどについて詳細な理論を展開しており、天動説宇宙論を完成させた。彼の体系では、搬送円・周転円・離心円というヒッパルコスの体系に、「対応点（エカント）」を付け加えて惑星の運動がさらに精度良く再現できるようにした。対応点は円の幾何学的中心からはずれた点で、惑星は幾何学的中心の周りの円軌道上を運動しているが、その速さは対応点に対して一様であるとしたのだ。地球から見たとき、惑星運動が非一様に見えることを説明しようとした工夫である。

『アルマゲスト』に示された数学的な惑星運動理論は、簡単な計算で精度良く惑星運動が再現・予言できる優れた天文学理論の書で、その後一四〇〇年にわたって使われた。

さらにプトレマイオスは、『光学』を著して光の屈折について論じ、『地理学』によって経度と緯度による投影図法の世界地図を作成した。後者は、ヒッパルコスのアイデアを実際に地図によって示したのである。また、占星術や音響学についての著作もある。

66 アラビアの天文学者たち

アッバース朝の第七代カリフであるアル・マームーン（七八六年〜八三三年）は、「知恵の家」というギリシャ学問の翻訳・研究センターを設立してギリシャの学問をアラビア世界に導入することに努めた。バクダッド市内に天文台を建て、ヤフヤー・マンスールを中心とする観測チームが『マームーン表（ムスタハン・ジージャ、テストされた天文学宝典）』をまとめた。また、ダマスクス郊外にも天文台を設け太陽や月の観測を行わせ、地球の経緯度を測定するプロジェクトも進めた。

アル・フワーリズミー（七八〇年〜八五〇年）は、アラビア初期の天文学・数学者で、アル・マームーンに仕えて『アル・フワーリズミー天文表』を著した。プトレマイオスの天文表と似た太陽・月・惑星の運動や食を計算する表だが、その数値はインド天文学によるもので、ギリシャとインドの影響を受けていることがわかる。数学家として、二次方程式の解法を扱った『ジャブルとムカーバラの計算』、インドで発見されたゼロを用いて十進法の位取り記数法を採用した『インド数学について』が有名で、数学史上重要な業績である。彼の著作に、アルジェブラ（代数学）という新しい用語が使われている。このアラビア数字と位取り記数法を北アフリカで学んだのがイタリアのフィボナッチ（一一七〇年頃〜一二四〇年頃）で、新しい算術計算法に関する『そろばんの書』を表し、ヨーロッパにアラビア数字を紹介した最初の人となった。

中央アジア出身のアル・ファルガーニは、九世紀中頃、アル・マームーンやアル・ムタワッキに仕えて土木工事に従事した。プトレマイオス天文学を詳しく解説した『天文学総論（または天の運動）』を著したが、わかりやすい記述で広く普及した。この本は一二世紀にラテ

ウマル・ハイヤーム

ン語に翻訳されてヨーロッパに逆輸入され、一六世紀までの天文学に大きな影響を与えた。他に、『アストロラーベの製作』という著書もあり、天文学においてギリシャ文化とルネサンスとの橋渡し役を果たしたアラビア文化の代表的人物と言える。

アラビアを代表する天文学者の一人であるアル・バッターニー（八六〇年〜九二九年頃）は、自らの天文観測結果を『サービ・ジージェ（天文学宝典）』としてまとめた。黄道傾斜や太陽の遠地点を観測から決定し、それらが変化していることを明らかにした。また、太陽の離心率を良い精度で決定したり、太陽と月の大きさの比較から金環食の可能性を論ずるなど、優れた観測家であることを示す業績を残しており、コペルニクス、ティコ、ケプラーに大きな影響を与えた。

イラクのバスラ出身のイブン・アル・ハイサム（ラテン名アルハゼン：九六五年〜一〇四〇年頃）は、カイロで光学・視覚論・天文学などの分野で活躍した。プトレマイオス天文学を批判し、多数の天球が隙間なく組合わさった宇宙モデルを『宇宙の構造』という著書で提案した。『月の光について』『食の形について』など、詳しい観察と実験と厳密な数学に基づく優れた著作を残している。彼の重要な業績は、物が見えるのは光線が眼にはいるからであって眼から光が出るのではないと、正しく見抜いた『視覚論』を著したことである。レンズの実験を行い、物が拡大されて見えるのはレンズ表面の曲がりによるものであると証明した。

エジプトのイブン・ユーヌス（?〜一〇〇九年）は、カイロで教主ハケムが建てた天文台で観測を続け、その結果の天文表を教主に提出した。これが『ハケム表』で、食や合の観測、天文定数、マームーン表の解説、イスラムでもっとも正確な星と惑星の位置などが含まれており、ここに記された食のデータから、一九世紀のニューカムは月がゆっくりと地球から遠ざかっていることを証明した。三角法を発展させ、幅広い天文学への応用の道を拓いたことでも有名である。

アル・ビールーニー（九七三年〜一〇五〇年以降）は、諸学に通じたイスラム世界最大の学者である。一七歳のとき、太陽の高度を測ってその土地の緯度を決定するなど早くから才覚を表し、スルタンのマスウードに捧げた『マスウード宝典（カーヌーン）』は、ギリシャ・

ペルシャ・インド・アラビアの成果に自身の観測や理論を加えて天文学全体を集大成したもので、アラビア天文学を代表する著作である。また、『占星術基礎教程』は、占星術のみならず数学や天文学をわかりやすくまとめており広い読者を得ていた。インド研究など一五〇編近い著作を残している。

アッ・ザルカール（一〇二九年頃〜一一〇〇年）は、スペインのアラブ系天文学者で、トレドで天文観測を続けつつ、水時計や新種の天文儀など観測機器の製作も行った。彼が作った『トレド表』は、一三世紀までヨーロッパで使われた天文表であった。水星の軌道は円ではないとしていることから、ケプラーの考えを五〇〇年も先取りしていたと論ずる史家もいる。

ペルシャのウマル・ハイヤーム（一〇四八年〜一一三一年）は、数学者・天文学者そして詩人として著名である。イスファーンの天文台で観測を行い、その結果をもとに『マリク・シャー天文学宝典』をまとめ、さらに『マリキー暦（あるいはジャラーリー暦）』を作成した。

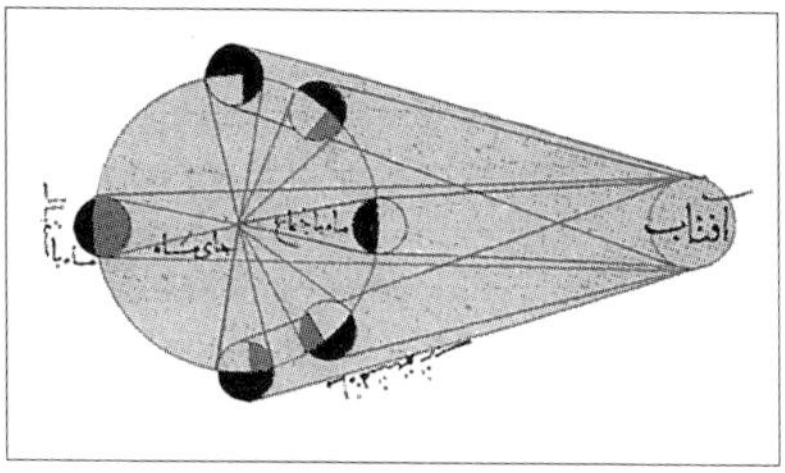

アラビアの天文学者たち
上／イスラム世界最大の学者アル・ビールーニーによる月食の図。
中／宇宙を描いたミニアチュール。中心に地球、周囲の同心円はイスラム預言者に対応する。その周りは獣帯、外周は二十八宿である。
下／イスタンブールの天文台を描いた絵。

この暦は、三三年周期のうち四・八・一二・一六・二〇・二四・二八・三三年目に閏年をおくもので、五〇〇〇年に一日のずれしか生じずグレゴリウス暦より優れたものである。彼の四行詩集『ルバイヤート』は、ペルシャ文学の傑作の一つに挙げられている。

ペルシャの数学者であり天文学者であるアッ・トゥーシー（別名ナーシルッ・ディーン：一二〇一年〜一二七四年）は、マラガに天文台を建てて星の観測を行い、その結果を『イルハーン表』としてまとめた。多数の天文学者がマラガ天文台に集まってきたので、一時世界の天文学の中心となった。著書の『天文学要覧』はプトレマイオス体系をまとめたものである。侵入してきた蒙古軍に捕らえられたが、そこで大臣に登用されたというエピソードがある。

カスティリャ王国の王であったアルフォンソ・エル・サビオ（一二二一年〜一二八四年）は、学問を奨励するとともに自らも著述を行っている。因みに、エル・サビオは「学者」を意味するスペイン語である。天文学に強い関心を持ち、アル・バッターニーの『サービ・ジージョ』やアル・ハイサムの『宇宙の構造』をスペイン語に翻訳させたり、天文器具に関する著作も残している。二世紀前の『トレド表』を改定した『アルフォンソ表』をまとめたが、これはラテン語に翻訳され、ケプラーに到るまでヨーロッパでも標準的な天文表となった。彼は、惑星の運動を記述する計算が非常に複雑であることを嘆き、「もし神が私に相談してくれたなら、もっと宇宙を簡単に創るように助言したのに」と語ったと伝えられている。晩年は、神聖ローマ帝国の皇位継承に執着して政治が乱れ、息子に廃位を宣言されることになった。

イブン・アッ・シャーティル（一三〇五年頃〜一三七五年頃）は、ダマスクスのモスクの長として、祈禱の時刻を天文学的に正確に定めようと大きな日時計を製作した。プトレマイオスの天文体系では惑星の軌道に離心円とエカント（対応点）を用いていたのを、複数の周転円の組み合わせで等速円運動からのずれを説明しようとした。基本的にはプトレマイオス体系と同じであるが、周転円だけで軌道を表現しようとした点でより美的と言える。この周転円系として惑星運動を表現する方法はコペルニクスも採用しており、アラビアの天文学がヨーロッパに及ぼした影響の大きさがわかる。

67 ニコラス・コペルニクス

『アルマゲスト』によって体系化されたプトレマイオスの地球中心説は、一三〇〇年も経った一六世紀には、惑星の位置の予報などで誤差が累積し多くの欠陥が明らかになってきた。また、搬送円・周転円・離心円など、数多くの円運動を組み合わせねばならず、非常に複雑な宇宙体系となっていた。

ポーランドのニコラス・コペルニクス（一四七三年〜一五四三年）は、宇宙の中心に太陽をおき、その周りを惑星が円運動をしているとすることで惑星運動が簡単に説明できるのではないかと考えた。実際、地球中心説では複雑な周転円や離心円を組み合わせねば説明が困難な、惑星の逆行運動（惑星がいったん後戻りしてから元の方向へ動く現象）と太陽が天球上を動く速さの時間変化が、太陽中心説では簡単に説明できることがわかった。

しかし、惑星や太陽の動きをより詳細に説明しようとすれば、太陽周りの惑星の運動に再び周転円や離心円を持ち込まねばならなかった。コペルニクスもアリストテレス以来の円運動からは逃れられなかったのだ。その点では、太陽中心説に移ってもプトレマイオス体系より格段に簡単となったわけではなかったのである。

コペルニクスは、太陽中心説はギリシャのアリスタルコスの考えの復活であることを『天体の回転について』で強調している。まだ直接証拠がなく、ローマ教会の教義とは異なった説を唱えるにあたって、古来からあった一つの仮説であることを印象づけようとしたのだ。アリスタルコスと異なる点は、単なる心情として述べたのではなく、実際に惑星運動を計算し、また観測を行って地動説を証明しようとしたことである。検証しうる科学的仮説であったのだ。

地球が太陽の周りを回っているなら、星が見える方向が季節ごとに変化する「年周視差」が検出できるはずである。コペルニクスは年周視差を検出しようと毎晩天体観測を続け、その証拠を付けて太陽中心説を発表する予定であった。実際に年周視差が測定されたのは一八三八年のことで、望遠鏡のないコペルニクスの時代では不可能なことであったのだが。

『天体の回転について』が出版されたのは一五四三年、つまりコペルニクスの死の年であった。(彼が亡くなるその日に届けられたというエピソードがある。)

しかし、一五〇七年に太陽中心説の手短な解説をした手書きの『要綱』を友人たちに配っており、それは全ヨーロッパに広がっていた。ルネサンスから大航海時代を迎えた当時、ローマ教会はまだ進歩的な雰囲気を持っていたから、教義とは異なる地動説がすぐに弾圧されたわけではない。しかし、その気配は感じていたのでコペルニクスは出版に対して慎重であった。

一五四〇年、弟子のレティクスがコペルニクスの名を出さず、大先生の仮説として『ナラチオ・プリマ』という表題の要約を出版した。それがヨーロッパの多くの学者の評判が高かったので、ついにコペルニクスも地動説体系を執筆することにしたのだった。彼は、教会の心証を害さないために、ローマ法王パウロ三世へ献じる形とした。

折しも宗教改革の時代で、地動説に強く反対したのは「聖書に戻れ」と主張していたプロテスタントであった。やがて、ローマ教会も異端の説として『天体の回転について』を禁書にしたのだが、活字を用いた印刷術の発展によってすでに多くの学者に広まっていた。宗教から科学研究が独立していく一七世紀の科学革命の先駆けとなったため、「コペルニクス革命」とか、「コペルニクス的転回」という言葉が生まれたのだ。

コペルニクスの体系に沿って惑星の運行表を作ったのはドイツの数学者のラインハルトで、プロシャの公爵となったアルベルトの援助を得て作成したので『プロシャ表』と呼ばれている。それまでの最高の惑星表はプトレマイオス体系で計算された『アルフォンソ表』で、これに比べると格段に精度が改良されたとは言えなかった。円運動とする限り、惑星運動は正確に計算できなかったのである。

68 ティコ・ブラーエ

デンマークのティコ・ブラーエ（一五四六年〜一六〇一年）は、おそらく、肉眼で星を観測した天文学者のなかで最高の人であったと言えるだろう。
彼は、一五七二年、カシオペア座の近くで金星のように明るい星が突然現れたことに気がついた。優れた天文観測器具の制作者でもあったティコは、この新しい星を詳しく観測し続けて、恒星に対して動かないことを明らかにした。この観測結果は『新星について』と題する書物として出版され、以来夜空に突然現れる星を「新星」と呼ぶようになった。つまり、ティコは、アリストテレスによれば永久不変で完全な世界であるはずの恒星天球が変化することを示したのだ。この発見によって弱冠二六歳のティコは、一躍有名な天文学者となった。この新しく登場した星は超新星爆発と呼ばれる現象で、現在カシオペアーA と呼ばれている超新星残骸が確認されている。さらに、ティコは一連の彗星観測を行って計六個の彗星を発見し、その運動から彗星が月下圏の現象ではなく天上世界の出来事であることを明らかにした。このことも天上世界は完全ではないことを示しており、ティコはアリストテレス体系を揺るがせる上で重要な役割を演じたのである。
彼は、一五七六年、デンマーク国王からフベーン島を賜り、そこに天文台を建設する一切の費用の援助を受け、以後二一年の間、星や惑星の位置や運動を系統的に観測し続けた。彼が測定した惑星の位置の精度は角度にして四分、恒星の位置の精度は角度にして一分内であり、それ以前の精度の二倍以上優れていたようである。より重要なのは長期間の系統的なデータであったことで、この間に蓄積した観測データが、後にケプラーが惑星運動の三法則を発見する重要な材料となったのである。
ただし、ティコは尊大で傲慢な人であったようで、小作人を手ひどく扱ったり、ある一家を鎖でつないだりした逸話が多く残っている。ついに、このような事件で新しい国王クリスチャン四世と衝突してフベーン島を去らねばならなくなった。一五九七年、ティコはプラーグに移り、そこでケプラーを弟子として膨大なデータを託すことができた。アリストテレス体系を揺るがせたティコであったが、天動説を捨てることはできなかった。星の年周視差が検出できないことがその理由であった。観測家は自らの観測結果には自信があるから、視差が検出できないことは即地球は動いていない証拠と考えたのだ。星までの距離が膨大であるために、視差が検出できるほど大きくないことに思いが及ばなかったのだが、当時、宇宙がそんなに大きいと考えられていなかったのである。しかし、コペルニクス説の簡便さにも気付いており、惑星は太陽の周りを回りつつ、太陽は不動の地球の周りを回っているというティコの体系を作り上げた。いわば、天動説と地動説の折衷案で、ギリシャのヘラクレイデスの説の復活であった。

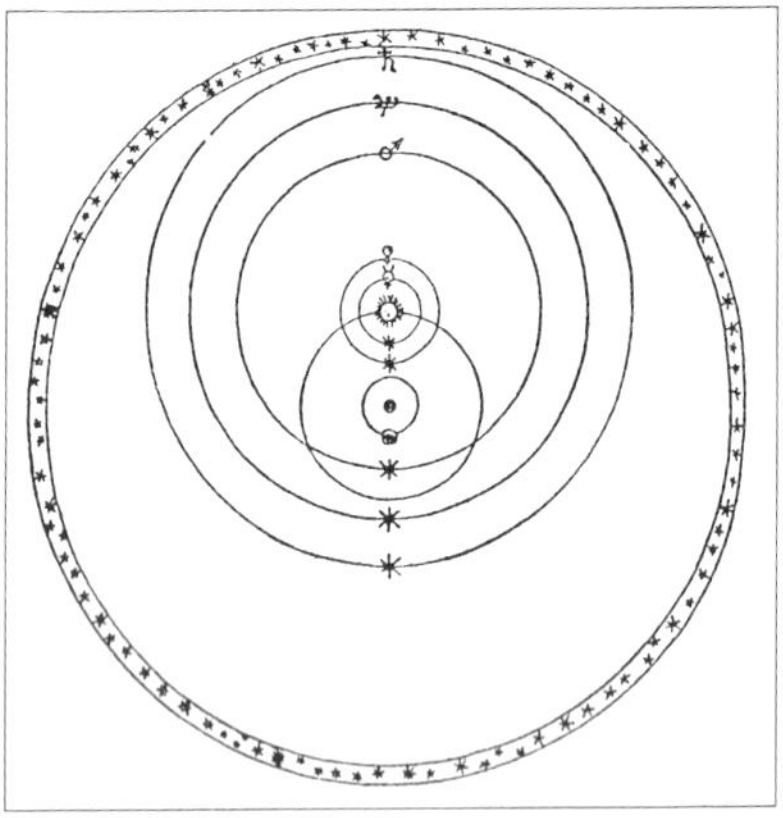

ティコ・ブラーエ
上／ティコ・ブラーエが21年間観測を続けたフベーン島のウラニボルク天文台。
中／1572年に彼が観測した超新星の絵。星を不変とする当時の仮説に疑問を投げ掛けた。『新星について』（1573年）より。
下／天動説と地動説の折衷案といえる、ティコの宇宙体系。惑星は太陽の周りを回っているが、その太陽は不動の地球の周りを回っている。

69 ヨハネス・ケプラー

ドイツの天文学者であるケプラー（一五七一年〜一六三〇年）は、若い時分から数学的な才能で評判が高く、師のメストリンから地動説を教えられて以来、これを疑ったことがなかったようである。一五九六年に書いた『宇宙の神秘』では、知られている五個の正多面体——正四面体、正六面体、正八面体、正一二面体、正二〇面体——と惑星軌道を対応させる幾何学的な宇宙を提案している。土星の軌道を含む球が立方体に外接し、その立方体に木星軌道の球が内接し、木星球は正四面体に外接し、その正四面体に火星球が内接し、火星球は正一二面体に外接し、その正一二面体に地球軌道の球が内接し、地球軌道の球は正二〇面体に外接し……という入れ子構造の宇宙である。これによって惑星の軌道半径が決まり、コペルニクス説と一致すると主張した。

むろん、このような神秘主義的な宇宙モデルは間違っていたが、太陽を中心とする惑星の運動を計算する数学的手法を開拓する契機となったという意味で無駄な試みではなかった。ケプラーは、ティコが観測した火星の動きを無数の円運動の重ね合わせとして再現しようとしたが失敗し、ついにいかなる円運動の体系でも火星の運動は説明できないと結論したのだ。その結果、火星の太陽の周りを回る軌道が楕円であることに気づき、楕円軌道とすると、その軌道運動の速さが面積速度一定となっている事実を発見するに到った。この二つの法則は他の惑星でも成立しており、ケプラーは一六〇九年、『新天文学』でこれを発表した。

さらに、一六一九年『世界の調和』で、公転運動の周期の二乗が平均軌道半径の三乗に比例するという惑星運動に関する第三番目の法則を発表した。最初の二つの法則が個々の惑星軌道に関する法則であったのに対し、第三番目の法則は異なった軌道をとる惑星が同じ関係に従っており、惑星系の力学を一体としてとらえる鍵を与えるものであった。楕円の円からのずれ（離心率）や面積速度の大きさは、いわば偶然に決まっているが、周期と軌道半径が満たす関係は普遍的に成立しているからである。

ケプラーは宇宙の調和に関する神秘的な信念を持っていた人で、『世界の調和』には多くの誤った関係（惑星運動の最大速度と最小速度の間は和音の間隔で結ばれているというような関係）も書かれている。神は宇宙を神聖な調和に従って創造した、と考えていたのだ。彼は、魔女狩りにあった母を救い、貧しい生活を支えるために占星術を生涯の仕事としていたが、幾分の信念もあったのかもしれない。

ケプラーの三法則は、観測データを整理して見出した現象論的な法則であり、その根拠がまだ明らかではない「経験則」である。このような経験則は、科学的真理の発見過程で重要な役割を果たしてきた。ケプラーの法則がニュートン力学を生み出すことになったことは周知の事実である。

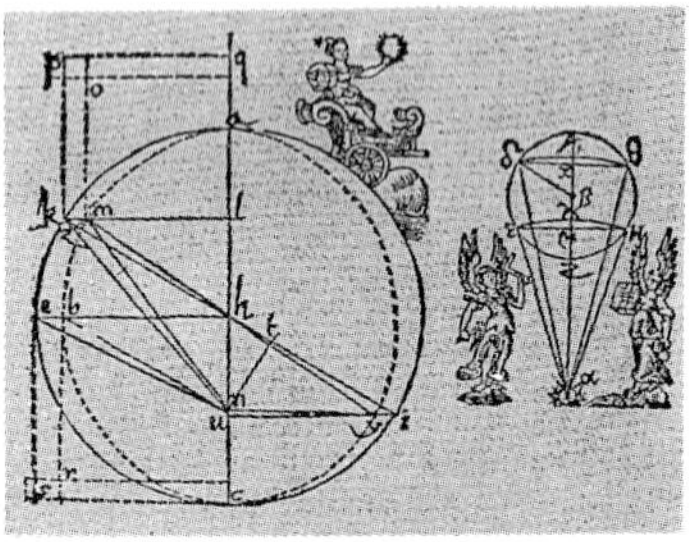

ヨハネス・ケプラー

上／ケプラーが皇帝ルドルフ二世の暦算官として執務をとった、プラハ・フラトシン宮殿の儀式の広間。
中／火星の楕円軌道についての図。『新天文学』（1609年）より。
下／ケプラー式望遠鏡。イエズス会士クリストフ・シャイナーが太陽黒点の観測をしているところ。『熊の薔薇』（1630年）より。

70 ガリレオ・ガリレイ

実験を基礎とした近代科学を創始したガリレイ（一五六四年〜一六四二年）は、一七歳のとき、「振り子の等時性」を発見した。ピサの大聖堂の礼拝に参列したとき、風に揺れるランプが一往復する時間は、揺れ方の大きさによらず一定であることに気付いたのだ。彼はそのとき脈拍を数えて時間を計ったそうだ。むろん、家に帰って同じ長さの振り子を二つ作り、一方は大きく振らせ、もう一方は小さく振らせたところ、二つは同じ振動をすることを確かめたことは言うまでもない。

　また、ガリレイには、ピサの斜塔から重さの異なる石を落下させ、重さに関係なく同じ時間で地面に落ちる、いわゆる「落体の実験」を行ったという逸話が残っている。実際にはオランダのステヴィンが行った実験のようだが、アリストテレスの自然学を批判し続けたガリレイの功になってしまった。ガリレイが行ったのは、斜面に沿って玉を滑らせ、その落下時間を計る実験である。斜面の角度を小さくすればゆっくりした運動になるから時間が正確に計れることに着目したのだ。その結果、空気抵抗が無視できるくらい重い物体なら、すべて同じ時間で落下することを証明した。この実験から、空気抵抗や摩擦が無視できる場合、一定の速さで運動する物体は、力をかけなくてもそのまま運動を続けるという「慣性の法則」を発見したのだ。

　一六〇九年、二つのレンズの組み合わせによって望遠鏡が作られたという噂を聞いたガリレイは、すぐに自分でも望遠鏡を製作し、それで空を観測した最初の人となった。彼は、天の川は無数の星の集まりであることを明らかにし、宇宙は太陽系に閉じたちっぽけなものではないことを示した。さらに、月を観測して大きな凸凹となっていること、月は光の球ではなく地球と同じ世界であることなどを発見し、天の世界はアリストテレスが言ったような完全な世界ではないことを明らかにした。また、木星のすぐそばに四つの巨大な衛星が回っていること、金星が満ち欠けをしていること、太陽表面に黒点が存在しそれらの動きから太陽が自転していることなど、地動説を支持する証拠を多数発見した。これらはいずれも、望遠鏡という当時のハイテクがもたらした重要な成果で、『星界からの報告』として一六一〇年に発表された。

それらが地動説を煽るものとして教会から批判され、一六一六年に第一次宗教裁判にかけられ「地動説を放棄するよう」訓告を受けた。しかし、一六三二年に発刊した『天文対話』で、天動説を厳しく批判し地動説宇宙を主張したことから、翌年第二次宗教裁判にかけられた。このとき裁判に屈服して地動説を放棄することを誓わされたガリレイは、生涯幽閉されることになったが、「それでも地球は動いている」と呟いて地動説を支持し続けたことは有名である。そのことは、一六三八年に『新科学対話』を著し、アリストテレスの自然学を批判したことからもわかる。ローマ教会は、一九八九年になってやっと間違いを認めた。

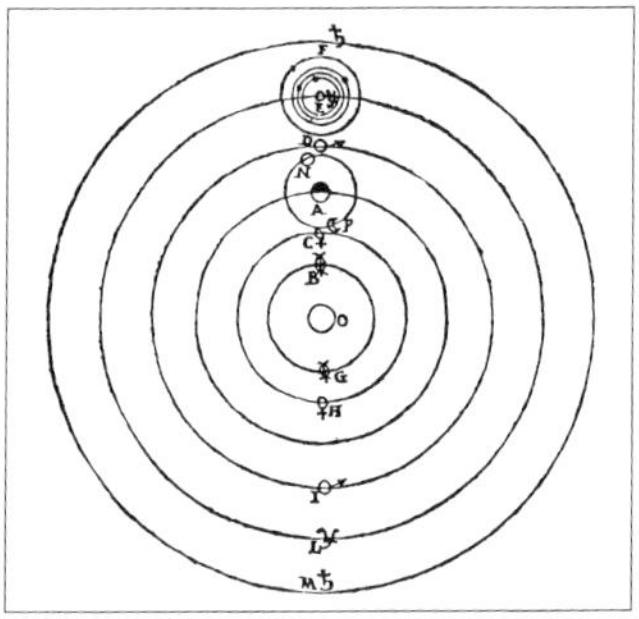

ガリレオ・ガリレイ
上／コペルニクス体系を描いたガリレイの絵。木星の周りに4個の衛星が描かれている。
中／『天文対話』扉。人物は左からアリストテレス、プトレマイオス、コペルニクス。1632年に刊行され、コペルニクス説（地動説）を全面的に展開した。
下／ガリレイの宗教裁判を描いた絵。（パリ、ルーブル美術館蔵）

71 一七世紀の科学者たち

一六〇〇年代は、科学革命の時代と呼ばれるが、神学の桎梏を断ち切って科学の方法を確立する時代であった。この時代には、数々の科学者が輩出したが、後年に大きな影響を与えた科学者たちをスケッチしておこう。

イギリスのギルバート（一五四四年〜一六〇三年）は、一六〇〇年に『磁石について』という本を著し、磁石が鉄を引きつける性質を詳しく調べ、磁気についての本格的な研究を開始した。彼は磁鉄鉱から球形の磁石を作りだし、磁針を表面におくと常に北の方向を指し、極に持ってくると磁針は垂直になることを実験で示し、この振る舞いが地球上での磁針の振るまいとよく似ていることから、地球は巨大な磁石となっていると結論した。また、琥珀（ギリシャ語でエレクトロン）が髪を引きつける性質は、磁気とは異なる現象であることを示し、これを電気（エレクトリシティ）と名付けた。

ウィリアム・ギルバート

イギリスのフランシス・ベーコン（一五六一年〜一六二六年）は、一六二〇年に『新オルガノン』を著し、科学は個別の実験や観測から一般化して法則に到達する帰納の学であることを主張した。『オルガノン』はアリストテレスの著書で、簡単な原理から出発して個々の事象を説明するという演繹的方法を推賞しているが、これに対し科学には帰納的推論が重要であることを論じ、科学的方法の論理についての理論的裏付けを行ったのだ。

哲学者として有名なフランスのデカルト（一五九六年〜一六五〇年）は、理性によって真理を求める方法を説いた『方法序説』を一六三七年に発表した。この書物でデカルトは、代数と幾何学を結合させる解析幾何学を提唱した。現在デカルト座標と呼ぶように、代数関係を図示したり、幾何の問題を代数的に解く道を拓いた。さらに、運動の本質は運動量（質量と速度の積）にあり、力が働かない場合は運動量が一定に保たれることを主張した。

　ドイツのゲーリケ（一六〇二年～一六八六年）は、実用的な空気ポンプを発明し、容器を真空にしてさまざまな実験を行った。真空では音は伝わらず、ろうそくは燃えず、動物は生きていられないこと、真空にすると容器は軽くなること、二つの半球をぴったり合わせて真空にすると巨大な空気の圧力で簡単に引き離せないこと（マグデブルグの半球）など、眼には見えないが重さを持つ空気が存在し、それが重要な役割を果たしていることを具体的に示したのである。また、回転する棒に硫黄の玉を塗り付け、それを回しながら手でなでると電気現象が生じることから、摩擦電気を大がかりに作り出すことに成功した。

　フランスの数学者パスカル（一六二三年～一六六二年）は、円周に沿って一から一〇までの刻み目をつけた歯車を取り付け、足し算と引き算ができる計算器を考案した。特許まで取って商品化したが、残念ながら値段が高すぎたために売れなかったそうである。有名なパスカルの原理は、一六四八年頃に発見した法則で、流体に浸した物体に働く水圧は、どの方向にも同じ大きさで、物体表面に垂直向きであることを述べたもので、厳密に言えば、これも液体内での力の釣り合いから証明できる法則で原理ではない。

　オランダの物理学者のホイヘンス（一六二九年～一六九五年）は、望遠鏡を使って、土星の輪や衛星（タイタン）を発見し、オリオン星雲が輝くガス状の星雲であることを示し、火星の大斑紋を見つけた天文学者であった。また、振り子と重りを連動させて、重りの落下によって振り子の運動がサイクロイドとなるよう調節し、正確に時を刻む振り子時計を発明したことでも知られている。さらに、ホイヘンスは、ニュートンが光の粒子説を出したのに対し、エーテルの振動とする光の波動説の提唱者でもあった。

　アイルランドのボイル（一六二七年～一六九一年）は、『懐疑的化学者』という本を一六六一年に出版し、錬金術師（アルケミスト）から化学者（ケミスト）へ変遷すべきであること、つまり「科学としての化学」の独立を説いたのだった。また、フックが改良した空気ポンプを使って気体の研究を行い、気体の圧力は体積に反比例するというボイルの法則を発見した。ボイルはこの実験から、気体は原子からできているのではないかというデモクリトスが唱えた原子論を考えた。気体に圧力を加えると原子の間隔が小さくなるから体積も小さくなると考えたからだ。

イギリスの物理学者フック（一六三五年〜一七〇一年）は、真空にしたガラス瓶のてっぺんから同時に硬貨と羽毛を放すと、同時に底に落ちることを示し、空気抵抗がなければ物体はすべて同じ速さで落下することを具体的に示した最初の人である。屈折望遠鏡を使って木星の大赤斑を発見し、顕微鏡を使って細胞を発見し、ひげぜんまいの時計を発明したのもフックで、実験物理学の大御所的存在であった。バネが引き伸ばされた長さに比例した力で縮もうとする性質が、フックの法則である。ニュートンとは独立に万有引力の存在に気付いていたが、逆二乗則のちゃんとした法則には到達していなかったようである。

イタリアのカッシーニ（一六二五年〜一七一二年）は、火星と木星の自転周期を正確に決定し、これらの惑星が地球と同じ運動をしていることから、地球は特別な存在ではないことをいよいよ明らかにすることになった。土星の輪に隙間があることを見つけ、タイタンに加えて四つの衛星を発見している。重要な仕事は、地上の二点からの視差の観測から火星までの距離を決め、それを用いて太陽と地球の距離や土星までの距離を決定し、人々に宇宙がいかに大きいものかを実感させたことである。

ドイツの数学者ライプニッツ（一六四六年〜一七一六年）は、ニュートンとは独立に微積分法を発見した人で、現在使われている記号はライプニッツが考案したものである。彼は、同じ数を何度も加える方式で掛け算が

17世紀の科学者たち
上からデカルト、パスカル、ライブニッツ、ハリー

でき、同じ数を何度も引く方式で割り算ができる計算器を発明した。つまり、この計算器によって、算術計算は単純な規則と繰り返しで実行でき、人間の創造力や推理力と関係しないことを具体的に示したのである。残念ながら、当時の技術ではこの計算器は巨大になりすぎて実用にはならなかったそうだ。現在、電子計算機は二進法が採用されているが、〇と一ですべての数字を表すことができる二進法を発見したのもライプニッツであった。何だか因縁を感じさせる。

デンマークの天文学者であるレーマー(一六四四年〜一七一〇年)は、光の速度が有限であることを初めて指摘した人である。彼は、木星の四大衛星の動きを詳しく観測し、木星に隠される食の時間を計っていた。このとき、地球が木星に近づいている場合は食が少しずつ早く起こり、遠ざかっている場合は食が少しずつ遅れることに気がついたのだ。この事実の解釈として、地球が太陽をはさんで木星の反対側にあるときは木星からの光が地球に届くのに時間がかかるため遅れ、木星と同じ側にあるときは時間は短くなるためとした。この時間の差から、レーマーが求めた光速度は秒速二二万キロメートルで、正確な値の三分の二程度であったが、光速度が有限であることを具体的に示したのは重要な成果である。

イギリスの天文学者ハリー(一六五六年〜一七四二年)は、セント・ヘレナ島に二年間滞在し、南天の星のリストを作った最初の人であった。ニュートンと親しかったハリーは、フックが万有引力の法則を発見したと自慢したのを聞くや直ちにニュートンのところに駆けつけ、この話をした。ところが、ニュートンはすでに一六六六年に発見しているが、まだ結果を公開していないと答えた。そこでハリーは、ニュートンに早く結果をまとめるよう強く働きかけた。その結果公刊されたのが、万有引力と運動の法則を集大成した『プリンキピア』であった。有名なハリー彗星の軌道を計算して、約七八年ごとに太陽に接近することを示し、次回の接近は一七五八年であると予言した。これ以外にも、年齢に対する死亡率を計算した生命表を作ったり、「パラモア・ピンク号」と名付けられた世界で最初の科学観測船で二年間航海をして地球磁場の方向や各地の経度・緯度を正確に測定したり、地球の各地で吹く風の研究に取り組んだりした多彩な科学者であったと言える。

72 アイザック・ニュートン

一六六五年から一六六六年にかけてロンドンでペストが流行したとき、ニュートン（一六四二年〜一七二七年）は母の住む農場に帰っていた。ニュートンがこの一年余りの間に数々の発見をしたので、「奇跡の一八ヵ月」と呼ばれている。ニュートンの業績は三つの分野にわたっている。

一つは光学で、太陽の光をプリズムに通すことによって七色に分け、白色光が多数の光の重ね合わせであることを実験によって示し、色は光の固有の性質であり、白色光が物質によって吸収されたり反射されたりすることで色が現れることを明らかにした。ただし、なぜ色の違いが存在するかはわからず、異なった色の粒の集合として光のスペクトルを説明する粒子説を唱えた。これらは一七〇二年に『光学』としてまとめられた。また、レンズを用いる屈折望遠鏡では光の色によって屈折率が異なるために色収差が現れる欠陥があるので、レンズではなく凹面鏡で反射させて焦点に光を集める反射望遠鏡を考案した。彼が自分で磨いた直径五センチの望遠鏡は四〇倍の倍率であったという。

二つ目は微積分法の発見で、物体の運動の法則を研究する過程で新しい数学の必要を感じ、それまでの差分法から無限小の概念を導入して微分法を、有限領域の平均値の和をとる級数から連続関数の積分法を発見した。これによって近代科学が大きく発展する基礎が拓かれたのである。微積分法は、ドイツのライプニッツもほぼ同時期に発見しており、その先取権をめぐっての大論争があった。

三つ目は、万有引力と運動の法則の発見で、それらを集大成した『プリンキピア』は一六八七年に出版されたが、現在ニュートン力学と呼ばれる力学体系がそこにまとめられている。「リンゴが木から落ちる」のを見て万有引力を発見したという逸話があるが、この逸話は、惑星運動のような巨大な世界の現象もリンゴの落下のような地上の小さなスケールの現象も同じ力によって生じていることを見抜いたことを意味している。万有引力が距離の逆二乗に比例することは、惑星の運動に関するケプラーの第三法則にヒントがあった。万有引力の発見から、ニュートンは、もし宇宙が永遠不変なら無限宇宙でなければならないと結論した。有限の宇宙なら、中心と端があり、いずれ万有引力のために物質は中心に集まってしまう、つまり宇宙は潰れてしまうから、これを避けるためには宇宙は無限でなければならないと考えたのである。

運動の法則は三つの法則から成り立っている。

第一法則は、力が働かなければ、物体は静止し続けるか等速直線運動を続けるという「慣性の法則」で、ガリレイが発見した慣性系の考え方を採り入れている。

第二法則は、物体の運動量（質量と速度の積）の時間変化は外力に比例するという「運動の法則」で、質量が変化しなければ運動量（つまり、速度）の時間変化は加速度に比例するから、外力（と初期条件）が与えられれば物体の運動が決定できることになる。

第三法則は、力の性質に関する法則で、すべての作用（力とその方向）には大きさが同じで方向が反対の反作用が働くという「作用・反作用の法則」である。

万有引力と運動の法則を組み合わせると、太陽の重力下での惑星の運動についてのケプラーの法則がすべて説明でき、さらに他の惑星からの重力で軌道が少しずれる効果も説明できた上、地球重力下で月の運動や地球の潮汐運動、地球が完全な球でなく赤道部分がやや膨れた回転楕円体であることなど、さまざまな現象が理解できることがわかった。これにより、地球が動いている直接証拠は得られていなかったが、地動説は自然に受け入れられていった。ニュートンは、高い山から地上に平行に物体を投げ出すと自由落下するが、投げ出す速さを増していけば、やがて自由落下しながら地球の周りを回り続けるであろうと述べている。人工衛星が可能であることを予見していたのだ。

ニュートンは、もともと気難しく引っ込み思案な性格であったらしいが、その一因に他の科学者との果てしない先取権論争に巻き込まれたことがあると言われている。先のライプニッツとの微積法の論争だけでなく、先輩のフックとの間に、万有引力の発見、光は粒子か波動か、反射望遠鏡の発明、屈折望遠鏡が良いか反射望遠鏡が良いか、など多くの論争があってうんざりしていたらしい。

一六八〇年頃から錬金術に懲ったり聖書の暗号の研究に没頭したりと、神秘主義的な側面もあった。一六八九年の名誉革命の後、大学代表の国会議員に選ばれ、一六九九年には造幣局長官に選ばれるなど、晩年は世俗的な活動にも力を割いた。もっとも、造幣局が金貨に含まれる金の量を少なくしているとの噂が立ったとき、ニュートンは当の造幣局に視察に出かけているが、あらかじめ視察の日を担当者に知らせており、わざわざ長官が来るとわかっている日にゴマカシをするはずがない、科学の天才も世情はわからないらしいと、スウィフトにからかわれている。

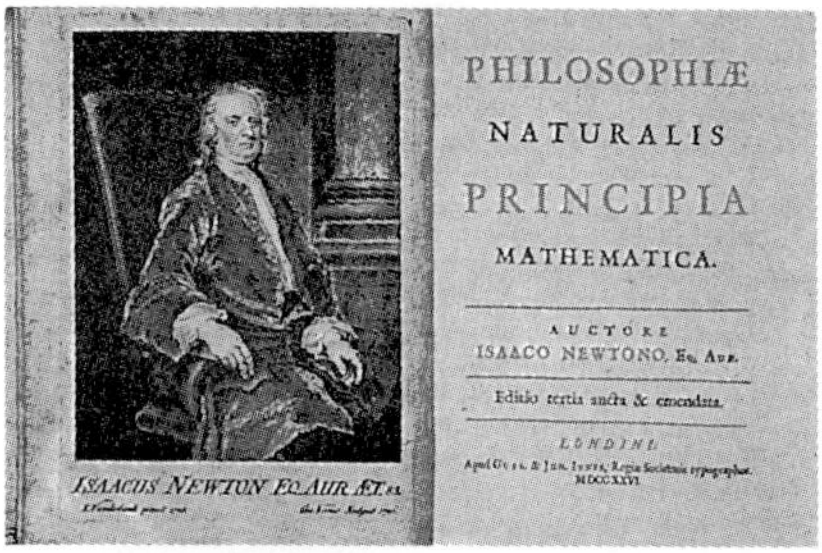

アイザック・ニュートン

上／1668年にニュートンが作った反射望遠鏡。屈折望遠鏡では光の色（波長）ごとの屈折率の違いから像がぼやけてしまう（色収差）。この欠点を除こうと自作したもので、反射率は色によって違いはなく、鮮明な像が得られる。（イギリス王立協会蔵）
中／『プリンキピア』1726年版の扉とニュートンの肖像。
下／ロンドンのウェストミンスター寺院にあるニュートンの墓。W・ケントの設計による。

73 ハーシェル一家

ドイツのハノーヴァー生まれでイギリスに渡ったウィリアム・ハーシェル（一七三八年〜一八二二年）は音楽家として名を成した後、望遠鏡の製作を行い、天体観測家に転じた希有な人である。

すべての星を系統的に調べようと天球を詳しく探査していた一七八一年、円盤状に広がる天体を見つけた。その動きを観測し、軌道計算をした結果、土星の外側を回る第七番目の惑星であることがわかった。これにより太陽系の大きさが二倍になったことになる。もっとも、この惑星については、一〇〇年ほど前にイギリスのフラムスチードも気付いていたが、普通の星と考えていた。ハーシェルは、イギリス国王に捧げて「ジョージ三世の星」と命名しようとしたが反対にあって撤回し、ボーデが、土星（サターン）のギリシャ神話名クロノスの父の名であるウラヌス（天王星）と名づけた。元素のウランの名の起源である。さらに、二重星を観測的に同定したり、火星の自転軸の傾きを決定したりの業績を挙げ、一七八二年に王室付きの天文官に登用された。

一七八三年から、妹のカロライン・ハーシェル（一七五〇年〜一八四八年）と協力して星の位置と運動を系統的に調べる観測を続け、天の川は約一億個の星がレンズ状に集まっている、という「星雲仮説」を一七八五年に発表した。このような星雲が宇宙に点々と分布しているのだろうと推測したのだ。これは現在の銀河宇宙という概念の基礎をなす考えである。その後、ウィリアムは自作の望遠鏡を使って、八〇〇〇個の二重星、二五〇〇個の星団を発見し、太陽光線のスペクトル観測から、赤色より波長の長い領域に目には見えない赤外線が存在すると結論した。当時としては異例の口径四八インチの巨大望遠鏡を製作したが、一年足らずしか働かなかった。光軸

ウィリアム・ハーシェル

合わせなど、望遠鏡を制御する周辺技術が揃っていなかったためである。

カロラインも歌手として成功した後、兄の天文観測を手伝うようになり、一七八七年に国王から五〇ポンドの月給を貰う天文官となった。おそらく、天文学を職業とした最初の女性であると思われる。彼女は、多数の彗星を発見し、アンドロメダ星雲の伴星雲を発見したことで知られている。

ウィリアムの一人息子のジョン・ハーシェル（一七九二年〜一八七一年）は、天文学・物理学・化学に通じた博学の学者であり、公正な人柄と学問への見識の高さで当時の学会を指導した人物である。一八三八年に南アフリカのケープタウンで南天の観測を開始し、四年の間に星や星団・銀河やマゼラン星雲などについての研究を発表した。一八六四年、全天五〇七九個の星・星団を含む『星雲星団総目録』を発表した。一等星が六等星の一〇〇倍明るいことを明らかにし、天体写真術を開発したのはジョンの功績である。ハイポを写真の定着液として用いることを提案し、化学についても有能であったことを示している。一八五〇年に造幣局長官になった。

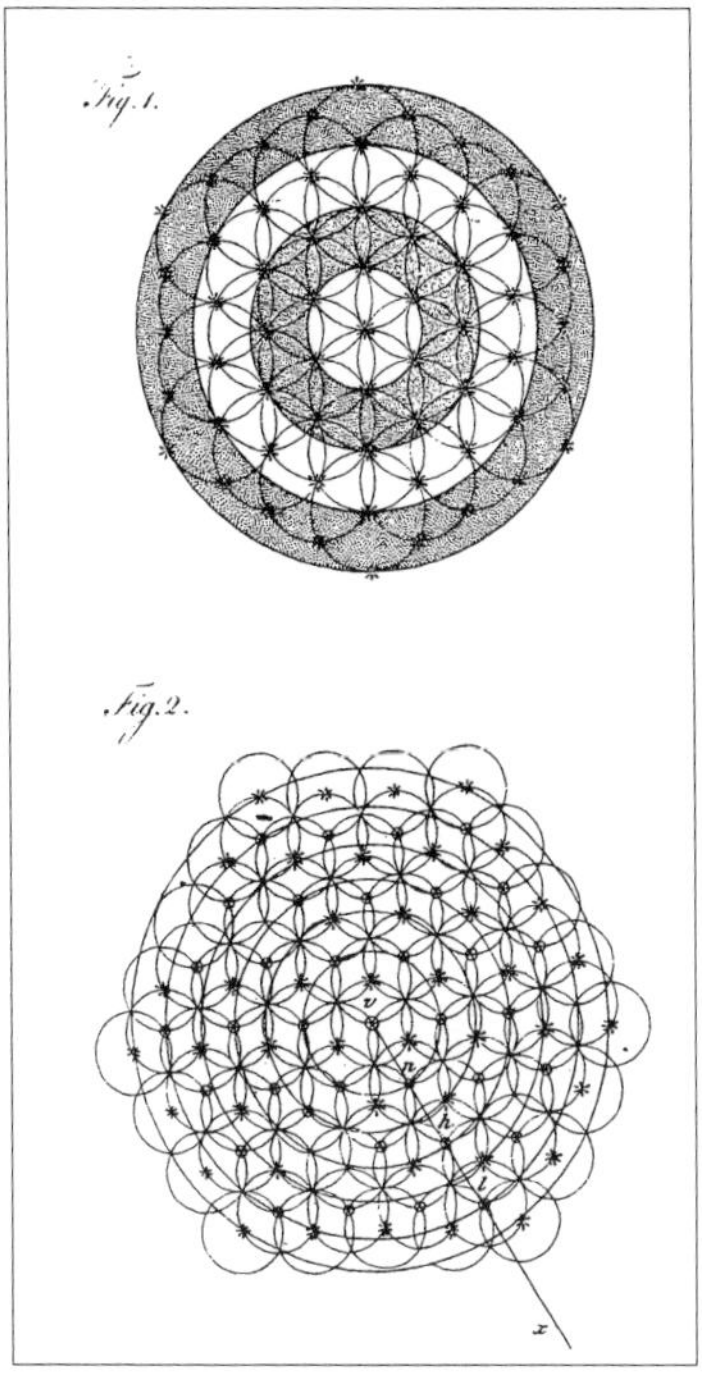

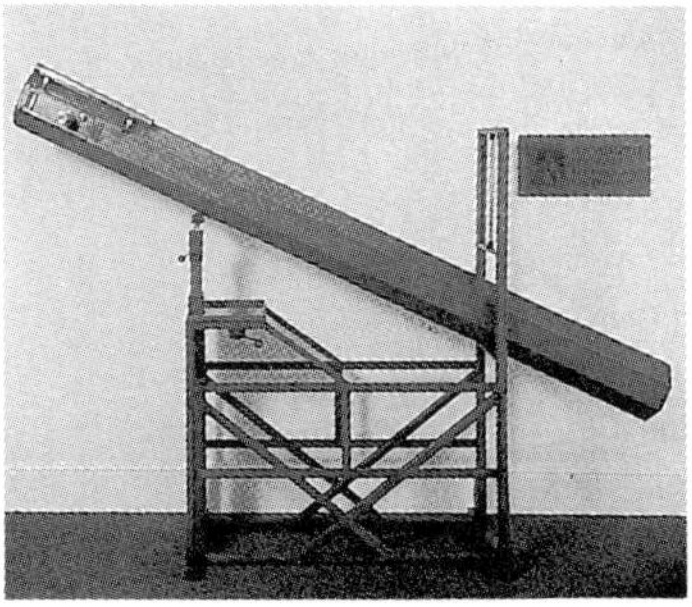

ハーシェル一家
上／宇宙の星の分布を測定した最初の天文学者ウィリアム・ハーシェルによる銀河系図。星の集合は巨大な円盤形をなしているという彼の仮説は正しかった。（1785年、大英図書館蔵）
下／ハーシェルは自作の望遠鏡を使って観測し天王星を発見（1781年）したが、望遠鏡を売ることで収入も得ていた。これは1785年作の10フィート反射望遠鏡。（ケンブリッジ、ホイップル博物館蔵）

74 ピエール・ラプラス

ラプラス（一七四九年〜一八二七年）フランスの天体力学・物理学・数学の分野に著名で、太陽系の安定性の証明、月の加速、木星・土星の運動、土星の環の研究など、一七九九年から一八二五年の間にまとめた『天体力学』全五巻は後世に大きな影響を与えた。これらに関連して、偏微分方程式やポテンシャル論を研究し、また一八一二年にまとめた『確率の解析理論』は確率過程を体系的に検討した最初の研究である。

宇宙論に関しては、一七九六年に『宇宙体系解説』を著し、太陽系は塵や気体の雲が収縮して形成されたとするカントの星雲説を、いっそう詳しく研究した。星雲は収縮するにつれ速く回転する円盤のようになり、その遠心力によってちぎれて惑星が生まれ、さらに小さくなってちぎれたのが衛星であるとした。そして、宇宙の星雲では、今なお惑星が形成中であると考えた。これは、現在の惑星系形成論に近い、極めてダイナミックな理論と言える。

ラボアジェと共同して、モルモットが発生させる熱量と二酸化炭素の量を測定し、熱量は発生した二酸化炭素から予想した量に一致することを示して、呼吸は燃焼と同じ現象であることを明らかにした。生物の体内で起こっている反応も通常の燃焼と同じであることから、生命活動が特殊な「生気」によって維持されているわけではないことを示した点で重要な実験である。

また、一七八九年のフランス革命で設置された度量衡の基本単位を決める委員会にラボアジェやラグランジュとともに参加し、長さの単位として、赤道から北極までの距離の一〇〇〇万分の一を一メートルとすることを決定した。メートルはギリシャ語で「測る」という意味があり、人間の大きさともうまくマッチする自然単位と言えるだろう。科学が発展する基礎には、みんなに共通の単位がなければならず、この度量衡委員会は後の科学に大きな影響を与えたことになる。

ラプラスは、すべての物体の位置と速度がわかれば、その過去も未来も完全に決定できるとする「ラプラスの悪魔」を提案したことでも有名である。いわば、神は最初の一撃を与えるだけで、後はニュートン力学によってすべてが決まっており神はもはや不要、という決定論的世界観を表明したのだ。もっとも、すべての物体の位置と速度を詳しく知ることは原理的に不可能だから、確率論的な扱いも必要だとして確率過程の数学的研究をしたのだが。

学士院やエコール・ポリテクニークと共同してアカイユ学会と名付けた私的サークルを作って多くの数理物理学者を育てた。フランス革命に積極的に参加したが、ナポレオン一世が登場したとき、これに賛同して内務大臣・上院副議長になり侯爵に叙せられた。ところが、一八一四年のナポレオンの失脚には賛成し、翌年に新政府の下で貴族院議員となるなど、政治的には日和見主義者の典型であった。いろんな意味で興味深い人物である。

ピエール・ラプラス

上／ラプラスは六歳年上のアントワーヌ・ラボアジェと共同して、生物の体内で起こっている反応が通常の燃焼作用と同様であることを明らかにした。図は、水の燃焼実験を行うラボアジェ（1785年）。

下／ラプラスもメンバーの一人である、度量衡委員会が決めた新しい度量衡普及のために、フランス国民公会がつくった版画（1795年）。左からリットル（容積）、グラム（重さ）、メートル（長さ）を示す。なお、メートル法のための子午線の測定には七年を費やしたという。

75 ヘンリ・キャベンディッシュ

キャベンディッシュ（一七三一年〜一八一〇年）はイギリスの化学者・物理学者で、水素の発見者である。彼は、一七六六年、ある種の金属に酸をかけると非常に燃えやすい気体が発生することに気がつき、「火の空気」という名を付けた。ところが、この「火の空気」が燃えてできた気体を冷やすと水となった。つまりキャベンディッシュは、水が水素と酸素の化合物であることを明らかにしたのだ。この話を聞いたラボアジェは、この気体にギリシャ語で「水をつくるもの」を意味するハイドロジェン（水素）という名前を付けた。まさに、ギリシャの哲人たちが想像したように火と水は互いに結びついていたのである。

キャベンディッシュは、さまざまな気体の密度を測るなかで、水素は空気の一四分の一しかなく（分子となっているため）、通常の気体ではもっとも軽い気体であるとした。一七八三年にフランスのモンゴルフェ兄弟が熱気球を作って飛ばしたことから気球ブームが起きた。空気を熱すると膨張し、その分軽くなるため空気の浮力が働くことに目をつけたのだ。それなら、元々軽い水素を使えば遙かに浮力の大きな気球ができることに気付いたシャルルは、初の水素気球を組み立てて空中飛行に成功した。この当時の水素気球は、麻袋に紙を貼ったもので、ゆっくり水素が抜けていくから浮力も小さくなって降りてくる仕掛けであった。後に、通気性の悪い素材で気球を作り、エンジンを付けて長時間の飛行ができるようにしたのが飛行船である。しかし、火花がはねると水素は空気中の酸素と反応して爆発するという欠陥があり、ヒンデンブルグ号の爆発など悲劇が繰り返された。現在の飛行船は、爆発しないヘリウムが使われている。

キャベンディッシュのもう一つの業績は、万有引力定

数を詳しく測定したことである。地球の重力場で自由落下する運動から決定できるのは、地球の質量と万有引力定数の積だから、万有引力定数を決定することは地球の質量を決定することにもなる。彼は、一七九八年、軽い棒を中心から針金でつるし、棒の両端に軽い鉛の球を取り付けた。棒を針金の周りに自由に回転できるようにし、鉛の球に大きな球を近づけると両者の間に働く万有引力で棒が回転する。そのため針金がねじれるから、そのねじれの量から働いた万有引力の大きさを決定したのだ。二つの球の質量とそれらの間隔はわかっているから、この力の大きさから万有引力定数が決定できた。この巧妙でかつ精度の高い実験から得られた万有引力定数の値は、現在採用されている値とほとんど同じである。

ところで、キャベンディッシュは、古典的物理学者の典型である。豊かな財産を背景に、大学に勤務せず、自宅に実験室を自前で設けて黙々と実験が続けられたからである。例えば、ケンブリッジ大学のルーカス講座の教授職にあったニュートンは、余りに報酬が少なく食べるにカツカツであったことが知られており、まだ科学研究に国家の投資がなかった頃は、財産がなければ研究を続けることが困難であったのである。その点ではキャベンディッシュは恵まれていたと言える。

ヘンリ・キャベンディッシュ

上／モンゴルフェ兄弟による熱気球の公開飛行実験は、1783年9月19日、ヴェルサイユでルイ16世国王夫妻臨席のもと行われた。高度480 mに達し、約10分間空中にとどまったが、乗ったのは鶏、アヒル、羊だった。上図は同年11月21日の実験で、乗ったのは物理学者ピラトール・ド・ロジェと貴族ダルランド侯。今度の対空時間は27分だった。
下／1937年5月6日、アメリカのニュージャージー州レークハースト飛行場に着陸の際、爆発炎上するヒンデンブルグ号。

76 フリードリッヒ・ベッセル

地球が太陽の周りを公転運動をしている直接の証拠は、星の見える方向が季節ごとに変化する、いわゆる「年周視差」を検出することであった。地動説を唱えたコペルニクスも、優れた観測家のティコ・ブラーエも、望遠鏡で天の川を観測したガリレイも、巨大な望遠鏡を自作して星の位置を詳しく観測したハーシェルも、視差の検出に成功しなかった。いずれも、視差が小さすぎたためで、当時の観測技術では誤差の範囲以下であったのだ。視差の検出が可能になったのは望遠鏡技術が向上した一八三〇年代以降であった。

年周視差の検出を最初に報告したのは、ドイツの天文学者のベッセル（一七八四年〜一八四六年）であった。彼は、一八三八年、はくちょう座六一番星の一八ヵ月におよぶ観測によって、角度にして〇・三一秒の年周視差を検出したと報告した。報告を受けたイギリスの王立天文協会は、再度確認の観測を行うよう勧告し、一年後これを承認した。この視差の大きさから求めたはくちょう座六一番星までの距離は、約六光年であった。

実は、年周視差は、南アフリカのケープタウンの天文台でスコットランド生まれのヘンダーソンがケンタウルス座アルファ星で検出していた。南の空にあってヨーロッパでは追試が困難であったことと発表が遅れた（一八三九年）ために、ベッセルに栄誉をさらわれたのである。このケンタウルス座アルファ星は、全天で三番目に明るい星で、視差から求めた距離は四・三光年となり、地球にもっとも近い星である。また、同じ頃、ドイツのシュトルーフェはロシアに滞在中にヴェガの視差を検出している。ヴェガは、全天で四番目に明るい星で、視差から求めた距離は一一光年となった。

このような相次ぐ視差の検出によって星までの距離が

わかり、宇宙がいかに大きいかを人々に実感させることになった。というのも、視差が検出できた星は明るいものばかりで、それらは近くにあると考えられる。暗くて、視差が検出できないような星は、もっと遠くにあるから、宇宙は非常に広大であることが余すことなく示されたからである。

ベッセルは、一八四四年、シリウスとプロキオンという星の位置が波打つように変化していることを検出し、この運動は他の星の重力によって生じていると推測して、これらが連星であると結論した。しかし、当時の望遠鏡では伴星を検出することができなかった。その伴星の像は、アメリカのクラークによって一八六二年に撮影されたが、それがどんな天体であるかはわからなかった。やっと一九一四年になって、アメリカのアダムスが、太陽と同じくらいの重さだが、サイズが太陽の一〇〇分の一以下であることから、それが白色矮星であることを明らかにした。

なお、ベッセルは惑星運動の計算をする過程で、ケプラーの方程式に現れる関数を詳しく調べた。それがベッセル関数である。

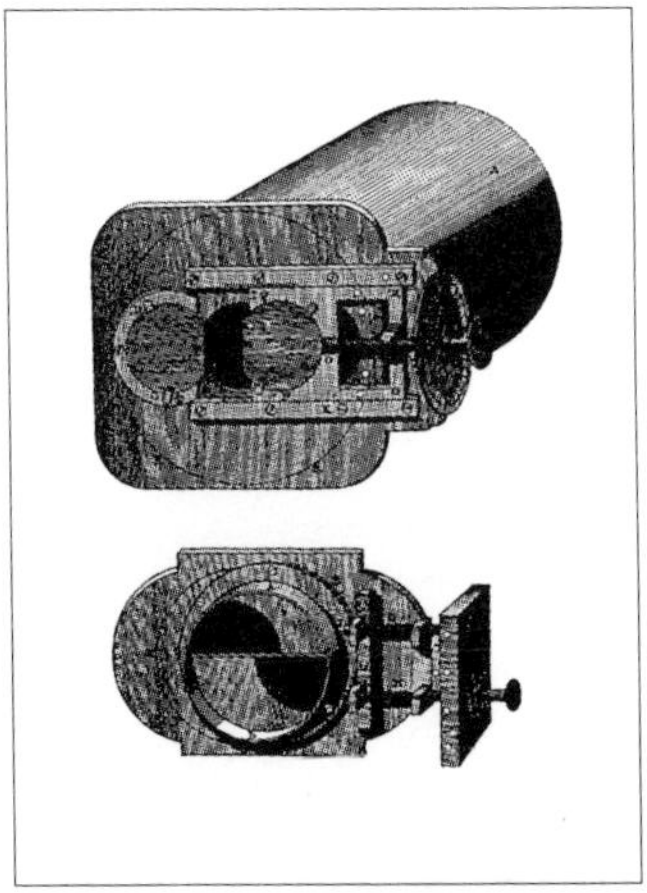

フリードリッヒ・ベッセル
上／年間視差の検出を可能にした、ベッセルの太陽儀。これは対物レンズのかわりに分割レンズを使った望遠鏡で、もともとは太陽の直径を測るためのものだが、ベッセルは近接したふたつの星の距離を測るのに応用した。
下／左の明るい星がシリウス。伴星はその近くにあるが、この写真では見えない。

77 ロバート・キルヒホフ

キルヒホフ（一八二四年～一八八七年）はドイツの物理学者で、一八五九年、さまざまな元素を白熱するまで加熱したとき発する光のスペクトルを詳しく研究し、各元素が特有の波長だけで何本かの光を放射していることを発見した。このことから、すべての元素はそれに特有のスペクトル線を発しており、そのパターンは元素ごとに異なることから、スペクトル線の観測からそこにどのような元素があるかを決定することができると結論した。また、光源より低い温度の蒸気の場合は、吸収線として現れることも明らかにした。この分光学的手法（スペクトル解析）は、遠くの星の元素組成や温度・密度を調べる有力な方法であり、天体物理学という新しい分野を拓くことになった。

実際、イギリスのハギンズは、スペクトル観測から、恒星には地上と同じ元素が存在していること、オリオン星雲が温度の高いガスから成り立っていること、突然明るく輝き始める新星が水素の雲に覆われていることなど、宇宙の元素組成を次々に明らかにした。なお、ハギンズは元々絹織物業者で、自費で天文台を作ってスペクトル観測を続けた人である。

一八一四年にドイツのフラウンホーファーは、スリットを通した太陽の光をプリズムで分けると多数の暗線が現れることに気がついた。これを現在でもフラウンホーファー線と呼んでいるが、それはキルヒホフの説に従えば、温度の低い黒点部で生じた吸収線ということになる。キルヒホフは、その波長の測定からナトリウムをはじめとして約六種の元素を同定し、太陽も地球と同じ元素から成っていることを明らかにした。スペクトル解析から、太陽に水素を発見したのはスウェーデンのオングストロームで一八六二年、ヘリウムを発見したのはフランスの

ヤンセンで一八六八年のことであった。特にヘリウムは、地球よりまず先に太陽で発見されたので、ギリシャの太陽神のヘリオスの名をとってヘリウムと名付けられた。

フラウンホーファーはガラス面に多数の細い溝を刻んだ回折格子を工夫して光を細かく分光できる装置を製作したが、キルヒホフはそれを改良して波長分解能を高め、諸種の元素のスペクトルを撮っていった。その結果、セシウム（空色を意味するラテン語）やルビジウム（赤を意味するラテン語）を発見したが、いずれもスペクトルの特徴的な色にちなんで名付けられた。同様な手法で、イギリスのクルックスは、緑のスペクトル線を示す元素を一八六一年に発見し、緑の小枝を意味するギリシャ語からタリウムと名付けたり、ドイツのライヒはインジゴ色（藍色）のスペクトルを示す元素を一八六三年に見つけてインジウムと名付けた。このように、スペクトル解析によって、多くの元素が次々と発見されたのである。

一八六〇年、キルヒホフは、すべての光を吸収し、何も反射しない物体――これを「黒体」と呼ぶ――は、熱されるとすべての波長の光を放射すると考え、吸収と放射の比は温度と波長だけで決まり物質にはよらないとするキルヒホフの法則を確立した。この黒体放射がどのようなスペクトルを持つかの研究から、量子力学が拓かれたのである。

他に、多くの抵抗と起電力が複雑に接続された回路を流れる定常電流に関するキルヒホフの法則を発見し、導体中での電気運動についての一般理論など、電磁気学への重要な寄与、振動論、音響学、数理物理学などの業績も多い。

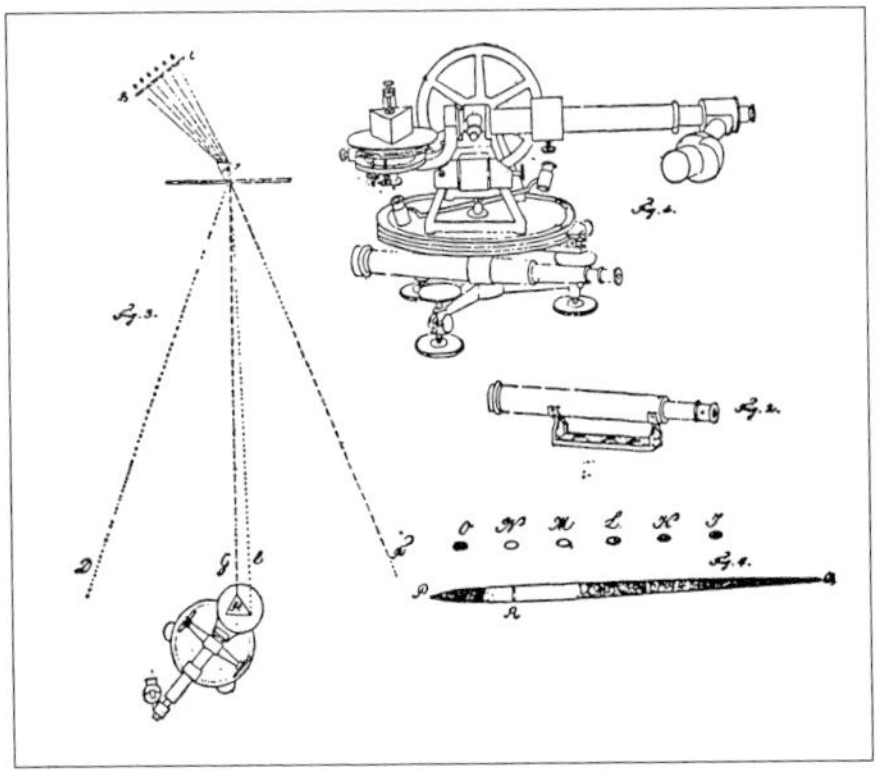

ロバート・キルヒホフ

1811年にフラウンホーファーが作ったスペクトル観測装置。キルヒホフはこれを改良し、波長分解能を高め、ナトリウムをはじめ約六種の元素を同定した。

78 アルバート・アインシュタイン

アインシュタイン（一八七九年〜一九五五年）はドイツ生まれで、一九三三年にナチスのユダヤ人迫害を逃れてアメリカに亡命した、ニュートン以来の物理学の天才である。一九〇五年、スイスの特許局の技師として勤めていたとき、三つの重要な発見をしたので、ニュートンの一六六五年と同じく「奇跡の一九〇五年」と呼ばれている。

その一つは、「特殊相対性理論」で、光の速さに近い速度で運動する物体ではニュートン力学が破綻し、時空を対等に取り扱った理論に変更されるべきであることを明らかにした。アインシュタインは、光の速さは光源の運動にかかわりなく一定であるという「光速不変の原理」と、物理法則はいかなる慣性系（等速直線運動する座標系）においても同じ形式で書けるという「特殊相対性原理」を採用して、ニュートン力学を書き換えたのだ。その結果、光速に近づくにつれ、長さの収縮や時間の遅れが生じること、真空中の速度の上限は光速度であること、エネルギーと質量が等価であることなど、ニュートン力学とは異なった現象が予言され、それらは実験によって過不足無く証明されている。特に、質量とエネルギーの等価性は、原爆や原発・水爆など原子力エネルギー利用の物理的基礎となっている。

二つめは、「光電効果の量子論的説明」である。ある種の金属に光を当てると電子が飛び出してくる光電効果では、波長の長い光はいくら強くしても電子は発生せず、光の波長が金属によって決まったある値より短くなるといくら弱い光でも電子は発生し、発生する電子のエネルギーは光の波長が短いほど大きくなるという現象で、一九〇二年にレーナルトによって発見されていた。アインシュタインは、光は粒子のように振る舞い、そのエネルギーは波長に反比例するとし（その比例計数がプランク定数である)、金属の電子がある一定の閾値(イオン化ポテンシャル)以上のエネルギーを光から得ると自由電子となって飛び出してくるという説明を与えた。

後年、アインシュタインは、微視的世界の確率的な記述である量子論に反対したが、出発点では量子論で光電効果を見事に説明したのである。この業績がアインシュタ

アルバート・アインシュタイン
右上/1904年に誕生した長男ハンス、最初の妻ミレーヴァ・マリッチとともに。1919年1月に離婚。

左上/1919年6月に再婚した三歳年上の従姉エルザ・レーベンタールと。

右下/1922年に来日したアインシュタインを描いた岡本一平の漫画。京都知恩院の渡り廊下(鶯張りで有名)を踏むアインシュタインと和服姿の石原純。

左下/1955年の死の直前、核兵器廃絶を訴える平和声明を発表したアインシュタイン。

インのノーベル賞の対象となったのは皮肉である。

　三つめは、「ブラウン運動の理論」である。一八二七年、イギリスのブラウンは、花粉粒を浮かべた水面を顕微鏡で観察すると、花粉粒がそれぞれ不規則な運動をしていることに気がついた。水は静止しているのだから水の動きが原因ではなく、花粉粒の運動の方向も不規則であった。このブラウン運動は、水の分子がランダムに花粉粒に当たっていると考えられていたが、その過程を詳しく解析する方程式を見出したのがアインシュタインで、これによって分子や原子の大きさを見積もることが可能になったのである。

　もっともアインシュタインらしい業績は、「一般相対性理論」で、一九一六年に発表された。特殊相対性理論は慣性系の間を結ぶ理論であったが、さらに加速運動をするような座標系にまで拡張したのが一般相対性理論で、「等価原理」(慣性質量と重力質量は同じ)と「一般相対性原理」(物理法則はいかなる加速度運動をする座標系においても同じ形で書ける)の二つの原理を基礎にしている。これによって、重力が無限の速さで無限遠にまで到達するニュートンの万有引力理論が修正され、重力が働く系も特殊相対性原理を満たすようになった。一般相対性理論から予言される現象は、重力場があれば光が曲がる効果(重力レンズ)、水星の近日点の移動、重力場による光の赤方偏移効果(強い重力場からの光は長波長側にずれる)、その極限としてのブラックホールの存在、空間が膨張する宇宙、重力波の予言など多くある。

　晩年には、電磁場と重力場を統一する「統一場の理論」に取り組んだが、ついに成功することはなかった。古典的な取り扱いでは、全く異なった二つの場を一つの理論の枠組みに組み込むことができなかったのだ。また、量子論に終生反対し続けたが、物体の運動は確率的ではなく決定論的に記述されねばならないと考えていたためである。

　第二次世界大戦が勃発したとき、ナチスが先に核兵器を製造することを危惧し、レオ・シラードの勧めに従ってルーズベルト大統領に原爆開発を進言した。それがマンハッタン・プロジェクトとして推進され、広島・長崎への原爆投下につながったことを反省し、戦後、核兵器禁止運動や平和運動に力を尽くしたことは有名である。

79 シャプレー＝カーティス論争

一九一二年、アメリカの女性天文学者ヘンリエッタ・レヴィットは、マゼラン星雲に存在するセファイド型変光星を観測しているうちに、その変光の周期と見かけの明るさの間に簡単な関係が成立していることに気がついた。それらの変光星は、ほとんど同じ距離にあるから、見かけの明るさは絶対光度を反映していることになる。そこで、何らかの方法でセファイドの絶対光度がわかれば、見かけの明るさから距離が求められることになる。

翌年、ドイツのヘルツシュプルングは、HR図を利用して距離が決められたセファイドの絶対光度を決定し、絶対光度と変光の周期関係を確立した。この関係をマゼラン星雲のセファイドに適用して、これが一五万光年の距離にあることを明らかにした。このようにして、マゼラン星雲が銀河系の外にあることが判明した最初の天体となった。

アメリカの天文学者のシャプレーは、一九一八年、球状星団に属するセファイド型変光星を見つけ、その絶対光度と周期関係から球状星団までの距離を決定し、その三次元的な分布図を完成させた。その結果、球状星団は銀河系の中心を取り巻くように丸く分布しており、私たちの太陽系は、銀河系の中心から五万光年離れた場所にあることを明らかにした（現在では、およそ二・五万光年と推定されている）。シャプレーは、銀河系の大きさや星の分布の詳細を明らかにしたのである。

当時、論争になった問題は、アンドロメダ星雲が、私たちの銀河系に属する塵やガスが輝いているオリオン星雲と同じような天体か（星雲近傍説）、恒星の集団で銀河系の外にある独立な銀河であるか（星雲遠方説）であった。前者を代表するのがシャプレーで、後者を代表するのが同じアメリカのカーティスであった。シャプレー

ハーロウ・シャプレー

は、銀河系の大きさが非常に大きいと推定していたので、アンドロメダ星雲も銀河系内部にあると考えたらしい。一方、カーティスは、アンドロメダ星雲のスペクトルを詳しく調べて、それが恒星からの光の重ね合わせであってオリオン星雲のスペクトルと異なっていること、新星が非常に多数発見されることから、アンドロメダ星雲は銀河系の外にある膨大な数の星の集合であると主張した。

この二人は、一九二〇年、全米科学アカデミーで公開の論争を行ったが、現在でも「大論争」と言えば、この二人の星雲近傍説と星雲遠方説の論争のことを意味している。この論争は、一九二四年、エドウィン・ハッブルが、アンドロメダ星雲にセファイド型変光星を見つけ、その距離を決定して決着がついたが、むろんカーティスの推定の方が正しかったのである。この大論争は、宇宙の大きさを確定していく重要なステップとなったと言える。

シャプレー=カーティス論争
楕円や渦巻きの構造をもつ星雲が銀河系に属するのか、あるいは銀河系外の独立した宇宙であるかは19世紀から20世紀前半にかけて天文学の大きな論争点であった。この論争に決着を与えたのは距離の測定である。上はシャプレーとカーティスの論争の焦点となったアンドロメダ星雲、下は初めて銀河系外星雲であることが判明した天体、大マゼラン星雲。マゼランが世界周航の際に発見したといわれる。

80 エドウィン・ハッブル

アインシュタインは、一九一七年、自らが提唱した一般相対性理論を宇宙に適用したが、運動する宇宙しか発見できず、宇宙項を付け加えて無理矢理に静止する宇宙を作り上げた。

素直に膨張宇宙の解を発表したのはオランダのド・ジッターで、やはり一九一七年のことであった。しかし、ド・ジッターの宇宙は、物質が何もない真空の宇宙なので、単に数学的な解に過ぎないとして人々の注意を惹くことがなかった。

物質が詰まった宇宙についてアインシュタイン方程式を解いたのがロシアのフリードマンで、一九二三年である。この自然な場合についても膨張する宇宙が予言されていた。

実際に、膨張宇宙を発見したのはエドウィン・ハッブル（一八八九年〜一九五三年）で一九二九年のことであった。

アメリカの天文学者のハッブルは、一九一七年に完成したウィルソン山天文台の口径二・五メートルの望遠鏡を駆使して星雲の観測を続けていた。一九二四年、アンドロメダ星雲にセファイド型変光星を発見し、その周期と絶対光度関係からアンドロメダまでの距離を七五万光年と推定した。（これはかなり小さい値で、現在では二三〇万光年と考えられている。）この距離は銀河系の大きさを遥かに越えており、アンドロメダ星雲は銀河系の外にある単独の銀河であることを確定した。この発見により、宇宙には星が一〇〇〇億個も集まった銀河という塊で物質が分布していることが明らかになり、「銀河宇宙像」が確立することになった。

一方、アメリカのスライファーは、一九一二年以来、星雲のスペクトル観測を続けており、そのドップラー効果の大きさから視線方向の速度を求め、アンドロメダ星雲は秒速一〇〇キロメートルで近づいていること、しかし他の星雲のほとんどは私たちから遠ざかっていることを明らかにしていた。

星雲が銀河であることが明らかになった一九二四年以後、銀河の視線方向の速度の観測を受け継いだのがハッブルの同僚のフマーソンであった。フマーソンは、さらに多くの銀河について視線方向の速度を決定していった。

一方、ハッブルは同じ銀河にセファイド型変光星を見つけ、その周期――絶対光度関係から銀河までの距離を決定する観測を続けていた。この二つの独立な観測を組み合わせることにより、ハッブルは、銀河のほとんどが私たちから遠ざかっており、その速度は距離に比例していること（これを「ハッブルの法則」と呼ぶ）に気がついた。この結果のもっとも素直な解釈は宇宙が一様膨張しているとすることで、すでにフリードマンが示していた解から自然に得られるものであった。ハッブルは、一九二九年にこの結果を発表し、「膨張宇宙」が事実として定着したのである。

因みに、フマーソンは、ウィルソン山天文台に食料や観測機器を運ぶ馬車の御者をしていた人で、休憩中に天文観測を手伝ったのが機縁となり、その細心さと粘り強さが買われて正式の天文台職員になった人である。そのためか、彼の前歴は明らかではない。実際、当時の観測では一つの銀河のスペクトルを撮るのに三〇時間もの観測が必要であり、それには一週間も銀河を連続して観測し続けなければならない。それを完璧にこなしたのだから、フマーソンは優れた観測家であったのである。

これに対しハッブルは、シカゴ大学で天文学を学び、ローズ奨学金を得てオックスフォード大学に留学したエリートで、一九一九年からウィルソン山天文台で天文学研究に従事することになった。彼には、ボクシングでヘビー級チャンピオンの直前までいったとか（実際、一八〇センチを越える巨漢であった）、弁護士免許を得ていたという逸話が残されているが、現実の記録は何も残っていず、「ハッブル伝説」に過ぎないようである。銀河の分類とか、近傍の銀河の群の特定とか、銀河の明るさ分布の経験則など、現代宇宙論の観測的基礎を確立した上だけでなく、数々の観測的成果を挙げた人にふさわしい伝説かもしれない。

81 ジョージ・ガモフ

ベルギーのルメートルは、アインシュタインの一般相対性理論を研究する過程で、フリードマンと同じ膨張宇宙の考えに到達した。ルメートルの場合は、現在宇宙が膨張しているとしたら過去はどうであったかを考えたのである。ちょうど映画のフィルムを逆回しするように、過去に遡っていけば宇宙はどんどん小さくなるだろう。そして最終的には、一点に集まってしまうことになる。つまり、宇宙は有限の過去に、一点から生まれたということになる。ルメートルは、これを「宇宙卵」と呼び、その爆発で宇宙が誕生したというモデルを一九二七年に発表した。宇宙膨張が発見される以前である。

このモデルを発展させてビッグバン宇宙として甦らせたのが、ロシア生まれのジョージ・ガモフ（一九〇四年〜一九六八年）であった。ガモフは学生の頃フリードマンの講義を受けており、早くから宇宙論に関心を抱いていたそうである。一九二〇年代後半から原子核の運動に量子力学を適用する研究を行い、アルファ崩壊の理論や太陽内部での核融合反応などについて優れた業績を挙げていた。

一九四七年、宇宙卵の爆発過程での核反応を調べ、宇宙に存在する元素がこの段階で形成されたとするアルファ・ベータ・ガンマ（$\alpha\beta\gamma$）理論を発表した。このような名前を付けたのは、アルファーという姓の大学院生が入学してきたとき、原子核物理で有名なベーテの名を借り、自分の名前をガンマに擬して、三人連名で論文を書いたためである。ところが、彼の計算に間違いがあり、宇宙初期に形成される元素はヘリウムなどの軽い元素に限られることが、日本の林忠四郎によって示された。

併せて、高温度・高密度状態で宇宙が誕生し、その膨張過程で諸々の宇宙の構造が形成されてきたとする進化宇宙論を展開し、宇宙がかつて熱かった証拠として、宇宙に一様に分布する絶対温度が数度の熱放射が存在すると予言した。この熱放射は一九六五年、アメリカのベル研究所のペンジアスとウィルソンによって発見され、ガモフの提唱したビッグバン（大爆発）宇宙論が確立した。

とはいえ、ビッグバンの名付け親はイギリスのフレッド・ホイルで、彼は宇宙は永遠に姿を変えないとする定常宇宙論者である。ホイルは、ガモフの爆発モデルを「ズドンだな」とか「大ボラめ」という意味で、ビッグバンと呼んだらしいのだが、皮肉にも実に適切な命名なので後世に残ることになった。

ところで、ガモフはDNAの構造について優れた業績を挙げていることは余り知られていない。一九五三年に、イギリスのクリックとアメリカのワトソンは、DNA遺伝子が塩基の橋がかかった二本の鎖が二重らせんの形をしていることを発見した。問題は、四種の塩基でできているDNAの情報から、どのようにして二〇種類のアミノ酸が形成されるかであった。ガモフは、四種類の異なる塩基の組み合わせでアミノ酸の一つが指定されていると考え、二〇以上の異なった組み合わせが可能になるためには、最低三つの塩基の組み合わせ（コドン）が必要である（四の三乗である六四通りの異なった状態が指定できる）としたのだ。実際、このガモフのアイデア通り、DNA上の隣り合う三つの塩基でアミノ酸一つが指定され、次々と並ぶアミノ酸の列で作られるべきたんぱく質が決まっていることがわかったのである。

ガモフは、『不思議の国のトムキンス』など多くの子ども向けの啓蒙書を書いており、それらによって科学者になろうと志した子どもが多かったそうである（私も）。

ジョージ・ガモフ
自転車の青年が、運動の方向に信じられないほど平たくなっていた。……「そうだ！」トムキンス氏は興奮して叫んだ。「……これを相対性というんだ」。（ガモフ『完本・トムキンスの冒険』白揚社より）

82 フレッド・ホイル

ホイル（一九一五年〜）はイギリス生まれの天文学者・数学者・考古学者・小説家で、このような多くの分野において特色あるアイデアを発表して活躍している。

一九四七年、ガモフがビッグバン宇宙論を提唱したとき、同僚のボンディやゴールドとともに定常宇宙論を提案した。通常、宇宙には特別な場所や方向はなく、どこでも同じ（一様性）、どの方向も同じ（等方性）と仮定している。これを「宇宙原理」と呼んでいる。この宇宙原理は、空間についてのもので、時間については何も言っていない。その結果として、時間的に刻々と姿を変えるガモフの進化宇宙論が提唱されたのだが、ホイルらは「完全宇宙原理」と称して、宇宙は時間についても一様、つまり宇宙は永遠に同じ姿をしているという「定常宇宙論」を提案したのだ。

ところが、宇宙が膨張していること、宇宙を一様に満たしている絶対温度が約三度の宇宙背景放射が存在していること、の二点は観測事実だから定常宇宙論もこれらと整合させねばならない。

宇宙が膨張していれば、空間が大きくなった分だけ物質密度が減少していく。それでは宇宙の姿は変わってしまうから、密度が減少しないよう物質が補給されねばならない。ホイルらは、膨張する空間から物質が滲み出てくるとし、それによって宇宙の姿がいつも同じ姿に保たれているとした。

また、宇宙背景放射については、銀河から放出された光が宇宙空間に漂う塵にいったん吸収され、そこから再放射されたとするモデルを提案している。ところが、絶対温度が三度の熱放射とするためには針のような細長い塵を考えねばならず、物質が希薄な宇宙空間でそのような塵がどのように形成されたのかの問題が残ることになる。

このように定常宇宙論は、観測事実を説明するために無理な仮定をしなければならず、現在では、それらを自然に説明するビッグバン宇宙論が標準モデルと考えられている。

ホイルの天体物理学上の重要な業績は、宇宙における元素の起源を星の進化論と組み合わせて明らかにしたことである。銀河系には重元素を少ししか持たない種族IIの星と太陽と同じだけ持つ種族Iの星があるが、まず種族IIの星が生まれ、そこで形成された重元素が周辺にばらまかれ、そのガスから種族Iの星が生まれたとするモデルを提案した。銀河系内での星とガスの相互転換の重要性を初めて指摘したのである。

また、質量が重い星では鉄まで元素が合成され、その後に超新星として爆発し中性子星を後に残すこと、太陽のような星では水素やヘリウムが燃え尽きると外層部が吹き飛ばされて白色矮星を後に残すことなど、星の進化のアウトラインを示し、その過程で元素がどのように形成されるか、それによって観測されている元素存在量を説明できるかなどについて、一貫したシナリオを一九五七年に発表した。

この記念碑的な論文は、イギリス出身のバービッジ夫妻、アメリカのファウラー、そしてホイルの四人連名で書かれたが、これによってノーベル賞を得たのはファウラーだけであった。

ホイルの変わったアイデアとして、地球上の生命は隕石に運ばれてきたとする生命地球外因説（現在も強力に主張している）、太陽はかつて二重星で一方が爆発して取り残されたとする二重星論（このアイデアは後に取り下げた）、巨大なガス雲から太陽と惑星が同時に生まれたとする太陽系起源論（このアイデアは間違っていない）などがある。主流派や正統派から離れて、大胆なアイデアで研究者を刺激するという姿勢が一貫していると言える。

現在も残されているストーンヘンジやストーンサークルが、季節や時間を測る古代人の遺跡であることを証明したことでも有名である。また、『宇宙の本質』のような優れた天文学の解説書や『暗黒星雲』などSFも多く書いており、実に多彩な才能を示している。一九七二年ナイトに叙せられた。

83 宇宙時代の開拓者たち

人工衛星や探査機を打ち上げて宇宙を観測することが盛んとなったが、このような宇宙時代がどのように準備されてきたかを振り返っておこう。

宇宙空間に飛び出していくためには強力なロケットの開発が不可欠である。

ロケットの祖先は、中国の宋時代に発明された「火《か》箭《せん》」であるらしい。火箭とは、矢の先の方に火薬が入った竹の筒が取り付けられ、導火線に火をつけると、やがて火薬が燃えだして竹筒の後ろからガスが噴射し、その反動で矢が飛んでいく仕掛けである。これを二〇本くらい竹の円筒に詰めて一斉に発射したらしい。これがモンゴルに伝わり、「元」のヨーロッパや中近東遠征で使われて、ヨーロッパやイスラムに広がっていったのである。ロケットの語源はイタリア語の Rocchetta で、織機に使われる糸巻き機を意味する。火箭と糸巻き機の形が似ていたためらしい。

一五世紀から一八世紀にかけては鉄砲が幅をきかしたため、ヨーロッパではロケットは廃れたが、インドでその技術が保存されていた。一七九〇年代に、インドに置かれていたイギリスの東インド会社がロケット攻撃を受けたのだ。このとき砲兵部隊にいたウィリアム・コングレーブはロケットに深い感銘を受け、ロケット研究に没頭するようになった。火薬筒を鉄製にし、先端部を円錐形とし、火薬を改良して、安定に飛ぶように工夫したのだ。コングレーブがロケットを復活させたのである。続いて、オーストリア、ロシア、フランスなどもロケット開発を行い、アメリカ独立戦争やワーテルローの戦いで使われた。以後、さまざまな改良が加えられて戦争の武器として使われたが、再び大砲にその座を奪われて二〇世紀までロケットは凋落気味であった。

ウェルナー・フォン・ブラウン

ロケットの科学を本格的に進めたのはロシアのツィオルコフスキー（一八五七年〜一九三五年）で、幼い頃に猩紅熱のため耳が聞こえなくなったが独学で数学や科学を学び、ロケット推進の原理の研究を行った。その結果、ツィオルコフスキーの公式と呼ばれるロケットの速度と重量とガスの噴射速度の関係を導き、液体燃料ロケットを考え、「ロケット列車」と名付けた多段式ロケットを考案し、またブースターを付けたロケットを提案したりした。彼のアイデアは生前の間には実現することはなかったが、現在のロケットの基本設計は彼が提案したものなのである。ツィオルコフスキーこそが「宇宙旅行の父」と呼ぶにふさわしい人と言える。

世界で初めて液体燃料ロケットの打ち上げに成功したのは、アメリカのロバート・ゴダード（一八八二年〜一九四五年）で、一九二六年のことであった。このときの到達距離は五六メートルと言われている。ゴダードは死ぬまでロケットの研究を続け、姿勢制御装置に関して重要な実験を行った。月へ人を送るアポロ計画の際に、アメリカ政府は二一四件ものゴダードの特許を買い上げたそうである。

本格的な液体燃料ロケットを開発したのは、ドイツのヘルマン・オーベルト（一八九四年〜一九八〇年）で、自動車王のオペルと組んでロケットエンジンを開発し、まず車や橇に取り付けて性能向上に努め、一九三一年には高度六〇〇メートルまで打ち上げるのに成功した。オーベルトの弟子がウェルナー・フォン・ブラウン（一九一二年〜一九七七年）で、ナチスと組んでロケット開発を行い、射程三五〇キロに及ぶエチルアルコールを燃料としたA-4ロケットを一九三九年に完成させた。ヒットラーは、これをV2と名付けたが、Vは報復兵器の頭文字である。V2は海を越えてイギリス攻撃に使われ、一五〇〇発以上が南イギリスに落とされた。戦争後、ブラウンはアメリカに資料と三〇〇機のV2ロケットとともに亡命し、アメリカ陸軍でロケット開発に従事することになった。

一九五七年（ツィオルコフスキー生誕一〇〇年）一〇月四日、ソ連のスプートニクが世界で初めて人工衛星として飛んだが、アメリカもブラウンが開発したジュピターCロケットで一九五八年一月に人工衛星エクスプローラを軌道に乗せた。以後、アメリカ航空宇宙局（NAS

Ａ）に一本化されたロケット開発により、アポロ計画の中軸となったサターン、そしてデルタ、アトラス、タイタンなどのシリーズで、ロケットが人工衛星やミサイルに使われるようになった。

Ｖ２ロケットの資料はソ連にも渡って改良され、ヴォストーク、ソユーズ、コスモス・シリーズなどのロケットが次々と開発され、人工衛星の打ち上げとともにＩＣＢＭ（大陸間弾道ミサイル）としても使われるようになった。同じく、フランスやイギリスもＶ２の資料からロケット開発を行ったが、特にフランスを中心としたヨーロッパ宇宙局のアリアンシリーズは、数多くの商業衛星を打ち上げている。ちなみにアリアンは、アリアドネのフランスでの呼び方で、ギリシャ神話のミノタウロスの迷宮の話で、空を飛んだダイダロスとイカロスが登場するミノス王の王女の名前である。以上のように、欧米の現在のロケット技術を遡ると、すべてブラウンのＶ２に行き着くのである。

敗戦国日本では、一九五三年から糸川英夫を中心としたグループが、ペンシル・ロケットを皮切りに自主開発を進め、カッパ（κ）ロケットを経てミュー（μ）ロケットによって一九七〇年に初めて人工衛星「おおすみ」を打ち上げた。現在、宇宙の研究を行う目的の宇宙科学研究所では三段式固体燃料のＭ-Ｖロケットが主力であり、実用衛星の打ち上げを目指す宇宙開発事業団では一〇〇％国産で静止衛星を打ち上げることが可能なＨ２ロケットを主力としている。

宇宙の開拓者たち
上／1230年ごろに中国で使用された「火箭」。矢の先の方に火薬の入った竹の筒が取り付けられている。（北京歴史博物館蔵）
下／1926年、世界で初めて液体燃料ロケットの打ち上げに成功したロバート・ゴダード。なおこれは成功以前の1910年代に撮影されたもの。

84 江戸の天文学者たち

日本では、天文学や宇宙論の研究は、明治に入るまでほとんどなされなかった。日本に古くからあったのは、陰陽寮（あるいは天文博士）と呼ばれた天の異変を監視する役所と、暦博士と呼ばれた毎年暦を改定する役所で、一〇世紀には陰陽道は加茂家の家学となって一本化された。やがて、天文を安倍家、暦学を加茂家が分担するようになったが、一六世紀中頃に加茂家が絶え、安倍家が土御門《つちみかど》家と号して両者を兼ねる体制が江戸時代まで続いたが、実際には中国から伝わった暦を日本に移し変えるだけの仕事しかしていなかった。

一六〇五年、暦には月食が起こると書かれているのに実際には起こらなかったのに腹を立てた徳川家康は、暦官を直ちに追放したという。このとき使われていたのは宣命暦と呼ばれる中国渡来の暦で、なんと八六二年から使われていたから、実際の天象と二日もずれていた。八〇〇年近くも経てば、かなり優れた暦でも狂いが生じてくるのである。

この暦を改定し、初めて日本人の手で暦を作ったのは渋川春海《はるみ》（一六三九年〜一七一五年）で、貞亨《じょうきょう》暦と呼ばれている。春海は京都の囲碁の宗家に生まれ、神道や朱子学を学ぶとともに天文暦学を医師の岡野井玄貞から学んでいる。このとき、中国の元の時代に作られた授時暦という優れた暦を知ったようである。春海は、授時暦をもとに、ノーモンという垂直棒を立てて日の影を測って冬至を決定する観測を行い、中国と日本の経度差を取り入れ、一年の長さが少しずつ減少する効果を考慮して、新しい貞亨暦を完成した。一六八五年、これが幕府に採用されることになり、春海は正式に幕府の天文方（渋川家）となって江戸へ赴任した。これより、天文方が来年の暦を計算し、これを土御門家が承認するという

伊能忠敬

方式が定着した。

春海は、鎖国政策以前に入っていたと思われる遊芸の『天経或問』から西洋天文学を学んで地球が丸いことを知り、マテオ・リッチの天球図から天球儀を作って星を描き、世界地図から地球儀を作っている。つまり、春海が「地球」という言葉を作ったのである。

コペルニクスの地動説を初めて日本に紹介したのは本《もと》木良永《きりようえい》（一七三五年〜一七九四年）である。本木は、長崎のオランダ語通訳の三代目で、一七七四年に『天地二球用法』と題して、オランダのブラウが一六六六年に出版したコペルニクス説紹介の著書を翻訳した。これを基礎に司馬江漢が『和蘭天説』の著述活動（一七九五年）でコペルニクス説を日本に普及させたのである。また、本木の弟子の志筑《しづき》忠雄（一七六〇年〜一八〇六年）は、通訳の職を辞して自由の立場となり、日本では珍しく物の理を窮めようとする自然哲学者となった。彼は、二〇年もかけてジョン・キイルの『天文学・自然哲学入門』を翻訳してニュートン力学を紹介し、著書の『暦象新書』（一七九八年）で「地動・天動」の宇宙を論じている。実は、欧米では、地球中心説・太陽中心説という言葉はあっても、天動説・地動説という言葉はない。現在も私たちが使っている天動説・地動説という言葉は志筑の造語であり、中国でも使われているという。

八代将軍吉宗は新しいもの好きで、西洋天文学に基づく改暦を目指していたが果たさないまま死に、この機に土御門家が宝暦《ほうれき》暦に改暦（一七五三年）した。しかし、これは貞享暦に比べるとむしろ改悪となっている。これを正そうとしたのが松平定信の寛政改暦（一七九七年）で、それに携わったのが麻田派の天文方であった。

豊後生まれの麻田剛立《あさだごうりゅう》（一七三四年〜一七九九年）は、医師として杵築《きつき》藩に仕えていたが脱藩し、大阪に住んで自由な立場から医学や天文学を考究した。彼は「先事館」という私塾を開き、観測機器を開発して天文観測を熱心に行った。自ら製作した反射望遠鏡で、太陽黒点の動きから太陽自転の周期を測り、木星の衛星の運動や土星の環の変化などを観測した。日本で最初に学問的な天文観測を行ったのが麻田なのである。彼は中国の『暦象考成』から得た天文データを下に、周転円理論から太陽と月の運動を統一的に説明しようと試みた最初の天文学者でもあった。

宝暦暦の間違いがはっきりするにつれ、幕府は改暦の必要にせまられ世評の高い麻田に命じたが、麻田は老齢を理由に断って弟子の高橋至時《よしとき》（一七六四年～一八〇四年）と間《はざま》重富（一七五六年～一八一六年）を推薦した。高橋は、大阪の御定番同心であったが、数学が好きで麻田の弟子となった人である。一方の間は、大阪の富裕な質屋で麻田たちのスポンサー役であったが、天文観測機器の開発に興味を持っていた。二人は一七九五年に江戸に出仕したが元の身分差を反映して、高橋は天文方、間は暦所御用手伝いとして改暦に携わることになった。この年、五一歳の伊能忠敬が江戸に出て高橋の弟子となっている。寛政暦は、麻田が編み出した消長法と呼ばれる、一年の長さが地球の歳差運動の周期二万五四〇〇年で変化することを取り入れた暦である。しかし、二人の成り上がりに対し、古くからの天文方が妨害をしたため、寛政暦はそれほど良く改良されたものにはならなかった。

改暦の後、高橋は、そのまま天文方として残り、ラランドの天文書を手に入れ太陽系天文学を考究するようになった。彼はこれを『西洋人ラランド暦書管見』の名で翻訳出版して、ケプラーの法則など惑星運動論を紹介した。間は、大阪に戻って天文観測を続け、緯度や距離・冬至や夏至などを正確に決めようとした。間の特色は、各種の観測機器を工夫して専属の職人に作らせたことで、麻田門下の天文学が江戸の天文方を上回ったのは、観測を重視した間の存在にあったためと言われている。

高橋は、一八〇四年、わずか四一歳の若さで亡くなったが、長男の高橋景保《かげやす》（一七八五年～一八二九年）が跡を継いで天文方となり、間は景保の後見として再び江戸に出た。また、次男の景佑（一七八七年～一八五六年）は、天文方の渋川家に養子に入って後に天文方として勤めることになる。景保は一八二八年シーボルト事件に連座して獄中で死亡し、高橋家は二代で天文方を終えることとなった。一方の景佑は、ラランドの西洋天文学に則《のっと》って一八四四年に施行された天保暦に改暦した。これがいわゆる太陽太陰暦の旧暦で、明治の太陽暦採用まで使われたものである。

最後に、伊能忠敬（一七四五年～一八一八年）を紹介しておこう。忠敬は、佐原の名家に養子に入り三〇年間家業に専念した後、五一歳のとき一九歳も年下の至時に弟子入りした異色の人である。彼は、緯度一度の距離を知りたいとして再び蝦夷測量を一八〇〇年に開始し、全国を四万キロメートルも歩いて測量して『伊能図』を完成させた。伊能図は、当時としては世界でも最高級の地図であった。彼は天文暦学においても実力を持っていたことが、高橋至時の手紙からも窺われる。

以上のように、江戸の天文学者は、一部の例外はあったが、もっぱら暦作りのための実用天文学に終始し、地動説を論じたり宇宙の構造を考えるような天文学・宇宙論へ展開することがなかったと言える。

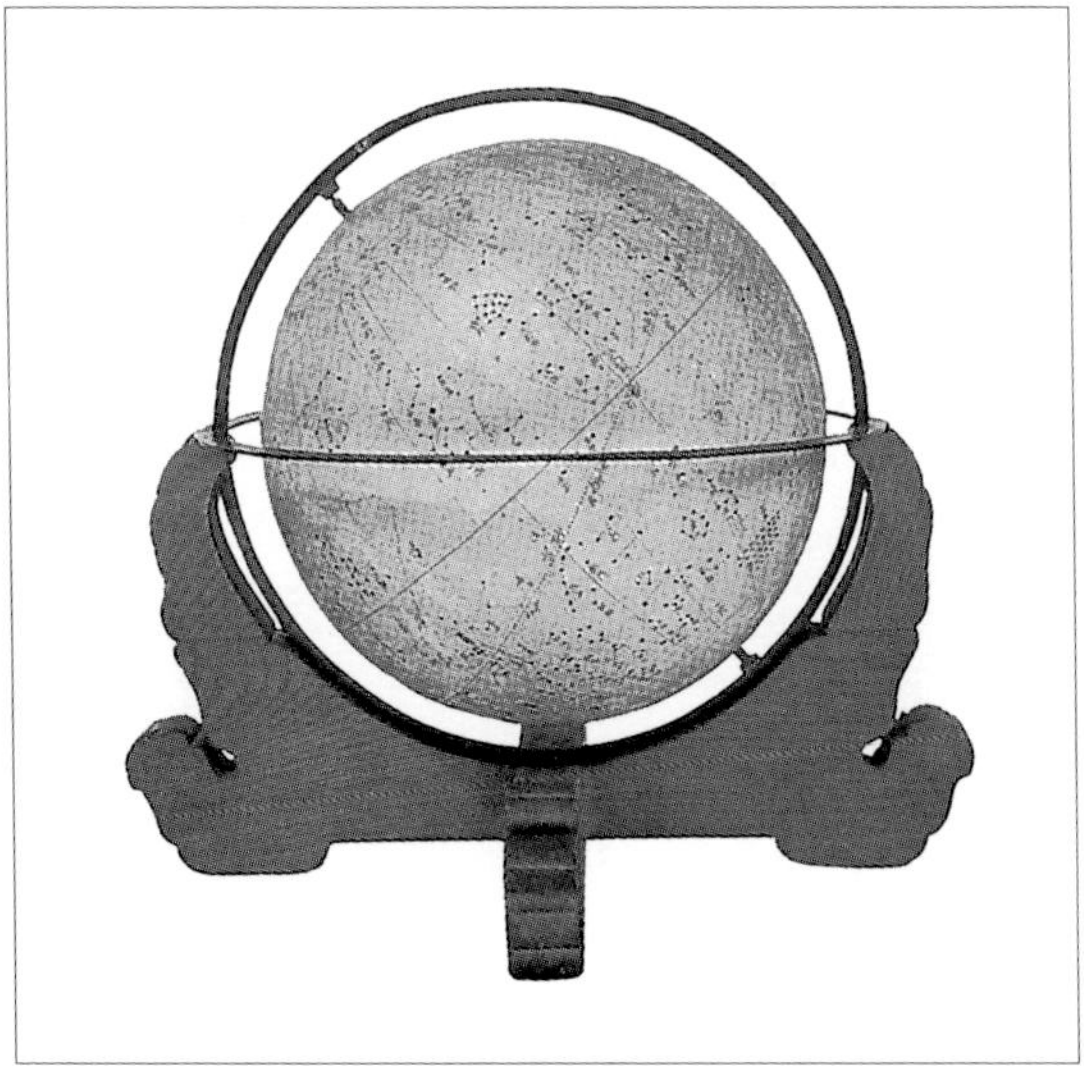

江戸の天文学者たち
上／江戸前期の天文学者・渋川春海が1690年に製作した天球儀。直径32.4cmの厚紙製で、中国渡来の星座にみずからが観測したデータを加えている。(神宮徴古館農業館蔵)
下／1813年に円通によって描かれた須彌山儀図。宇宙の中心、須彌山の周りを日月の軌道が巡っている。

85

中国の天文学者たち

天文学に関わるもっとも古い人物が商高《しょうこう》（前一一〇〇年頃）で、句股法と天文学に関する周公との問答が、後漢時代の趙爽《ちょうそう》がまとめた『周髀算経』に残されている。彼は、三（句）、四（股）、五（径）の辺の長さを持つ直角三角形（句股）は測量術の基礎であること、これによって円と方（正方形）の図形が導かれることを説き、方は地に対応し円は天に対応する「天円地方」の宇宙構造論に結びつけた。これが中国最古の宇宙論で蓋天《がいてん》説と呼ばれている。また、八尺のノーモン（表、周髀）を立てると、夏至のときの影の長さは一尺六寸で、その南千里（約四〇〇キロメートル）では一尺五寸となることから、一寸千里の説を述べた。商高は、かつて地球の大きさを測ったエラトステネスと同じ手法を開発していたのである。

紀元前四世紀、戦国時代の斉の国の天文学者の甘徳《かんとく》は、『天文星占』『歳星経』を書き、惑星の運行と恒星の位置について述べ、中国の星座システムを提案したとされている。また、火星や木星の逆行現象を確認し、前三六五年に木星に衛星が付随していることを発見した。木星の衛星の最古の記録である。同時代の石申《せきしん》は、戦国時代の魏の国で活躍した天文学者で、『天文』という書物を著し、主な星の位置を与えている。その方法は、北極からの距離を示す去極度と赤道に沿っての二八宿に分割した入宿度で表すものであった。甘徳と同じく火星と木星の逆行運動を確認していた。

前漢時代（前一〇〇年頃）の落下閎《らっかこう》は、武帝に招かれて天文暦学関係の官である太史待詔となり、太初《たいしょ》暦を編纂した。天を卵殻に地を卵黄に見立てて鶏卵にたとえた渾天《こんてん》説宇宙論を唱えた。後漢（一〇〇年頃）の郄萌《げきほう》は、無限宇宙論である宣夜《せんや》説を提唱した。天には形質がなく無限に広がっており、太陽・月・星は虚空に浮かんでい

司馬遷

て、気によって運行しているとする宇宙構造論である。古代の無限宇宙論として極めて異色である。

　同じく後漢時代の張衡《ちょうこう》（七八年～一三九年）は、渾天説の支持者で著書『霊憲』でそれを詳しく述べ、実際に渾天儀を製作して星と太陽が動く黄道を取り付けている。この著書では、月は太陽の光を受けて輝き、月食は地球によって光が妨げられたために起こると正しく述べている。彼は、地震計、指南車、記里鼓車《きりこしゃ》（距離測定器）など、さまざまな機械設計者であった。また、後漢時代の趙爽は、『周髀算経』で商高の句股法や一寸千里の説を紹介するとともに、天円地方の蓋天説に天も地も平行して湾曲しているとする第二次蓋天説に発達させた。『周髀算経』は中国最古の数学の古典とされている。

『史記』の著者として有名な司馬遷（前一四五年～前八六年）は、また国立天文台長を兼ねた太史令もつとめていた。『史記』には、暦の変遷をまとめた「暦書」、星座・惑星・彗星などの記録である「天官書」が含まれており、司馬遷は相当天文に詳しかったのは事実である。落下閎が編纂した太初暦制定の責任者でもあった。

　東晋時代の三〇七年から三三八年の間に活躍した天文

中国の天文学者たち

上／星象図。遼代（1116年）の墳墓の天井に描かれたもの。中央は蓮華、その周りを九曜が取り巻き、いちばん外側は黄道十二宮。

下／中国・明代の渾天儀（南京・紫金山天文台）。かつて中国では蓋天説が有力であったが、漢代以降は渾天説がそれにとってかわった。渾天儀はその観測器具。

学者の虞喜《ぐき》（二八一年～三五六年）は、宣夜説の擁護者で、天の高さは無窮であり地の深さも測り得ないとする天地相称の安天論を提唱した。冬至点が年々西に移動することから歳差運動の存在を指摘している。虞喜の一族の聳は、天はアーチ状に隆起して鶏卵のような形をしており、周囲は四海に接し、大本の気の上に浮いているとする、「穹天《きゆうてん》論」を唱えた。

北宋時代の沈括《ちんかつ》（一〇三一年～一〇九五年）は、天文・地理・数学・医学・農学などの広い範囲にわたって研究を行った人で、それらの話題を取り上げた科学随筆集『夢渓筆談』が有名である。月相の変化は太陽・月の形が球形であるために生じることや日食・月食が起こる原理を論じている。また、長年の観測から太陽の運動が冬至では速く夏至では遅く見えること、惑星の運動が柳の葉の形となることなどを指摘しており、優れた観測家でもあった。常州の隕石が鉄を含んでいることも記録している。

元の時代の政治家であり天文学者でもあった郭守敬《かくしゆけい》（一二三一年～一三一六年）は、渋川春海が採用した授時暦を編纂した当事者である。彼は観測・実験を重視し、巨大なノーモンや天球儀など一三点の儀器を作って太陽の高さや動きを正確に測定して一年の長さの変化を求めて暦に反映させた。高さ四〇尺もの巨大ノーモンは、太陽が子午線を通過する時間と影の長さを正しく決めるために作ったもので、影の先端部にはピンホール・カメラの原理を用いた景符を考案している。トルケトムと呼ばれる簡儀は、イスラム天文学の影響の下に作られたと言われている。

明代の政治家であり科学者であった徐光啓《じよこうけい》（一五六二年～一六三三年）は、マテオ・リッチを助けてユークリッドの『幾何学原本』を翻訳し、またヨーロッパから訪れた宣教師の協力を得て西洋の天文学の導入に努めた。当時は、ティコ・ブラーエの天文体系が主で、それを基礎に天文学を体系化した『崇禎暦書《すうていれきしよ》』全一三七巻をまとめた。これは後に清に伝わり時憲暦が作られた。また、ティコの観測器具やガリレイの望遠鏡を製作し、宰相となった晩年の清との戦争では大砲を設計させ、ヨーロッパの水利技術書を出版するなど、技術の側面でも有能さを示している。産業・水利の技術書である『農政全書』の著者でもある。

〔補遺Ⅰ〕ダークエネルギー

　アインシュタインは、一九一七年自らが提唱した一般相対性理論を宇宙に適用した。初めて宇宙の時間発展を定量的に論じることができるようになったのだ。ところが、この方程式によれば、宇宙は常に運動状態（膨張するか収縮するか）にあり、アインシュタインが考えていた静止した永遠不変の宇宙にはならなかった。そこで、アインシュタインは、「宇宙項」と呼ばれる斥力の項を人為的に導入して静止した宇宙を作ることにした。物質が及ぼす万有引力に対し、この斥力によって宇宙に働く力のバランスをとったのである。

　しかし、一九二九年にハッブルが宇宙膨張を発見して宇宙が運動状態にあることが示されたことを知って、アインシュタインは「生涯最大の失敗」として宇宙項を取り下げることになった。宇宙項を考慮して宇宙をむりやり静止させても、そのような宇宙は非常に不安定で、ちょっとした摂動で急速に膨張したり収縮に転じてしまうことが示されていたこともある。

　宇宙項は長い間忘れられていたが、宇宙の観測の進展によってその必要性が論じられるようになった。宇宙項がない場合を「フリードマン宇宙」といい、その宇宙膨張は減速膨張（徐々に膨張速度が小さくなる）となるが、宇宙は加速膨張（徐々に膨張速度が大きくなる）している証拠が得られたためである。遠方の超新星の観測で、みかけの明るさから推定した距離は速度から求めた（フリードマン宇宙の）距離に比べて遠くにあることがわかったのだ。この解釈として、宇宙項を導入して宇宙は加速膨張しており、そのため（フリードマン宇宙）より遠くにあるとすればよい。

　また、フリードマン宇宙のままでは宇宙年齢は一〇〇億年程度にしかならず、球状星団が示す一二〇億年という年齢を説明できなかった。宇宙項を含めると、宇宙の年齢が引き延ばされるため、宇宙年齢と球状星団の年齢の矛盾が解決できることになる。宇宙年齢は、宇宙項のない場合は、減速膨張して現在の膨張速度になる時間であるのに対し、宇宙項を含めると、いったん小さい速度まで減速して後、加速膨張に転じて現在の膨張速度になるまでの時間となる。膨張速度が回復する期間だけ宇宙年齢が伸びるのである。

さらに、WMAP（ウィルキンソン・マイクロ波異方性探査機）による宇宙背景放射のゆらぎの観測によって、宇宙の密度が臨界密度と同じであることが明確に示された。宇宙は平坦で、永遠に膨張を続けることが示されたのだ。とすると、宇宙に存在する物質（＝エネルギー）として、バリオンが臨界密度の四％、ダークマターが二四％とすると、残りの七二％は宇宙項に由来する別のエネルギーに求めるしかない。現在では、宇宙項と同じような働きをするが、もっと一般的な（時間変化や空間分布もある）「ダークエネルギー」と呼ばれる項を導入することが通常になっている。しかし、ダークエネルギーの起源も正体も現時点ではまったくわかっていない。ただ、観測を再現するために必要として導入されているのだ。

結局、この宇宙について、私たちの知っている物質はバリオンだけで、その量は四％でしかなく、その他の九六％は私たちの知らないダーク成分（ダークマターとダークエネルギー）ということになってしまった。私たちは、宇宙を構成する物質についてまだよくわかっていないのか、何か大きな勘違いをしているのか、問題は残されたままである。

〔補遺II〕WMAP（ウィルキンソン・マイクロ波異方性探査機）

宇宙背景放射はビッグバン宇宙を直接証明する重要な証拠であり、マイクロ波領域で一九六五年に発見された。続いて、この宇宙背景放射の温度ゆらぎを観測する計画が持ち上がった。宇宙背景放射が最終的に自由になった時点での密度ゆらぎがの情報が、（物質と輻射が相互作用していたため）温度ゆらぎとなって刷り込まれているためである。温度ゆらぎとは場所ごとに宇宙背景放射の温度が少しずつずれていることで、観測する方角によって温度（＝強度）が異なるので「異方性」の観測とも呼ばれている。

現代の銀河形成論によれば、宇宙初期に存在していたとする密度ゆらぎが重力の作用で成長して銀河になったと考えられている。従って、密度ゆらぎが検出できれば、銀河形成論の前提を証明できることになる。密度ゆらぎそのものは直接観測できないが、密度ゆらぎによって誘起された宇宙背景放射の温度ゆらぎは観測できる可能性がある。そこで、宇宙背景放射の温度ゆらぎ（＝異方性）を観測するプロジェクトがいくつも進められた。宇宙背景放射はマイクロ波領域にあり、人工衛星でなければその詳細な姿は明確にできない。

宇宙背景放射の温度ゆらぎを初めて検出したのは、一九八九年に打ち上げられた人工衛星ＣＯＢＥ（宇宙背景放射探査機）で、およそ天の七度異なった方向で一〇万分の一の温度ゆらぎが存在することを明らかにした。これによって銀河形成論の予想が的中したことになる。その発見に対して、二〇〇六年のノーベル物理学賞が授与された。しかし、ＣＯＢＥの観測は角度にして七度の分解能しかなく、温度ゆらぎの詳細はまだ不十分なままであった。

次に（二〇〇二年）打ち上げられたのが、ＷＭＡＰ

(ウィルキンソン・マイクロ波異方性探査機)で、永年宇宙背景放射の観測で功績のあったウィルキンソンの死を悼んでその名が付けられた。WMAPは、角度分解能が一〇秒(一度の六分の一)まであり、細かな温度ゆらぎまで検出することができる。特に、温度ゆらぎの波長と振幅の関係を幅広い波長帯に渡って小さな角度まで分解することで、宇宙を特徴づけるさまざまなパラメターを決定することができると期待された。

二〇〇三年に最初の結果が発表され、そのデータを詳しく解析することによって、宇宙論の骨格をほぼ決定することができたのである。その後のデータをも含めて明らかになったことは、宇宙の年齢が一三七億年であること、宇宙は平坦で物質(=エネルギー)密度は臨界密度であること、バリオン量は臨界密度の四%でダークマター量は二四%であること、従って残りの七二%はダークエネルギーであること、宇宙が冷えて物質と輻射が分離したのは三八万年頃であったこと、銀河の形成は宇宙誕生後二億年くらいに開始されたこと、などである。いわば、WMAPは宇宙論を実証科学に昇格させる役割を果たしたと言える。

●参考にした文献

『宇宙論の誕生劇』（B・ラヴェル著、新曜社）
『古代の宇宙論』（C・ブラッカー、M・ローウェル著、海鳴社）
『科学と発見の年表』（I・アシモフ著、丸善）
『天文学人名辞典』（中山茂編、恒星社）
『暦と占いの科学』（永田久著、新潮選書）
『星の神話・伝説』（野尻抱影著、講談社学術文庫）
『日本の天文学』（中山茂著、岩波新書）
『現代物理学小事典』（小野周監修、講談社ブルーバックス）
『現代天文学小事典』（高倉隆雄監修、講談社ブルーバックス）
『身近な物理学の歴史』（渡辺癒著、東洋書店）
『マグネットワールド』（吉岡安之著、日刊工業新聞社）
『ロケットの昨日・今日・明日』（的川泰宣著、裳華房）
『宇宙とその起源』（R・キッペンハーン著、朝倉書店）

【カ行】

事項索引（太字＝収録事項およびページ数）

【ヤ行】

【ラ行】

【ワ行】

人名索引（太字＝収録人名およびページ数）

増補新版　宇宙論のすべて

2007年2月25日　初版発行
2016年4月10日　第2刷

著 者　池内 了
発 行　株式会社 新書館
〒113-0024 東京都文京区西片 2-19-18
電話 03 (3811) 2966
振替 00140-7-53723
（営業）〒174-0043 東京都板橋区坂下 1-22-14
電話 03 (5970) 3840　FAX 03 (5970) 3847
装 幀　SDR（新書館デザイン室）
印 刷　文唱堂印刷
製 本　井上製本所

落丁・乱丁本はお取り替えいたします。

Printed in Japan　ISBN978-4-403-25089-7

新書館のハンドブック・シリーズ

文　学

世界文学101物語
高橋康也 編　本体1553円
シェイクスピア・ハンドブック
高橋康也 編　本体1700円
幽霊学入門
河合祥一郎 編　本体2000円
日本の小説101
安藤 宏 編　本体1800円
新装版 宮沢賢治ハンドブック
天沢退二郎 編　本体1800円
源氏物語ハンドブック
秋山虔・渡辺保・松岡心平 編　本体1650円
近代短歌の鑑賞77
小高 賢 編　本体1800円
現代短歌の鑑賞101
小高 賢 編著　本体1400円
現代の歌人140
小高 賢 編著　本体2000円
ホトトギスの俳人101
稲畑汀子 編　本体2000円
現代の俳人101
金子兜太 編　本体1800円
現代俳句の鑑賞101
長谷川 櫂 編著　本体1800円
現代詩の鑑賞101
大岡 信 編　本体1600円
日本の現代詩101
高橋順子 編著　本体1600円
現代日本 女性詩人85
高橋順子 編著　本体1600円
中国の名詩101
井波律子 編　本体1800円
現代批評理論のすべて
大橋洋一 編　本体1900円
自伝の名著101
佐伯彰一 編　本体1800円
落語の鑑賞201
延広真治 編　本体1800円
翻訳家列伝101
小谷野敦 編著　本体1800円
時代小説作家ベスト101
向井 敏 編　本体1800円
時代を創った編集者101
寺田 博 編　本体1800円
ＳＦベスト201
伊藤典夫 編　本体1600円
ミステリ・ベスト201
瀬戸川猛資 編　本体1400円
ミステリ絶対名作201
瀬戸川猛資 編　本体1165円
ミステリ・ベスト201日本篇
池上冬樹 編　本体1200円
名探偵ベスト101
村上貴史 編　本体1600円

人　文・社　会

日本の科学者101
村上陽一郎 編　本体2000円
増補新版 宇宙論のすべて
池内 了 著　本体1800円
ノーベル賞で語る 現代物理学
池内 了 著　本体1600円
図説・標準 哲学史
貫 成人 著　本体1500円
哲学キーワード事典
木田 元 編　本体2400円
哲学の古典101物語
木田 元 編　本体1400円
哲学者群像101
木田 元 編　本体1600円
現代思想フォーカス88
木田 元 編　本体1600円
現代思想ピープル101
今村仁司 編　本体1500円
日本思想史ハンドブック
苅部 直・片岡 龍 編　本体2000円
ハイデガーの知88
木田 元 編　本体2000円
ウィトゲンシュタインの知88
野家啓一 編　本体2000円
精神分析の知88
福島 章 編　本体1456円
スクールカウンセリングの基礎知識
楡木満生 編　本体1700円
現代の犯罪
作田 明・福島 章 編　本体1600円
世界の宗教101物語
井上順孝 編　本体1700円
近代日本の宗教家101
井上順孝 編　本体2000円
世界の神話101
吉田敦彦 編　本体1700円
社会学の知33
大澤真幸 編　本体2000円
経済学88物語
根井雅弘 編　本体1359円
新・社会人の基礎知識101
樺山紘一 編　本体1400円
世界史の知88
樺山紘一 著　本体1500円
ヨーロッパ名家101
樺山紘一 編　本体1800円
世界の旅行記101
樺山紘一 編　本体1800円
日本をつくった企業家
宮本又郎 編　本体1800円
考古学ハンドブック
小林達雄 編　本体2000円
日本史重要人物101
五味文彦 編　本体1456円
増補新版 歴代首相物語
御厨 貴 編　本体2000円
中国史重要人物101
井波律子 編　本体1600円
イギリス史重要人物101
小池 滋・青木 康 編　本体1600円
アメリカ史重要人物101
猿谷 要 編　本体1600円
アメリカ大統領物語
猿谷 要 編　本体1600円
ユダヤ学のすべて
沼野充義 編　本体2000円
韓国学のすべて
古田博司・小倉紀蔵 編　本体1800円
韓流ハンドブック
小倉紀蔵・小針進 編　本体1800円
イスラームとは何か
後藤 明・山内昌之 編　本体1800円

芸　術

現代建築家99
多木浩二・飯島洋一・五十嵐太郎 編　本体2000円
世界の写真家101
多木浩二・大島 洋 編　本体1800円
日本の写真家101
飯沢耕太郎 編　本体1800円
ルネサンスの名画101
高階秀爾・遠山公一 編著　本体2000円
西洋美術史ハンドブック
高階秀爾・三浦 篤 編　本体1900円
日本美術史ハンドブック
辻 惟雄・泉 武夫 編　本体2000円
ファッション学のすべて
鷲田清一 編　本体1800円
ファッション・ブランド・ベスト101
深井晃子 編　本体1800円
映画監督ベスト101
川本三郎 編　本体1600円
映画監督ベスト101日本篇
川本三郎 編　本体1600円
書家101
石川九楊・加藤堆繫 著　本体1600円
能って、何？
松岡心平 編　本体1800円
舞踊手帖 新版
古井戸秀夫 著　本体2200円
カブキ・ハンドブック
渡辺 保 編　本体1400円
カブキ101物語
渡辺 保 編　本体1800円
現代演劇101物語
岩淵達治 編　本体1800円
バレエ・ダンサー201
ダンスマガジン 編　本体1800円
バレエ・テクニックのすべて
赤尾雄人 著　本体1600円
ダンス・ハンドブック 改訂新版
ダンスマガジン 編　本体1600円
バレエ101物語
ダンスマガジン 編　本体1400円
新版 オペラ・ハンドブック
オペラハンドブック 編　本体1800円
オペラ101物語
オペラハンドブック 編　本体1500円
オペラ・アリア・ベスト101
相澤啓三 編著　本体1600円
オペラ名歌手201
オペラハンドブック 編　本体2000円
CD&DVD51で語る 西洋音楽史
岡田暁生 著　本体1500円
クラシックの名曲101
安芸光男 著　本体1700円
モーツァルト・ベスト101
石井 宏 編　本体1500円
ロック・ピープル101
佐藤良明・柴田元幸 編　本体1165円

＊価格には消費税が別途加算されます